● 浙江省自然科学基金杭州市联合基金/探索项目“基于‘平台—设备—人’交互模式的办公建筑低能耗运行策略研究(LHZY24A010003)”
● 杭州市科技局2023年度高端装备、新材料、绿色能源领域市重点科研计划项目“城乡公共建筑关键技术装备研发与继承应用——数字化节能(2023SZD0070)”

Energy-saving Strategies for Indoor Thermal Comfort Environment Under the Stochastic Adjustment Behavior

随机调节行为下建筑舒适热环境的低能耗营造策略研究

邬佳婧　著

ZHEJIANG UNIVERSITY PRESS
浙江大学出版社
·杭州·

图书在版编目(CIP)数据

随机调节行为下建筑舒适热环境的低能耗营造策略研究/邬佳婧著.—杭州:浙江大学出版社,2024.6
ISBN 978-7-308-25018-4

Ⅰ.①随… Ⅱ.①邬… Ⅲ.①办公建筑—节能—建筑设计 Ⅳ.①TU243

中国国家版本馆CIP数据核字(2024)第102794号

随机调节行为下建筑舒适热环境的低能耗营造策略研究
邬佳婧 著

责任编辑 石国华
责任校对 杜希武
封面设计 周 灵
出版发行 浙江大学出版社
(杭州市天目山路148号 邮政编码310007)
(网址:http://www.zjupress.com)
排 版 杭州星云光电图文制作有限公司
印 刷 广东虎彩云印刷有限公司绍兴分公司
开 本 710mm×1000mm 1/16
印 张 14.5
字 数 260千
版 印 次 2024年6月第1版 2024年6月第1次印刷
书 号 ISBN 978-7-308-25018-4
定 价 68.00元

摘 要

伴随着国民对建筑服务水平要求的提高,公共建筑能耗也显著上升,但当前公共建筑存在"服务水平不均衡、部分建筑服务水平和室内环境质量过量提升导致能耗过高"的矛盾。因此,我国开展的建筑节能工作以实现建筑运行能耗总量和强度控制的目标效果为导向,并在此前提下进一步提升建筑服务水平和室内环境质量。当前建筑节能工作通常在固定人员作息的基础上侧重于改善建筑方案设计、优化建筑服务系统两大方面,忽略了使用者行为所具有的多样性、随机性和差异性对建筑热工设计及实际性能的显著影响。因此,应在使用者实际行为特征的基础上,探讨建筑舒适热环境的低能耗营造策略。

本书以夏热冬冷地区既有办公建筑的改造为例,遵循循证设计的原理,基于实际建筑运行特征和使用者需求,为公共建筑空调节能及室内热环境优化策略探究,提供具体分析方法和实用工具。由于建筑空调节能及室内环境热舒适性提升是相互矛盾的目标,以尽可能低的空调能耗营造尽可能舒适的室内热环境,本质上为一个多目标优化问题中的最小化问题。因此,本书开发了空调能耗及室内热舒适性的多目标优化策略决策模型和方法,从围护结构热工设计及运行优化两个方面,探究满足研究目标的建筑优化策略。

本书首先基于实测和调研结果的统计分析归纳实际建筑运行特征和使用者需求,通过 k 均值聚类方法及蒙特卡罗方法建立调节行为随机预测模型,作为案例建筑空调能耗和室内环境热舒适性预测的重要基础。

在此基础上,通过对提取自建筑热工设计、建筑内扰和使用者行为三大方面的影响因子进行重要性分析,获得随机行为作用下空调能耗及室内环境热舒适性的重要影响因子,并将之作为决策变量,参与构建基于人工神经网络的目标变量快速预测模型,从而得以快速实现准确且连续的预测。

基于快速预测模型完善适应度函数,并在 NSGA-II 多目标遗传算法的基础上开发空调能耗及室内环境热舒适性多目标优化策略决策模型,用于探究热舒适环境的低能耗营造策略。

本书构建的调节行为随机预测模型准确描述了使用者调节行为特征,并指导了建筑能耗的准确预测和节能优化策略的合理评估。对空调能耗和热舒适性两个目标变量影响因子的重要性分析结果表明,空调设定温度、气密性、人员密度、自然通风模式等14项影响因子对目标变量的优化具有较为显著的影响，作为决策变量参与构建目标变量的快速预测模型，其重要性评分排序对指导优化的优先级具有重要意义。

而本书所开发的可交互的空调能耗及室内环境热舒适性多目标优化策略决策模型能够从被动、行为和整合调控的角度指导建筑在方案设计和运行阶段的优化策略。其中被动调控策略的案例研究结果表明：在随机调节行为下，14项非重要影响因子的固定优化取值的集成作用对案例建筑的空调节能及室内热环境优化产生了一定程度的贡献，令围护结构热工性能在低于标准限值要求的情况下也能够实现现行《公共建筑节能设计标准》和《近零能耗建筑技术标准》的优化目标。行为调控策略的案例研究结果表明：在随机调节行为下，围护结构热工性能处于不同水平时，最有利于节能的空调设定温度与自然通风模式具有一致性，但最有利于热舒适的空调设定温度与自然通风模式则根据被动工况的不同存在明显差异。通过设立明确的优化目标，根据目标的要求，可以求解符合优化目标的整合调控策略，同时指导建筑方案设计阶段的围护结构热工性能设计和建筑运行阶段的使用者调节行为管理。

Abstract

With the increase in the requirements of the citizens for building service levels, the energy consumption of public buildings has also increased significantly, but the current public buildings have the contradiction of "Service levels are unbalanced; Excessive supply leads to excessive energy consumption and indoor environment quality". Therefore, building energy conservation projects carried out in our country are oriented to control the total building energy consumption and intensity, and further improve the building service levels in the meantime. Currently, energy-saving for existing buildings usually focuses on improving the two major aspects of building design and building service system under the premise of a fixed schedule, ignoring the subjective initiative of occupants. However, diversity, randomness and difference of occupants' behavior have a significant impact on the actual performance of the buildings. Therefore, it is necessary to control the total energy consumption of buildings and improve the service levels based on occupants' behavior.

The dissertation takes office buildings in hot summer and cold winter areas as research cases, following the principles of evidence-based design, provides specific analysis methods and developes a tool for public buildings to work out optimization strategies for both air-conditioning energy saving and better indoor thermal environment based on actual building operating characteristics and user demands. However, energy saving for air-conditioning and indoor thermal comfort is conflicting goals, creating the most comfortable indoor thermal environment with the lowest possible air-conditioning energy consumption is essentially a minimization problem with a multi-objective optimization problem. Therefore, based on the NSGA-II multi-objective genetic algorithm, an application system of the prediction model for target variables and decision-making model for multi-objective optimization strategies is constructed to explore building optimization strategies that meet the research objectives.

The dissertation firstly describes the actual building operation characteristics and occupants' requirements based on statistical analysis of the measurements and survey results. The k-means clustering method and the Monte Carlo method are applied to establish a stochastic prediction model for adjustment behavior, which is an important basis for predicting air-conditioning energy consumption and indoor thermal comfort in a case building.

According to the importance analysis of influencing factors, which are extracted from three aspects: building design. building service system and occupants' behavior, the important influencing factors of air conditioning energy consumption and indoor environment thermal comfort are obtained as decision variables, and participate in the establishment of an artificial neural network-based prediction model, so as to realize rapid and continuous prediction for target variables.

Improve the fitness function based on the rapid prediction model, and develop the application system of the prediction model for target variables and decision-making model for multi-objective optimization strategies on the basis of the NSGA-II multi-objective genetic algorithm. The system is applicable to explore the energy-saving strategies for indoor thermal comfort environment.

The stochastic adjustment behavior prediction model constructed in the dissertation accurately describes the occupants' behavior characteristics, and guides the accurate prediction of building energy consumption and reasonable evaluation of energy-saving optimization strategies. The result of the importance analysis shows that 14 influencing factors such as air-conditioning setpoint temperature, air tightness, occupants' density and ventilation mode have a significant effect on the target variables so as to participate in the establishment of a prediction model. And the importance score ranking is of profound significance for guiding the priority of optimization.

The interactive application system of the prediction model for target variables and decision-making model for multi-objective optimization strategies developed in the dissertation leads to the optimization strategies of the building in the design and operation phase from the perspective of passive, active and integrated control. The case study results of the passive control indicate that under the stochastic behavior, the integrated effect of fixed and optimized values of 14 non-important influencing factors has made a certain degree of contribution to the air-conditioning energy saving and indoor thermal environment optimization of the case building. The thermal performance of building envelopes can also realize the optimization as the current standards and regulations even when it is lower than the standard limit requirements. The case study results of the active control indicate that under the stochastic behavior, the most energy efficient strategies for setpoint temperature of air-conditioning and natural ventilation mode are consistent while the building envelopes are in different conditions, but the most comfortable strategies are different. By setting a optimization target, based on the interaction between the requirements and the application system, it is possible to work out the integrated control strategy that meets the optimization objectives, and at the same time guide the thermal performance design of the envelope structure in the building design phase and the occupants' adjustment behavior management in the operation phase.

目　录

第1章 绪 论

1.1 研究背景

伴随着我国城镇化的高速发展，大量的人口从农村进入城市，带动了建筑业的蓬勃发展。如图1-1所示，截至2020年底，我国建筑面积总量约为660亿 m^2，其中公共建筑面积140亿 m^2，城镇及农村住宅建筑面积分别为292亿 m^2 和227亿 m^2。相比于居住建筑，我国公共建筑面积增长趋势更为显著，2020年建筑竣工面积达到38亿 m^2，其中公共建筑约占22%。然而中国公共建筑的规模与一些发达国家仍存在显著差距，当前我国人均公共建筑面积仅为美国的1/3，法国、日本的3/5，仍具有很大的增长空间[1]。

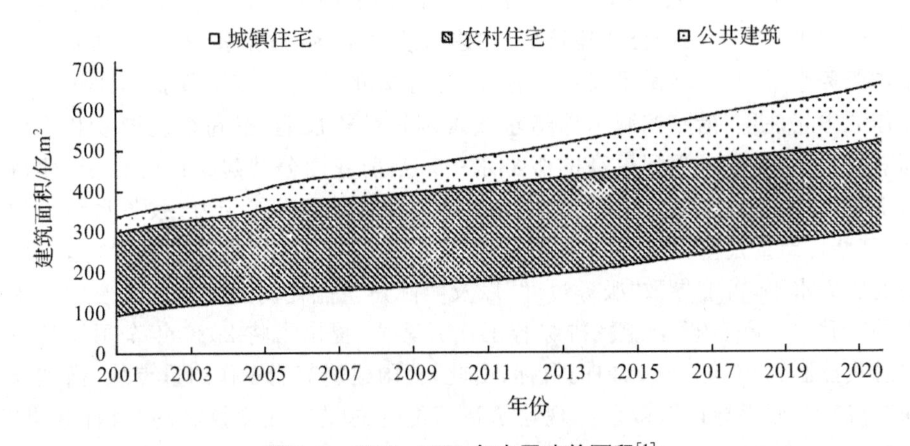

图1-1 2001—2020年中国建筑面积[1]

建筑规模的持续增长带动了建筑运行能耗增长。该部分能耗主要是民用建筑为使用者提供供暖、通风、空调、照明、炊事、生活热水以及其他各项服务功能所产生的能耗。图1-2描述了2020年中国建筑能耗的分布情况，该年度建筑运行的总商品能耗为10.6亿tce，占全国能源消费总量的21%。其中公共建筑运行的总商品能耗(不含北方地区供暖)为3.46亿tce，占建筑总商品能耗的32.6%，能耗强度为 24.7kgce/m²，显著高于其他用能分类。由此可见，相比于其他分类，公共建筑具有巨大的节能潜力，公共建筑节能是我国节能工作的重点之一。

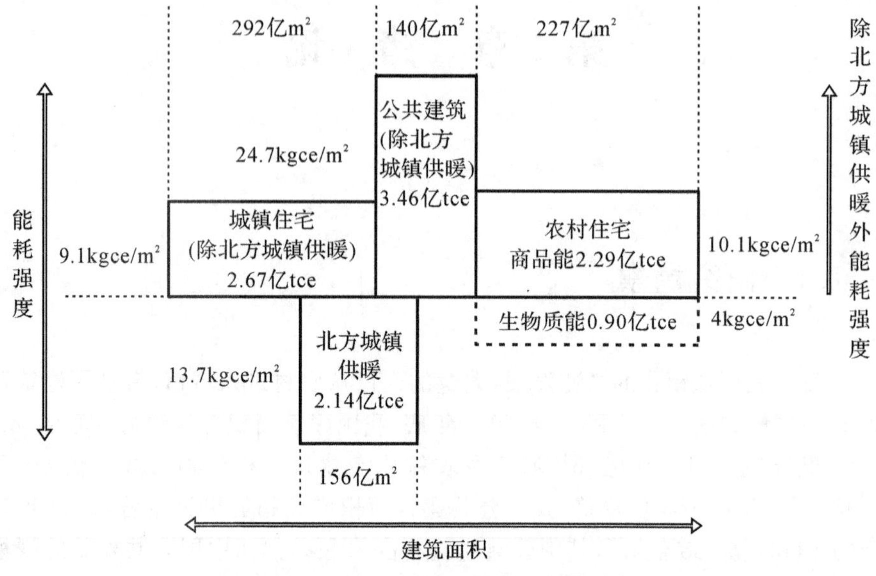

图 1-2　2020 年中国建筑运行能耗[1]

伴随着城镇化的进程，人民在生活水平提高的同时，对建筑服务水平有了更高的追求。过去我国公共建筑处于“建造质量不高，服务水平低下”的发展阶段，“服务水平偏低，不满足发展的需求”是主要的矛盾。该阶段我国建筑节能工作的思路注重“措施控制”，即追求改善围护结构性能、提高系统能效和推广高效技术措施，以求达到更高的服务水平。当前我国公共建筑已经处于“建造水平较高，服务质量基本满足要求”的新状态，主要矛盾转变为“服务水平不均衡、某些建筑的过量供应导致能耗过高”。仍然一味采用“措施控制”来追求更高的服务水平，可能导致“服务过度”以及实际建筑能耗的上涨[1]。随着发展矛盾的转移，《“十三五”节能减排综合工作方案》[2]提出了将 2020 年全国能耗消费总量控制在 50 亿 tce 以内的目标，由此，我国建筑节能工作的重点从“措施导向”过渡到“效果导向”，即以实现建筑运行能耗总量和强度控制的“目标效果”为导向[3]。“效果导向”可以理解为在用能上限约束的目标指引下，建筑服务水平应当在满足基本需求的基础上允许一定范围的波动，即受到两重目标的限制，在实现建筑能耗总量控制前提下进一步提升建筑服务水平。建筑、建筑服务系统及使用者三方共同作用、相互影响，最终决定建筑的实际性能。当建筑质量及服务水平基本满足要求之后，由于民用建筑中使用者的主观能动性，建筑实际性能更多取决于使用者的使用模式和运行调节方式。

室内环境的热舒适性是衡量建筑服务水平的重要指标之一，而热湿环境参数显著影响着室内人员的热舒适感受。在室内环境的营造过程中，建筑热湿环境参数是通风空调系统所需控制的重要指标。因此，空调使用是建筑热舒适环境营造的重要手段。使用者通过通风空调系统控制建筑热湿环境参数，从而影响建筑的热舒适性；使用者对通风空调系统的使用模式以及调节方式不同，导致空调能耗水平的差异性，进而影响建筑运行能耗。使用者对通风空调系统的调节行为与建筑、建筑服务系统共同作用、相互影响，决定了建筑室内环境的热舒适性以及营造热环境的空调能耗。

目前，建筑节能及热环境优化策略实施效果的预测评估通常通过建筑动态能耗模拟软件实现[4-5]。使用者行为是重要的影响参数，在实际研究过程中通常使用固定作息法进行描述，其随机多样的特征无法在确定性模型中得到体现，进而对建筑能耗及热环境的预测以及优化策略的评估结果产生影响。此外，尽管国内外学者在基于建筑围护结构热工性能优化的建筑节能研究方面积累了大量经验，但由于不同地区气候的差异性以及随之而来的用能行为差异性，相同围护结构优化措施可能导致不同乃至反向的实施结果，即“措施导向”的节能工作开展方式欠缺因地制宜的考虑，建筑增量成本的增加与预期节能效果可能不相符。现阶段建筑节能及室内热环境优化的建筑多目标优化是研究热点，国内外学者在建筑动态能耗模拟软件的基础上，集成了其他优化工具及数学方法，力求对建筑设计阶段的方案优化提出综合性的建议。此外，在多目标优化研究过程中结合使用者用能行为的影响，并且增加对建筑运行阶段管理方案的评估已是趋势所向。

结合“效果导向”的建筑节能工作目标，基于使用者需求和实际建筑运行特征，在空调能耗总量控制的前提下提升建筑室内环境的热舒适性是公共建筑节能的重要环节，即实现基于使用者实际调节行为特征的建筑空调节能及建筑室内热舒适性提升的多目标优化。

1.2 研究目的及意义

本书的研究目的在于，基于实际建筑运行特征和使用者需求，为公共建筑的室内热舒适环境低能耗营造策略探究，提供具体的分析方法和实用工具。本书的方法学体系适用于所有公共建筑的室内热舒适环境低能耗营造策略探究。为了通过具体的应用案例验证该方法体系的合理性，本书以夏热冬冷地区的既有办公建筑的改造为例，基于分体式空调作用下不同行为主体所主导的通风空调系统随机调节行为，构建空调能耗及室内环境热舒适性多目标优化策略决策模型，用于探究空调节能及热环境优化策略。

本书根据循证设计[6-7]的原理，对案例建筑在运行阶段的通风空调系统实际运行特征、室内热环境现状及使用者主观评价展开分析，证明室内人员对热环境的需求及通风空调系统调节行为对空调能耗及室内环境热舒适性具有显著的影响，并构建使用者调节行为的随机预测模型，生成符合实际运行特征的行为序列并进行量化描述，以输入参数的方式反馈到建筑能耗模拟过程中，这对建筑能耗的合理预测与建筑节能及热环境优化策略的准确评估具有重要的理论研究意义。

此外，在调节行为随机预测模型的指导下，以夏热冬冷地区既有办公建筑为例，对空调能耗及室内环境热舒适性的影响因子进行重要性分析并按优先级排序，定量化地描述了各个影响因子对两者的作用效果，为建筑节能优化方案执行的优先级提供了参考依据，具有重要的理论研究意义。

另一方面，以夏热冬冷地区既有办公建筑的改造为例，在相应的随机调节行为模式下，本书开发了空调能耗及室内环境热舒适性多目标优化策略决策模型作为实用工具，从而能够获得建筑方案设计与建筑运行管理的具体优化策略，对指导实际工程设计具有重要的意义，并为节能技术标准的修订提供了依据。

1.3 国内外研究现状

1.3.1 使用者调节行为对空调能耗及热环境的影响

建筑中使用者针对通风空调系统调节运行的方式不同，会导致建筑室内热环境以及空调运行能耗的显著差异。李兆坚[8]在 2011 年夏季对北京市某小区 69 台分体式空调器的开机及能耗状况进行的实测调研结果表明，不同住户所采取的空调使用行为具有差异性，住户空调能耗平均值为 161kWh、最大值为 596kWh、最小值为 6kWh，采取不同调节行为的住户空调能耗差异巨大。刘念雄等[9]对北京、上海、武汉、深圳 4 个城市住宅样本户的室内热环境、使用者采暖空调行为特征展开了调研分析，结果也表明采取不同调节行为的住宅热环境差异显著。而使用者调节行为的差异性体现在多个方面，包括空调设定温度的不同、空调运行模式的选择，以及通风手段的应用、通风模式的选择等。

在相同的空调使用条件下，使用者设定的目标温度不同使得室内热湿环境参数不同，从而导致了差异性的空调能耗水平：供冷工况下，空调设定温度越高，空调能耗越低；供热工况下，空调设定温度越低，空调能耗越低。李兆坚[10]在 2006 年夏季对北京市某栋普通住宅楼进行了实测调研，结果表明将空调设定温度从 25℃提升到 26℃，空调能耗减少约 23%。付博[11]通过对英国办公建筑的研究，发现在相同的湿度条件下，夏季室内设定温度每升高 1℃，能够节约能耗10%～22%。Ge等[12]对地处不同热工分区的长春、北京、上海、广州、昆明、乌鲁木齐6个城市商业建筑的研究结果表明，在相同湿度条件下，夏季室内设定温度每升高1℃，能耗降低5.20%～6.20%。刘猛等[13]对中国5个热工分区的典型城市的典型居住建筑户型进行了能耗模拟研究，结果表明供冷季节室内设置温度每升高1℃可带来节能潜力6%～9%，供暖季节室内设置温度每降低1℃可带来节能潜力6%～8%。

由于使用人群类型以及使用者个人倾向性的不同，空调运行模式往往存在显著的差异。通常情况下，空调长时间持续运行在营造出稳定的室内热环境的同时，也导致了高水平的能源消耗；而间歇式的空调运行模式在降低能耗水平的同时，会导致室内热环境波动。美国学者Kempton[14]对同一栋公寓楼内的8家住户的13个空调器使用情况进行实测调研，将空调运行模式分为始终开机的恒温运行模式、部分时间开机的通断运行模式和极少使用的通断模式，3种模式下的空调能耗水平及室内环境热舒适性呈递减趋势。刘念雄等[15]对深圳市某高层住宅区样本住户的室内热环境以及用电数据进行统计分析：空调使用频率高、连续运行、设置温度恒定的样本住户，各房间温度无显著差异，空调用电量为3.8kWh/(m^2·月)；空调使用频率低、间歇运行、分区控制、主动调节温度设置的住户，各房间的温度由于空调运行状态的不同而差异显著，空调用电量为0.6kWh/(m^2·月)；空调使用频率高、持续运行、主动调节温度设置的住户，各房间温度变化同步且无显著差异，空调用电量为2.2kWh/(m^2·月)。

作为室内热湿环境的重要调节手段，空调的使用导致了建筑运行能耗的增加，尤其在夏季炎热地区，空调高频率使用对电力供应造成巨大压力。为改善室内热环境、降低空调能耗，自然通风手段的应用具有重大意义。王昭俊等[16-17]对2009年夏季哈尔滨257个住户的调研分析结果显示，自然通风住宅的使用者可通过控制外窗开闭行为代替使用空调来提升热舒适。谢子令[18]使用IES-VE(IES-Virtual Environment，集成化建筑性能模拟分析软件)对温州地区某住宅建筑的空调能耗进行模拟，研究结果表明，相比于外窗全关闭状态，自然通风能使空调能耗减少30%以上，且节能率随外窗开启温湿度上限值的提高而增大，随外窗开启风速下限值的增大而减小。Santamouri等[19]对241个住宅的空调能耗数据进行了调研，结果表明住宅使用夜间通风技术最多可降低年制冷负荷40kWh/m^2，平均可降低12kWh/m^2。

自然通风模式影响建筑的节能效果，不同的开窗时间分布对空调能耗产生不同的影响。刘猛等[20]选取夏热冬冷、夏热冬暖地区部分城市的典型住宅作为研究对象，利用DeST-h软件对不同房间使用模式、开窗模式的建筑进行空调能耗模拟，结果表明夏天白天有人且开窗的房间使用模式相比白天无人且关窗的房间使用模式，其冷负荷低约10%；傍晚开窗平均减少约6%的冷负荷；入寝后只关闭部分窗户平均减少约2%的冷负荷;夏季白天开窗根据建筑所在地和平面形式的不同,空调冷负荷增加8%~18%。Kubota等[21]对马来西亚炎热潮湿气候下的住宅建筑进行实测调研分析,结果表明夜间通风相比于样本建筑当前的白天通风模式,室内峰值空气温度降低2.5℃,夜间温度降低2.0℃,提升了热舒适性。陈东[22]以福州地区某学生公寓为案例,采用DeST-h软件分析了自然通风对全年能耗的影响,结果表明相比于换气次数1.0 ach的标准通风模式,采用自然通风使夏季7、8月份的房间基础室温降低约1.5~3.5℃,有效减少了夏季空调运行时间,使夏季能耗下降了8.8%。

1.3.2 使用者调节行为预测方法的研究现状

建筑能耗模拟软件是预测建筑能耗、评估建筑节能技术措施的重要手段。用能行为对能耗预测以及节能技术措施评估的准确性具有重要的影响。国内外部分研究指出了建筑预测能耗与实测能耗存在差距的情况。Menezes等[23]对办公建筑、中小学校建筑、高校建筑三种建筑类型电力消耗的实测值及预测值进行比较分析,结果表明办公建筑和中小学校建筑的实际电力需求是预测值的1.6~1.7倍,高校建筑则是预测值的1.85倍。Buswell等[24]对英国两栋办公建筑的租户进行了照明设备、小功率电器、餐饮设备能耗的实测,结果表明使用者行为及楼宇管理造成了租户能耗水平的显著差异,并指出建筑能耗预测值与实测值出现较大偏差的原因是在预测过程中忽略了建筑用能行为及管理协议产生的影响。而对同样的建筑性能优化技术措施,使用者用能模式的不同可能导致不同的评估结论[25]。Morrow等[26]对美国科罗拉多州博尔德市某办公大楼的单层58个私人办公室的用户进行了为期3个月的照明控制行为以及百叶窗使用行为的研究,研究结果表明使用者对工作环境控制的主观能动性、行为的差异性导致难以预测用户配置工作环境的方式,因此高性能照明控制装置的优化需要考虑满足用户的不同控制行为和主观偏好。

为了准确预测空调能耗和评估建筑性能优化措施,国内外学者针对使用者调节行为对空调能耗以及室内热环境产生的影响进行了大量研究,先后提出确定性模型、阈值模型、统计性模型、随机模型以及条件概率模型用来描述空调通风系统的调节行为[27]。

当前在建筑能耗模拟软件的工程应用中,用于描述行为的最为广泛的手段为确定性模型。确定性模型将每日空调和外窗开启状态的持续时间限定在固定的时间段内,具有操作简单易行、描述直观的优点。但由于其将人员行为固化描述,确定性模型不能反映出实际人员行为的随机性、多样性以及不同使用人群偏好差异性的特征。此外,确定性模型为完全前馈的模型,不能随室内外环境、人员实际作息行为以及行为发生地点进行调整。因此,确定性模型应用在建筑能耗模拟软件中，常常使模拟结果与实际情况产生较大的偏差[28]。

考虑到室内环境对空调使用行为的反馈作用，一些研究者提出了阈值模型，将空调开启和关闭动作的触发条件与室内温度相关联。简毅文等[29]根据1999年夏季调研的北京42户住宅的空调使用情况实测了空调房间室温的变化情况，对空调开启时刻的房间温度进行了统计分析，并对居住者希望房间保持的温度水平展开调研。研究结果表明，人体在无空调动态环境中可接受的热舒适室温上限高于在稳态空调环境下可接受的室温，结合热舒适基本理论对实测调研结果进行分析，得出空调控制温度为26℃，空调启动温度为29℃。在此基础上构建的阈值模型如图1-3所示，该模型表现了空调使用行为的环境相关性，避免了对空调开启时间的固化描述。

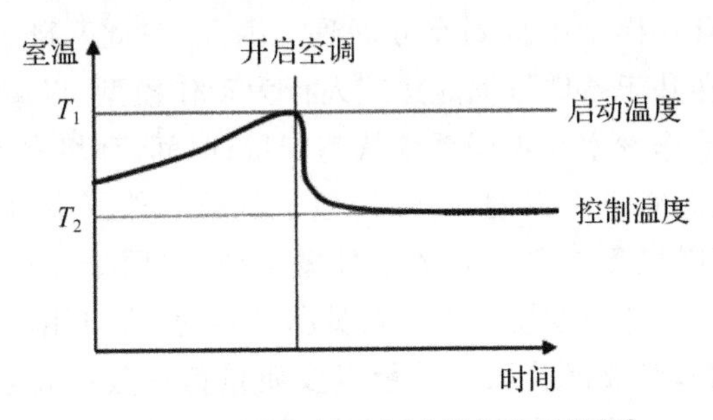

图1-3 夏季空调使用行为的阈值模型[28]

统计性模型以大量实测样本数据为基础，对不同环境参数下的空调运行状态、外窗开启状态的比例进行统计，拟合空调和外窗开启的比例与环境参数的函数关系。Indraganti 等[30]采用多项式拟合空调使用率和室外温度情况；Schweiker 等[31]采用统计模型描述了夏冬两季空调的使用行为，讨论了空调使用率与室外温度、夜间空调使用率的关系；Nicol 等[32]对不同国家的自然通风建筑进行大规模调研，结果表明居民开窗的概率随着温度的增加而增加，并采用Probit 模型分析拟合使用者开窗概率随室外温度变化的函数关系。区别于阈值模型，统计性模型并非使用确定的室内环境参数值来控制空调或外窗的开启，而是使用统计回归曲线反映空调使用概率及外窗开启概率随单一室内热环境参数的改变而发生连续变化的特征，通过该模型模拟获得的空调、外窗开启时间及开启时长具有随机和多样的特点。但由于统计性模型的建立依托于对大量样本空调开启比例的实测数据，对个体调节行为进行模拟时，环境参数的连续变化可能导致空调使用状态和外窗开闭状态随之发生连续变化，不符合实际调节行为中不同个体偏好的差异性特征。

随机模型在以上模型的基础上，同样以大量实测数据作为研究基础，关注空调开启和关闭动作发生的瞬间，讨论了空调使用、外窗开启状态变化转移概率随环境参数变化的情况。Tanimoto 等[33]采用两状态马尔可夫链描述空调随机使用行为，将空调开启动作发生概率描述为室内温度的 logit 函数，空调开启状态的保持概率描述为室外温度的 logit 函数；Haldi 和 Robinson[34]探讨了使用者在到达、停留、离开房间时窗户开启和关闭的特征，并将外窗开启动作发生概率分别描述为室内温度和室外温度的 logit 函数。随机模型相比于统计性模型，更准确地描述了调节行为状态改变的过程，对个体随机调节行为的模拟结果更接近实际行为特征。

然而实际人员调节行为不仅仅受到单一环境参数的影响，上述阈值模型、统计性模型以及随机模型都仅仅关注了空调使用行为与单一环境参数的相关性，空调使用行为的事件相关性以及使用者心理及生理因素所导致的偏好差异产生的影响则没有在模型中得到充分展现。因此，在此基础上，王闯和任晓欣等[35-38]提出了一套基于条件触发的建筑人行为动作模型，以事件和环境为触发条件讨论了行为动作发生与不同系统状态变量（时间、环境参数等）之间的相关性，并根据系统状态对应因素的不同，构建了基础条件概率、环境反馈型概率、时间型条件概率、随机条件概率四类条件概率公式，用于描述随机、复杂、多样的人员行为。由于条件触发模型关注人员移动行为、人员用能行为以及室内环境等多方面的参数，对数据获取的数量以及质量都有较高要求，更适用于功能布局丰富、人员空间移动频繁、设备种类多样且行为触发条件复杂的住宅建筑，对一些功能构成单一、人员移动空间有限的公共建筑（办公建筑、医疗建筑、教学建筑等）而言，该模型用于描述调节行为的实用价值有限。

尽管当前国内外诸多学者为了描述建筑室内使用者用能行为构建了行为预测模型，但将其用于指导建筑优化设计仍存在较大的困难。首先，能够将使用者行为集成到建筑动态能耗模拟过程中的软件数量有限，并且行为模型的集成可能会增加模拟的复杂性和计算时间[39-40]。其次，从设计到投入使用的整个建筑生命周期和室内使用者都存在很大的不确定性，在认可既有实测数据的有效性的同时，拓展使用者行为调研的样本量非常必要[41]。再者，由于使用者行为组成多样且复杂，部分使用者调节行为相互之间的状态耦合对优化方案的正确决策可能会产生不利影响，如空调使用伴随长时间开窗等浪费式用能行为等。因此，要推广基于使用者实际行为特征的建筑优化并对标准提出实用性的建议，需要扩展调研对象，并构建一套数据获取简易、分析方法简便且实用价值高的使用者调节行为随机预测模型，并在此基础上明确不同影响因子的重要性。

1.3.3 夏热冬冷地区建筑围护结构热工性能优化研究现状

夏热冬冷地区的气候具有夏季高温闷热、冬季潮湿寒冷的特征，该气候区建筑的供热供冷行为大多都通过空调实现。对夏热冬冷气候区的住宅、办公楼等独立性较强、人员流动性较为有限的民用建筑而言，空调的使用行为显著地受到室内常驻使用者决策的影响：居住建筑普遍采用了分室、间歇性的空调使用策略，而该策略也同样广泛应用于使用分体式空调的办公建筑。

吴泽玲[42]等使用DOE-2软件模拟了上海地区空调运行模式不同的三类公共建筑经过围护结构节能改造后的节能效果，结果表明连续空调运行建筑（旅馆建筑）的节能效果显著优于空调间歇式运行的办公建筑；而在空调间歇式运行的建筑中，空调使用时间相对较长的高级商务办公建筑（空调运行时段为8:00—22:00）进行围护结构节能改造后，其节能效果优于空调使用时间相对较短的普通办公建筑（空调运行时段为9:00—18:00）。由此可知，不同的空调运行策略作用下，相同围护结构节能改造策略的作用效果不同，因此夏热冬冷地区围护结构节能改造技术的适宜性需要结合具体的建筑用途及空调运行模式等进行综合分析。

我国建筑节能研究工作以严寒、寒冷气候区为起点进行开展，侧重于冬季工况下的建筑保温，并在长期的研究与实践中获得了显著的节能成效。而夏热冬冷气候区的建筑节能起步于参考、照搬严寒、寒冷气候区的既有技术体系，缺乏对气候、用能方式差异性的适宜性研究，导致在夏热冬冷气候区的建筑节能工程实践应用中出现了实际节能效果不如设计预期的结果[43]。钱晓倩等[44]将夏热冬冷气候区建筑节能实践中的技术误区归纳为三个方面，分别是重保温轻隔热、重外墙轻内墙、重外墙外保温弃外墙内保温。其中，由于夏热冬冷气候区夏季隔热的关键性随着节能工作的开展得到重视，“重保温轻隔热”的问题在现阶段已得到妥善处理，而后两项误区则进一步表现为围护结构节能措施的选取存在局限性，并且在节能工作的执行过程中更注重“以措施为导向”而非“以效果为导向”。

基于对夏热冬冷地区分室、间歇式使用空调的用能特征，钱晓倩、朱耀台[45]采用静态能耗分析的方法对无任何保温的建筑进行模拟研究，结果表明能耗通过外墙散失的约占15%～20%，通过外窗散失的约占10%～15%，通过内部围护结构（内墙、楼板）散失的占70%；阮方等[46]以户（室）为研究单元建立二维传热模型，动态分析了居住建筑的能量耗散方式，结果表明单元内墙耗能份额约占总能耗的45%。因此，建筑节能片面强调外围护结构保温隔热的理念与夏热冬冷气候区的气候特征、用能特点不相符，建筑热工性能优化应兼顾内外围护结构。

王索等[47]运用数值模拟的方式，分析了在间歇采暖空调条件下，墙体蓄热随各因素的变化规律，结果表明当采暖空调间歇在5小时以内时，应当在降低墙体传热系数的基础上降低内墙的蓄热能力，以有效提高建筑内墙的节能效果；赵丹青等[48]以杭州某居住建筑为例，使用DesignBuilder模拟分析了“分时分室”用能模式下建筑内墙保温对供暖空调能耗的影响，结果表明内墙传热系数由2.8W/(m^2·K)变化至1.0W/(m^2·K)，建筑单位面积供暖空调能耗降低30%，且随着内墙传热系数减小，能耗降幅增大；王莉娜[49]对杭州市居住建筑进行了基于人行为模块的围护结构设计研究，模拟计算结果表明，相比于仅外墙保温的措施，内墙保温措施的同步实施使全年节电率提升了20%左右，且用能空间保温面积越大，节能效果越明显；何莉莎[50-51]对夏热冬冷地区居住建筑的不同保温体系进行了节能效果分析，提出相比于单纯的外墙保温技术，对外墙内外侧、内墙、顶棚同时喷涂无机保温砂浆保温层的内外综合保温体系技术具有更良好的节能效果。当前针对建筑内围护结构在分室、间歇式用能模式下的建筑节能效果研究较为有限，需要更多地开展夏热冬冷地区针对建筑内墙、楼板等内部围护结构的节能措施适应性评价。

夏热冬冷地区围护结构节能措施的局限性除了体现在内部围护结构的节能措施应用的缺乏以外，还表现为外墙保温构造的单一性。由于严寒、寒冷地区冬季室内外温差导致的结露问题，外墙内保温措施不具有实用价值，但在夏热冬冷地区的气候特征下，结露问题轻微乃至不存在，因此夏热冬冷地区外墙的保温构造相比于严寒、寒冷地区有更广的选择范围。

Kossecka 等[52]以一栋连续使用的单层住宅为研究对象，运用 DOE-2.1E 软件模拟计算了 6 种混凝土墙体与保温层的组合形式（包括外保温、内保温、内外组合保温等）在美国 6 个不同城市中对冷热负荷的影响，结果表明在保温层完全位于墙体内部的情况下，建筑节能效果最佳。阮方等[53]以夏热冬冷气候区居住建筑为例，采用 DeST-h 软件模拟不同用能方式下建筑外墙内外保温的全年节能效果，结果表明连续用能方式下，外墙外保温的全年节能效果优于内保温；不考虑容忍温度的间歇用能方式下，外墙内保温的全年节能效果优于外保温；在低挡及中挡容忍温度等级的情况下，外墙内保温节能效果好于外保温；在高挡容忍温度等级情况下，外墙外保温节能效果好于内保温。牟林森[54-55]使用 IES-VE 软件对杭州市某多层居住建筑在外墙分别采用内外组合保温、外保温和内保温时的制冷、采暖和全年能耗值进行了模拟分析，结果表明内外组合保温能耗值略低于内保温，但远好于外保温。

如果不充分考虑节能措施在不同气候区、不同运行模式下对不同建筑的适宜性，部分节能措施的实施反而可能导致节能率不如预期，即追求“措施导向”多于“效果导向”，产生本末倒置的结果。

在分室、间歇式的用能特点下，外墙外保温对降低建筑热负荷效果显著，但在夏季制冷工况下可能出现“反节能”现象[46]。Tummu 等[56]以泰国居住建筑为研究对象，对不同窗墙比和不同围护结构下的空调制冷负荷进行了研究，结果表明在窗墙比增加的情况下，内保温仍能达到节能效果，外保温反而增加能耗；Masoso等[57]以非洲地区某办公楼为研究对象，使用 EnergyPlus 软件模拟了 6 种不同空调设定温度下的建筑全年冷热负荷，结果表明外墙外保温对降低全年热负荷效果显著，但存在临界空调设定温度，低于该温度可使全年冷负荷降低，反之则升高；Pan 等[58]对位于中国不同气候区的3个城市的建筑外墙外保温节能特性进行了研究，结果表明北京外墙外保温节能效果最佳，上海外墙外保温节能的临界厚度为26mm，超过临界厚度则能耗增加，广州外墙外保温则明显表现出“反节能”的特性。

综上所述，建筑所处的气候特征、使用者的用能行为对围护结构节能措施的选择及其作用效果产生复杂的影响。在进行夏热冬冷气候区建筑节能研究时，在注重随机调节行为下外部围护结构（外墙、外窗、屋顶）的不同保温构造以及热工性能优化的同时，也需要关注内部围护结构（内墙、楼板）能够带来的节能效果。同时应当以“效果导向”的思路确立优化目标，以反馈的方式指导围护结构的热工性能优化措施的选择。

1.3.4 建筑多目标优化的研究现状

建筑设计方案、建筑服务系统及使用者行为三方共同作用、相互影响，在决定了建筑的实际性能的同时，也决定了建筑能耗和成本等多个维度的结果。在对建筑各维度的优化方案进行探索方面，国内外学者在优化建筑性能（包括且不限于改善建筑的声、光、热环境，提升室内空气质量等）、建筑节能、成本缩减（包括且不限于减少各类耗材，节约建造成本，节约运行成本）等多个领域进行了有针对性的大量研究。一般情况下，建筑优化的各个目标互相制约，即不存在某一建筑设计、建筑服务系统和使用者行为的组合方案能够使建筑的各个维度达到最优值的情况。因此，单独对某个优化目标的研究通常会采用控制变量的方法，对其他目标值进行固定。随着优化研究的深入以及使用者需求的提升，同时追求建筑在多个目标导向下的优化成为重要的研究方向，国内外学者在此基础上，开展了建筑多目标优化的研究。

其中，通过建筑能耗模拟的手段，结合数学分析工具或结合既有优化工具，以建筑节能作为主要优化目标开展建筑多目标优化策略探究，是国内外学者建筑多目标优化研究的热点领域。

Méndez 等[59]以办公建筑作为研究案例，在 Palermo、Torino、Frankfurt 和 Oslo 等城市的气候条件下，通过 EnergyPlus 模拟改变窗户的数量、位置、形状和类型以及墙体的厚度，使用遗传算法进行了多目标探究并分析了 Pareto 前沿解，以达到最小化供暖供冷及照明能耗的目的。田志超等[60]以一栋二层办公建筑为例，以屋顶、外墙、外窗的传热系数和窗墙比为变量，以建筑能耗和增量成本为优化目标，使用 Dakota 和 EnergyPlus 进行建筑能耗模拟，以穷举法模拟了256种围护结构备选方案，为优化方案探究提供研究基础。Essia 等[61]以优化地中海建筑的能效及经济成本为目标，以围护结构（屋顶、外墙、外窗）构造、不同立面（东、南、西、北）窗墙比及遮阳构造为变量，提出将遗传算法 GA 与用于热评估的简化工具 CHEOPS 相结合，对样本建筑进行优化计算。王迪[62-63]以重庆地区居住建筑为研究对象，通过对围护结构（外墙、屋顶、外窗）构造类型、窗墙比（东、南、西、北各个立面）、建筑朝向、适宜通风换气次数共计 9 个参数的模拟案例计算，分析不同设计参数对建筑能耗和室内热舒适的影响规律，并以建筑的全年能耗和热舒适指标作为目标函数值，以 NSGA-II 算法作为方案搜索引擎，以 EnergyPlus 作为目标函数计算工具，通过 MATLAB 搭建目标导向的设计方案求解模型，提出重庆地区典型居住建筑在低能耗限额 20kW·h/(m^2·a)下的保障室内热舒适的设计方案，为重庆地区的节能减排工作和改善居民室内热舒适提供途径。石邢[64]以中国南京的某单层办公楼为例，以 6 面外墙的外墙保温层厚度（0～160mm）作为自变量，以降低建筑空调负荷和减少保温层厚度为目标，通过编写 DOS 批处理文件以自动执行工作流程，将 EnergyPlus 集成到优化软件工具 modeFRONTIER 中，以遗传算法作为搜索引擎进行 Pareto 边界的探索，获得 28 个具有可行性的优化方案，并应用 MCDM（多准则决策）工具对这些方案进行排序，为建筑优化设计方案的选择提供参考。Delgarm 等[65]以多层办公建筑为例，将建筑朝向、外窗尺寸（宽度、高度）、悬挂遮阳规格（倾斜角度、遮阳深度）共计 5 个参数作为自变量，以降低制冷能耗及照明能耗为目标，利用 jEPlus 实现并输出自变量在 EnergyPlus 能耗模拟过程中的连续变化产生的目标函数值，以 NSGA-II 遗传算法作为搜索引擎获得目标函数的 Pareto 前沿解，最后采用 WSM 方法获得单个最优解，探索了办公建筑在伊朗四个不同气候区（寒冷、温和、温暖干燥、温暖潮湿）的优化配置方案。

通过 EnergyPlus 与既有优化工具进行集成、结合遗传算法进行优化策略探究的方法，克服了传统能耗模拟过程中分别调整影响参数取值进行逐次模拟所造成的人力和时间成本浪费问题，但依托于该方法仅能够对模拟阶段列举的既有变量取值所对应的目标函数值进行评估分析，即如果所有既有变量为连续变量，遗传算法检索获得的 Pareto 前沿解中包含了实际意义上的“最优策略”；如果既有变量中存在无法通过模拟软件的设定机制实现连续变化的变量（如围护结构不同构造的热工性能），那么通过该方法获得的“最优策略”则依托于对这些变量的给定方案的参数取值，即在既有的方案组合所正馈的结果中进行有范围的筛选，而给定方案中未覆盖的间值则无法参与优化过程，使优化策略缺乏对设计阶段未及考虑的方案的判断。因此，部分学者在此基础上，基于能耗模拟软件所生成的数据库，使用人工神经网络方法进行了快速预测模型的构建，从而能够在 EnergyPlus 集成优化工具方法的基础上进行优化，获得围护结构热工性能等部分变量与目标函数的关系，使所有潜在方案都能够参与到优化过程中，优化结果则以数值的方式反馈到设计阶段，对方案的设计、组合及匹配进行指导。

喻伟[66-67]基于重庆地区现有住宅建筑节能设计体系现状，分析了住宅建筑朝向、热环境分区、围护结构热工性能(外墙、外窗、屋面)、窗墙比对建筑能耗和室内热舒适时间的影响,分别针对单一设计要素提出了节能设计建议,并使用建筑能耗模拟软件 EnergyPlus 基于不同影响要素相互组合进行模拟,获得 144 组数据,以 GA-BP 神经网络模型为适应度评价函数,在 NSGA-II 算法的基础上建立了以建筑全年冷热负荷和室内热舒适为优化目标的居住建筑设计多目标优化模型,对建筑方位、窗墙比(东、南、西、北各个朝向)、围护结构(外墙、外窗、屋顶)传热系数、围护结构(外墙、屋顶)热惰性指标共计 10 个设计变量进行了优化方案求解。Magnier 和 Haghighat[68] 提出的 GAINN 方法学除了考虑建筑设计要素之外,对建筑运行阶段通风空调系统的操作也进行了初步探讨:如图 1-4 所示,使用模拟软件生成或通过实验积累获得数据库,以通风空调系统的供冷、供热设定温度、湿度设定、启动延时、停止延时、送风量,以及建筑各层南北朝向外窗面积、墙体厚度等 12 个参数为输入项,以建筑能耗和热舒适情况为输出项,使用人工神经网络 ANN 构建预测模型,结合多目标遗传算法 NSGA-II,优化住宅中的热舒适性并节能,为住户选择更为环保的通风空调系统操作方法及建筑设计方案。

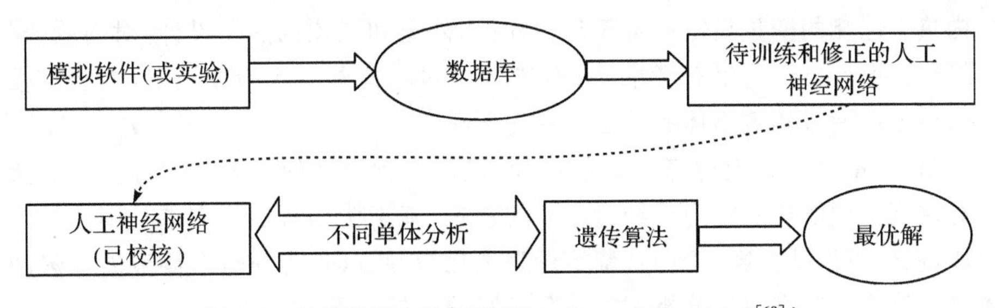

图 1-4 建筑优化方法框架(Magnier and Haghighat[68])

国内外学者通过能耗模拟软件 EnergyPlus 的直接应用、EnergyPlus 与既有优化工具或数学方法的集成应用、引入人工神经网络方法简化模拟过程及量化函数关系的方法,为以建筑节能为主要目标所进行的多目标优化策略探究提供了丰富的理论研究基础。综上所述,以多目标优化为目的,在建筑设计阶段对方案优化提出建议,国内外学者目前已积累了较为丰富的研究基础;并且,部分学者已开始逐渐关注并立足于建筑运行阶段的优化研究。在建筑运行阶段,使用者行为的不同,会导致建筑空调能耗及室内热环境的差异性,进而影响到优化方案的适用性。

Ouf 等[40] 构建了人员在室行为的优化描述随机模型,并将该模型与 ASHRAE/IES Standard 90.1—2016 定义的人员在室行为确定性模型分别应用到建筑节能优化策略探究过程,以某一单体办公室的建筑能耗降低为目标,以外窗的 10 项设计参数(窗墙比、传热系数、可见光透射率、太阳得热系数 SHGC、窗台高度、外窗起点与西墙的距离、悬挂遮阳深度、东侧遮阳板宽度、西侧遮阳板宽度、百叶可见光透射率)为变量,评估了不同人员在室行为模型下的建筑节能优化策略作用效果,其结果表明,不同模型下建筑能耗的预测结果以及建筑节能优化策略应用下的节能效果不同。Abuimara 等[69]根据人员在室、照明和电器使用的实测数据,得到了每类行为的三种随机使用概率模型(高频率使用、平均频率使用和小频率使用);以加拿大某一办公建筑为对象,选取了11 个建筑设计及通风空调系统设计参数,并基于默认的加拿大国标推荐参数取值方案设计了 20 个单参数变化方案,并对 3 种随机概率模型及国标推荐的确定性模型进行 20 个方案作用下的能耗模拟结果并进行排序,结果表明不同行为模式下的办公建筑节能效果对各个方案的敏感程度不一致。

尽管部分学者已基于使用者行为的差异性开展建筑优化研究,当前结合使用者行为预测模型的建筑优化策略研究主要局限于建筑节能的单目标优化层面,而在多目标优化相关研究中尚无充分的体现。此外,建筑多目标优化的既有研究在选取所要研究的建筑设计参数过程中,通常因为未充分考虑到建筑运行阶段使用者行为所产生的影响,存在参数选择有欠缺的情况。例如针对围护结构热工性能的变量设定通常仅包括外墙、外窗和屋顶的热工设计,对内墙、楼板的热工设计方案则鲜有考虑,从而忽略了间歇式调节行为作用下,内墙和楼板的热工性能对建筑整体的节能效果的影响。

因此,本书旨在充分考虑建筑设计、建筑内扰以及使用者行为等多方面要素对建筑空调能耗及室内热舒适水平的影响,基于使用者实际需求及调节行为特征,从建筑设计方案、使用者调节行为优化指导方面,为建筑空调节能及热环境优化策略的探究提供分析方法并开发实用工具。

1.4 研究内容

本书旨在基于实际建筑运行特征和使用者需求,为公共建筑舒适热环境的低能耗营造策略探究,提供具体的分析方法和实用工具。因此本书的具体研究内容主要有以下几个部分。

1.4.1 使用者空调通风系统调节行为随机预测模型构建

遵循循证设计的理论,本书对案例公共建筑进行“使用后评价”的研究,调研建筑运行特征、室内热环境及使用者评价情况。鉴于功能构成的多样性、行为主体的丰富性、调研对象的配合度以及研究结果的示范性,本书选取夏热冬冷地区典型办公建筑作为研究对象。为了使所选取的案例建筑具有代表性,本书对样本区域的建筑开展建筑基本信息的调研,依照建筑类型学的方法总结夏热冬冷地区既有办公建筑的典型特征，并在其指导下选取具有代表性的典型样本建筑作为主要研究对象。

根据对样本建筑的长期实测，获得典型功能类型房间的室内热环境参数及室内人员的空调通风系统调节行为参数(如空调使用状态、外窗开关情况等)。根据对实测环境下的人员问卷调研，获得室内人员的实时热感觉评价、活动水平和衣着情况。根据调研情况和PMV热舒适理论对杭州地区的热舒适温度区间进行检验，作为对杭州地区办公建筑使用人群的热适应性的描述。根据实测情况，对样本建筑中不同功能房间中使用人群的调节行为特征进行分析，探究调节行为与时间推移、室内热环境及气候阶段性变化的相关性，得出合理的方式用来描述不同行为主体的热适应性调节行为。

为了将“使用后评价”的结果反馈到优化设计的探究过程中，本书构建了调节行为随机预测模型，能够在模拟研究的过程中反映实际调节行为对建筑空调能耗及室内环境热舒适性的影响。

1.4.2 建筑空调能耗及室内环境热舒适性影响因子的重要性分析与目标变量快速预测模型构建

在使用者调节行为的随机预测模型的指导下，通过建筑能耗模拟软件EnergyPlus及DesignBuilder等的应用，对建筑空调能耗及室内环境热舒适性的影响因子进行重要性分析。参考现行《公共建筑节能设计标准》的热工设计规定以及其他参数设定，探究案例建筑在使用者实际热环境需求以及调节行为特征下，各项影响因子对空调能耗及室内环境热舒适性的重要性。

本书所研究的影响因子包括建筑设计阶段所需确立的外墙、屋顶、内墙、楼板、外窗等围护结构的热工性能，建筑各向立面的窗墙比、遮阳构件形式以及遮阳板长度、建筑气密性等参数，同时也包括了不同类型房间的人员密度、照明功率密度以及设备功率密度等建筑内扰参数，此外还包括了表征使用者调节行为的供热供冷工况下分别的空调设定温度，空调使用及外窗控制的不同耦合方式等。

为了高效地探究建筑空调节能及室内热环境优化策略，本书在建筑动态模拟软件应用的基础上，通过重要性分析结果筛选出具有较显著作用效果的重要影响因子，并以之作为决策变量，使用数学方法建立空调能耗及室内环境热舒适性快速预测模型。

1.4.3 建筑热舒适环境的低能耗营造策略研究

基于空调能耗及室内环境热舒适性快速预测模型，以减少室内不舒适小时数和降低空调供冷供热负荷为目标，探究建筑优化策略。本书采用NSGA-II多目标遗传算法，寻求多目标优化的建筑设计及调节行为调控的组合方案，使建筑具备舒适热环境的同时减少空调能耗，从而获得具体的优化方案。

为此，本书开发了具有可交互性的空调能耗及室内环境热舒适性多目标优化策略决策模型。本书通过控制决策变量和控制目标变量的值域，在该决策模型下分别从被动调控、行为调控和整合调控三个方面探究了特定优化目标下的舒适热环境低能耗营造策略，为夏热冬冷地区公共建筑的节能优化策略提供理论研究基础。

1.5 研究方法及技术路线

1.5.1 研究方法

(1)文献研究法

文献研究法主要通过文献数据库检索引擎，检索并查阅国内外相关著作、期刊论文、会议论文、学位论文等，并通过互联网检索相关网站，查询政策导则、标准规范、新闻网页以及其他网络文献数据库。

本书通过对大量文献资料的阅读及分析，了解研究相关领域的发展现状，从而确立了研究对象并把握研究的创新点，在此基础上开展对研究内容的理论依据探究和对技术工具的深入了解。

(2)实测调研法

本书通过实测方法获取样本建筑室内热环境和调节行为的客观参数，通过调研方法获取实测现场的室内人员对实时热环境的主观热感觉评价，并以此作为依据研究人员的热适应性及其调节行为对室内环境热舒适性和空调供冷供热能耗的影响。

课题组成员于2016年7月至2018年12月，选取以杭州为代表的夏热冬冷气候区典型城市的办公建筑为样本建筑，通过现场仪器布置对具备典型功能的样本房间进行干球温度、相对湿度、黑球温度、风速等客观室内热环境参数以及外窗开闭、空调开关等人员行为状态的长期监测，并且，在此期间以面向典型功能类型房间的使用人群发放纸质问卷的形式，调研其在当下环境下的主观热感觉评价情况，同时记录调研对象的衣着情况、活动水平及实时的热环境参数。

(3)数量分析法

数量分析法是通过对研究对象的数量关系之间的分析研究，探究数量之间的相关性、变化规律等，以预测事物发展趋势的方法。

本书通过数量分析法的应用，研究了调节行为与时间、室内热环境、气候变化等参数之间的数量关系，以此作为依据用来预测调节行为的发生规律；研究了不同的影响因子与建筑空调能耗及室内环境热舒适性之间的数量关系，以此作为影响因子重要性分析的评价基础以及优化值的求解依据。

(4)模拟法(模型方法)

模拟法是创建一个与原型主要特征相符的模型,通过模型来间接研究原型的方法。

在本书的研究中,建筑设计要素、建筑内扰要素和调节行为要素中诸多影响因子对建筑空调能耗以及室内环境热舒适性的影响的探究过程难以通过直接控制样本建筑的变量实现,因此本书使用建筑能耗模拟软件 EnergyPlus 和 DesignBuilder 构建样本建筑数字模型,将模型作为媒介间接研究影响因子的参数变化对样本建筑的作用效果。

(5)数学方法

数学方法是使用数学工具对研究对象的单个或多个特性进行分析处理,从而以数字形式表述结果的方法。

本书使用聚类分析法从调节行为的特征提炼典型日调节行为模式,通过蒙特卡罗方法的应用,根据阶段性的行为模式分布决策逐日的调节行为序列,并将序列作为建筑动态模拟的输入参数从而对模型进行研究。

建筑空调能耗及室内环境热舒适性的快速预测模型的构建通过人工神经网络的应用来实现,通过使用该模型,可以在输入各输入项后快速获得建筑全年不舒适小时数及空调供冷供热负荷两项输出项,分别表征建筑室内热环境性能和营造热环境所需空调能耗水平。基于该预测模型的建筑空调能耗及室内环境热舒适性的多目标优化策略探究,则使用 NSGA-II 多目标遗传算法、控制变量法进行,在该过程中对给定取值范围内的输入项所对应的输出项进行比较分析,并决策出最优解。

1.5.2 研究技术路线

根据研究目的,本书首先选取夏热冬冷地区典型办公建筑作为研究案例展开实测调研,探究建筑使用者的热环境需求以及不同类型使用者的空调通风系统调节行为特征。根据使用者调节行为的气候、环境相关性特征,本书划分了不同的空调使用特征阶段。随后,根据供热、供冷工况下调节行为的时间分布情况,结合聚类分析法将调节行为模式分为若干种类,并对不同行为主体在不同空调使用特征阶段的每种调节行为模式提炼出典型的时间表,以此为依据,结合蒙特卡罗方法生成调节行为随机序列,并且耦合空调使用与外窗控制的不同方式,作为随机调节行为耦合数据库的组成内容。

基于使用者随机调节行为,以提升建筑室内环境热舒适性以及降低热环境营造(空调)能耗作为优化目标。本书采用模拟法,使用 EnergyPlus、DesignBuilder 进行模拟并以 jEPlus 作为辅助,分析各项影响因子与建筑空调能耗及室内环境热舒适性的相关性，并进行影响因子的重要性分析，提炼重要影响因子并设定为动态参数，构建多情景工况下的建筑空调能耗及室内环境热舒适性数据库。通过人工神经网络方法对数据库内容的学习，实现了建筑空调能耗及室内环境热舒适性的快速预测模型构建。最后结合 NSGA-II 多目标遗传算法以及控制变量法的应用，对不同设计方案、行为调控方案以及整合方案的多目标优化效果进行评价分析。本书研究的技术路线如图 1-5 所示。

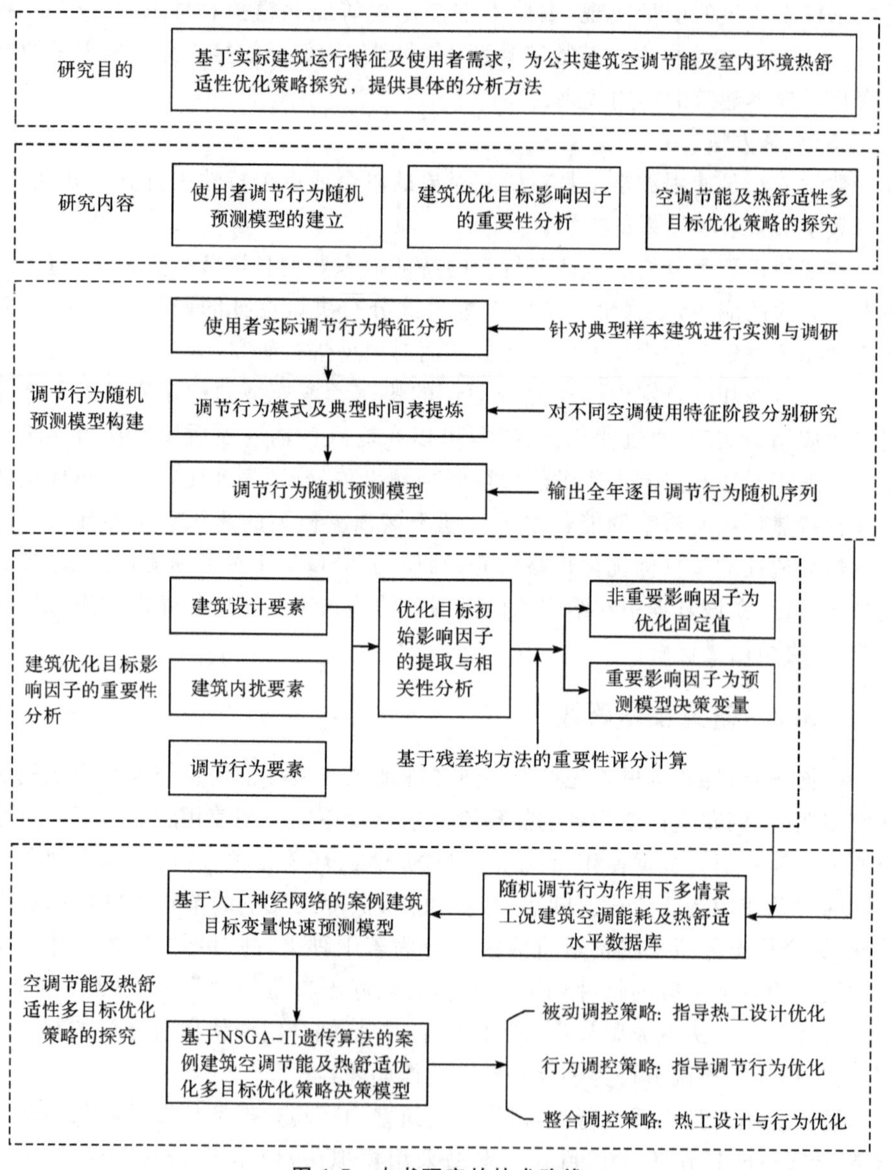

图 1-5 本书研究的技术路线

1.6 创新点

(1)基于随机调节行为预测模型的指导,本书构建了建筑空调能耗及室内环境热舒适性的快速预测模型以及多目标优化决策模型,相比于传统固定作息法下的建筑模拟,显著提高了空调能耗以及室内环境热舒适性的预测精度与效率,同时,为建筑优化策略的合理评估和探究提供方法,便于自主评估不同策略的实施对建筑室内热环境及能耗产生的影响。

(2)在随机调节行为作用下,本书得出建筑热工设计、建筑内扰、使用者调节行为的各项影响因子对夏热冬冷地区办公建筑空调能耗及室内环境热舒适性的重要性分析结果,对各项影响因子进行排序,并对比同样的影响因子在固定作息下的重要性并反映两者差异。作为理论研究基础为随机调节行为作用下建筑节能及热环境优化策略应用的优先级提供了重要依据。

(3)基于使用者的实际调节行为特征,本书提出了空调随机使用行为以及外窗开启行为的不同耦合方式,从行为优化的角度为建筑空调节能及室内热环境优化策略探究提供决策依据。

第2章　建筑舒适热环境低能耗营造策略研究方法

基于实际建筑运行特征和使用者需求，为建筑舒适热环境低能耗营造策略探究，提供具体的分析方法和实用工具是本书主要的研究目的。建筑舒适热环境低能耗营造策略探究实质上是一个多目标优化问题中的最小化问题，优化目标分别可以描述为降低建筑空调能耗和降低室内热环境的不舒适性。

本书基于对样本建筑使用者调节行为的实测调研及统计分析，首先构建了调节行为随机预测模型，生成符合实际建筑使用者行为特征的调节行为随机序列，将其反馈到建筑动态能耗模拟的过程中，并以此作为建筑空调节能及室内环境热舒适性多目标优化的重要研究基础。

为了确定多目标优化问题的决策变量，本书从建筑、建筑服务系统和使用者三个方面提炼建筑空调能耗及室内环境热舒适性的影响因子，并对这些影响因子进行重要性分析及优先级排序，根据其结果筛选出其中重要的影响因子，作为求解建筑舒适热环境的低能耗营造策略所需的决策变量。

通过在建筑动态能耗模拟软件及集成优化工具中对建筑设计、建筑内扰及调节行为相关的各项影响因子进行动态参数设定，并根据设定参数执行模拟过程，本书构建了多情景工况下的建筑空调能耗及室内环境热舒适性数据库。

鉴于部分影响因子由于建筑能耗模拟软件的设定机制，无法实现参数的连续变化，本书使用人工神经网络方法，基于数据库构建建筑空调能耗及室内环境热舒适性快速预测模型。该模型利用数学方法还原了影响因子的参数连续变化对两项优化目标的影响，使数据库中未覆盖的参数“间值”也能参与到优化过程中。

最后为了获得建筑空调节能及室内环境热舒适性提升的多目标优化策略的“最优解”，以多目标遗传算法 NSGA-II 作为搜索引擎、建筑空调能耗及室内环境热舒适性快速预测模型作为适应度函数，在决策变量的取值范围内对快速预测模型进行检索。获得的 Pareto 前沿解能够作为广义上的目标函数最优解。此外，考虑到优化方案的实用价值，将现行公共建筑节能设计标准作为参考，通过控制部分决策变量，分别从建筑方案设计和建筑运行管理等不同的角度对建筑舒适热环境的低能耗营造策略进行探究。

通过上述方法，针对不同功能类型的目标建筑，能够在其典型的调节行为模式的指导下，获得新建建筑设计方案（或既有建筑改造方案）与建筑运行管理策略，使建筑能使用较低能耗营造舒适的热环境。

2.1　调节行为随机预测模型建立方法

调节行为随机预测模型的构建是为了生成符合建筑使用者实际调节行为特征的调节行为随机序列，这是执行模拟研究的前提条件。如图 2-1 所示，预测模型主要由两个主要模块构成，分别是调节行为的决策单元以及逐日行为决策过程。应用调节行为随机预测模型时，输入调节行为的类型（本书指空调通风调节系统操作行为中的空调使用行为或外窗开启行为）以及行为主体类型（本书指多人办公室或单/双人办公室），输出结果为对应行为主体所主导的对应调节行为全年随机序列。

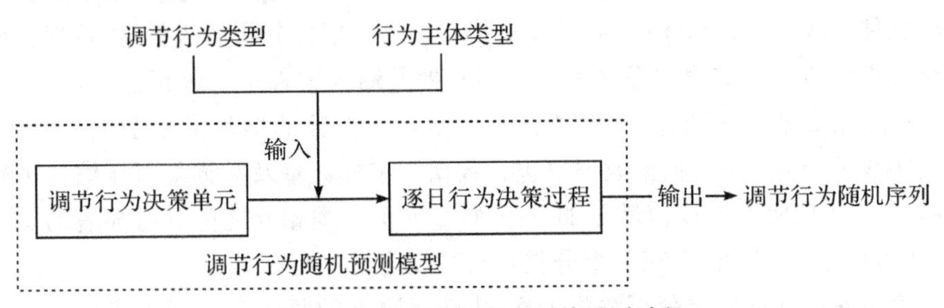

图 2-1　调节行为随机序列的预测过程

2.1.1　基于 k 均值聚类分析法提炼调节行为决策单元

Mac Queen 在 1967 年提出了 k 均值聚类算法（k-means 算法），用于对大型的数据集进行高效的分类。其核心思想是找出 k 个聚类中心 $c_1, c_2, \cdots, c_k$，使得每一个数据 x_i 点和与其最近的聚类中心 c_v 的平方距离之和最小化[70,71]。k 均值聚类算法的具体执行步骤如下所示：

（1）初始化状态下，随机指定 k 个聚类中心 $c_1, c_2, \cdots, c_k$；

（2）对所有数据点 x_i，找到距离最近其的聚类中心 c_v，并将其分配到该类别目录下；

（3）从每个类别目录下筛选出处于中心位置的数据点，成为新的聚类中心 c_j；

（4）使用下式计算平方距离之和，即偏差 D：

$$D = \sum_{i=1}^{n} \left[\min_{1 \leqslant r \leqslant k} d^2(x_i, c_r) \right] \tag{2-1}$$

式中，$d(x_i, c_r)$ 为数据点 x_i 与聚类中心 c_r 的距离；

(5)如果偏差 D 收敛,则输出 $c_1, c_2, \cdots, c_k$ 为最终聚类中心,并结束计算,否则返回步骤 2。

本书对典型样本办公建筑中不同类型的样本房间进行室内热环境与人员调节行为(空调使用、外窗开启)的实测和分析,分别使用调节行为与气候变化的关系、与时间推移的关系,描述调节行为所具有的环境相关性及事件相关性。因此,本书根据统计分析的结果,将全年划分为不同的空调使用特征阶段,每个阶段具有相似的环境特征及调节行为特征,对每个阶段的调节行为随时间变化的特征进行分析。

本书将每个样本房间在每个实测日的逐时空调开启时长分布 T_i 作为一个数据样本:$T_i=\{l_{i,1}, l_{i,2}, \cdots, l_{i,24}\}$,$l_{i,t}$为第 i 天的第 t 个小时的空调开启小时数,$l_{i,1}\in[0,1]$;同理,逐时外窗开启时长分布数据样本 $D_i=\{d_{i,1}, d_{i,2}, \cdots, d_{i,24}\}$,$d_{i,t}$为第 i 天的第 t 个小时的外窗开启小时数,$d_{i,1}\in[0,1]$。

为了对调节行为在不同特征阶段的时间分布特征进行分类,本书使用数据分析软件 IBM SPSS Statistics 19.0 作为 k-means 聚类分析的执行平台,根据研究对象将调节行为实测数据样本 T_i 或 D_i 批量输入软件中。分析过程中,为了保证最终聚类结果达到稳定、收敛且不再随迭代次数的增加发生变化,本书将迭代次数设定为 100。根据数据集包含数据样本的数量及数据集可压缩性来确定簇数 k,并且使 k 的取值满足如下条件:①k 个分类相互之间具有显著的差异性;②簇数为 $k+1$ 时,存在 2 个分类具有高度重合的特征。

使用 k-means 聚类分析法将供冷、供热工况下的每日调节行为概括为若干种通用行为模式,每种模式下的数据样本都具有相似的调节行为时间分布特征。根据不同类型房间在不同特征阶段的调节行为模式分布,再次使用 k-means聚类分析法提炼出不同特征阶段各个模式下的若干种调节行为典型时间表(Schedule)及其发生概率,时间表表达方式为$\{x_1, x_2, \cdots, x_{24}\}$,$x_t$ 为第 t 个小时的空调/外窗开启状态:开启则 $x_t=1$,否则 $x_t=0$。调节行为典型时间表(Schedule)及其对应发生概率即为调节行为随机预测模型中的调节行为决策单元。

2.1.2 基于蒙特卡罗方法的逐日调节行为决策过程

蒙特卡罗(Monte Carlo)方法,也称为统计试验方法、随机模拟方法,是一类通过随机变量的统计试验、随机模拟,求解数学物理、工程技术问题近似解的数值方法[72-75]。使用蒙特卡罗方法模拟实际问题时的通常步骤如下:

(1)根据实际问题构建概率模型;

(2)基于概率模型产生概率分布,通过产生随机数,对该分布中的随机变量进行抽样;

(3)统计并处理模拟结果,给出实际问题的解和解的精度估算。

随机抽样是蒙特卡罗方法的核心，但由于实际难以产生真正的随机数，大量研究提出通过一定的算法使用计算机产生伪随机数，代替真正的随机数来使用[76-77]。常用的算法包括线性同余法、非线性同余法、Fibonacci 序列、Tausworthe 序列、进位加—借位减发生器法等[78-79]。本书通过编程语言，由计算机从时钟获得随机种子，每次获取的种子不同，从而产生不同的随机数，获得不同的模拟结果。

图 2-2 描述了蒙特卡罗方法决策的执行过程：$P_1, P_2, \cdots, P_n$ 分别代表某特定事件的选项 1，选项 2，…，选项 n 发生的概率，且满足 $\sum_{i=1}^{n} P_i = 1$；生成随机数 $R \in (0,1]$，根据 R 的落点所处的概率区间，判断执行的选项。

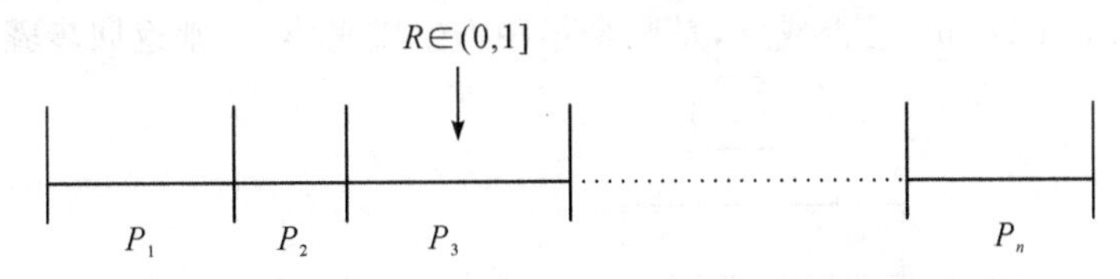

图 2-2　使用蒙特卡罗方法进行决策的执行过程(潘阳阳[25])

分析空调使用行为的实测数据样本 $T_i = \{l_{i,1}, l_{i,2}, \cdots, l_{i,24}\}$ 和外窗开启行为的实测数据样本 $D_i = \{d_{i,1}, d_{i,2}, \cdots, d_{i,24}\}$，如果空调使用行为数据样本中所有的 $l_{i,t}$ 都为 0，则表示第 i 日不使用空调，否则第 i 日为空调开启日，同理判断第 i 日是否为外窗开启日。使用式(2-2)和式(2-3)分别计算不同类型房间在各个特征阶段的日空调开启概率 P_j 和日外窗开启概率 p_j。

$$P_j = \frac{n_j}{N_j} \tag{2-2}$$

式中，P_j 为 j 特征阶段，日空调开启的概率；N_j 为 j 特征阶段，空调运行状态的实测日数；n_j 为 j 特征阶段，实测日中空调开启的日数。

$$p_j = \frac{m_j}{M_j} \tag{2-3}$$

式中，p_j 为 j 特征阶段，日外窗开启的概率；M_j 为 j 特征阶段，外窗开启状态的实测日数；m_j 为 j 特征阶段，实测日中外窗开启的日数。

基于各个空调使用特征阶段的日空调开启概率、日外窗开启概率，各个阶段空调使用及外窗开启的典型时间表及其对应发生概率(即调节行为决策单元)不同，使用蒙特卡罗方法，执行如图 2-3 所示流程，对特定类型房间全年的空调使用或外窗开启行为进行逐日决策，具体步骤如下：

(1)设定参数 D 代表进行空调使用行为决策的日期，$D \in [1,365] \cap \mathbf{N}^+$，表示一年中的第 D 日：$D=1$ 时对应日期 1 月 1 日，依次类推，$D=365$ 时对应日期 12 月 31 日。

(2)判断 D 所处的空调使用特征阶段，载入该阶段对应的日空调开启概率

P_j 和日外窗开启概率 p_j，生成随机数 $R_1 \in (0,1]$，如果 $R_1 \leqslant P_j$，则第 D 日空调不使用，空调运行时间表输出为全天关闭，并进入下一日的决策流程，即 $D=D+1$，执行步骤 5；否则第 D 日为空调开启日，执行步骤 3。判断第 D 日是否为外窗开启日的方法同理。

(3)根据第 D 日所处的空调使用特征阶段，载入该阶段的决策单元，即空调使用(或外窗开启)的典型时间表及其对应发生概率，通过使用图 2-2 所示蒙特卡罗方法，生成随机数 $R_2 \in (0,1]$，根据 R_2 的落点所处的概率区间决策第 D 日使用的空调运行(或外窗开启)时间表并输出，进入下一日的决策流程，即 $D=D+1$，执行步骤 4。

(4)判断 $D>365$ 是否成立，是则全年序列生成完毕，否则返回步骤 2。

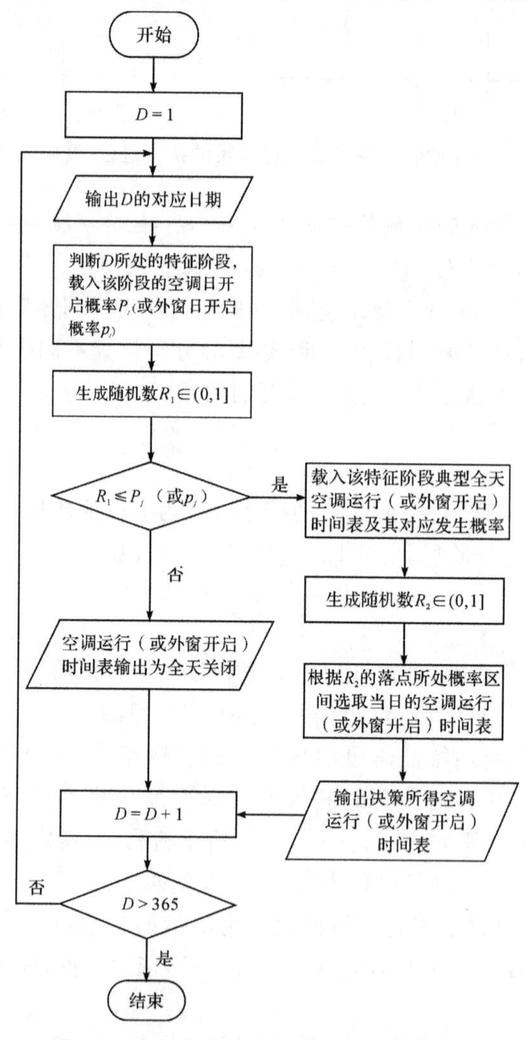

图 2-3　全年调节行为随机序列的决策流程

通过上述步骤，最终获得空调使用行为的全年8760个小时的随机序列 $\begin{pmatrix} x_{1,1} & x_{1,2} & \cdots & x_{1,t} & \cdots & x_{1,24} \\ x_{2,1} & x_{2,2} & \cdots & x_{2,t} & \cdots & x_{2,24} \\ \vdots & \vdots & \vdots & \vdots & \vdots & \vdots \\ x_{D,1} & x_{D,2} & \cdots & x_{D,t} & \cdots & x_{D,24} \\ \vdots & \vdots & \vdots & \vdots & \vdots & \vdots \\ x_{365,1} & x_{365,2} & \cdots & x_{365,t} & \cdots & x_{365,24} \end{pmatrix}$，其中 $x_{D,t}$ 表示第 D 日的第 t 个小时的空调使用状态，如果空调使用状态为开启，则 $x_{D,t}=1$，否则 $x_{D,t}=0$。同理，可输出外窗开启行为的全年逐时随机序列。

2.2 基于建筑动态能耗模拟的空调能耗及室内环境热舒适性预测方法

由于样本建筑、样本房间的调研对象数量有局限性，多情景工况下建筑空调能耗及室内环境热舒适性数据库的构建主要通过模拟的方法来实现，因此在该阶段需要借助建筑动态能耗模拟软件，使用模拟法对建筑间接地展开研究。

考虑到使用者随机调节行为与模拟软件进行耦合的需求，以及模拟软件对其他功能性辅助平台的扩展性，本书主要以建筑动态能耗模拟软件 EnergyPlus 为核心，使用 DesignBuilder 完成对案例建筑的建模及基本信息输入，使用jEPlus进行影响因子的动态参数管理，执行模拟并输出建筑供冷供热空调负荷及不舒适小时数，从而构建多情景工况下的建筑空调能耗及室内环境热舒适性数据库。

2.2.1 建筑动态能耗模拟软件及优化工具的应用

EnergyPlus 是由美国能源部(Department of Energy，DOE)和劳伦斯·伯克利国家实验室(Lawrence Berkeley National Laboratory，LBNL)共同开发的建筑能耗模拟软件[80]。该软件具有强大的功能，可用于预测建筑能耗(包括供冷、供热、通风、照明、设备)、建筑用水以及进行经济成本估算等[4-5][81]。

由于 EnergyPlus 是基于控制台的程序，程序的输入输出方式都以文本的方式进行。建筑的各项参数信息在输入 EnergyPlus 后，通过类列表(Class List)进行目录组织，每一类(Class)都存储了建筑某项特征的相关信息。然而，非可视化的交互界面对用户而言具有较高的执行操作难度和较低的容错率，因此许多开发团队为了提高 EnergyPlus 的操作简易程度和交互界面的友好程度，在其基础上进行了二次开发，衍生出包括 Openstudio、DesignBuilder、Simergy 等在内的多个工具，本书在其中选用了 DesignBuilder 作为可视化模拟工具。

DesignBuilder 是英国 Design Builder Software Ltd 基于 EnergyPlus 开发的建筑性能优化模拟工具[82-83]。该软件提供了可视化的窗口，并且能直接导入 BIM、CAD 等常用建筑设计软件的设计数据，使建筑建模的过程更为简易。窗口化的设计、友好的交互界面有助于引导用户输入、修改建筑信息及各项影响参数，从而简化模拟的执行过程，提高模拟的效率和容错率。完成模拟后，结果可输出为表格、网页文件等多种形式，其中 DesignBuilder EnergyPlus Output File 以可视化图表的形式展现模拟结果。

DesignBuilder 所具有的人性化、友好的交互界面降低了对用户所具备专业知识的要求，其与常用建筑设计软件的可连接性尤其有助于建筑设计师评估建筑设计方案的性能，在工程应用方面具有较高的实用性。本书旨在对建筑空调节能及室内环境热舒适性提升的多目标优化策略进行探究，为此需要将多项影响因子作为动态变量，用来营造复杂的多情景工况。由于现阶段 DesignBuilder 在同时实现多项输入参数的动态变化方面仍具有一定的局限性，本书在使用 DesignBuilder 完成建筑建模以及基本信息设定的任务后，将任务文件导出为 EnergyPlus 文件，返回到 EnergyPlus 的软件平台进行进一步的修改，与参数管理辅助工具 jEPlus 进行集成应用。

jEPlus 是 Zhang Yi 博士基于 Java 平台开发的开源软件，最初在 2009 年作为 EnergyPlus 的参数化工具推出，帮助用户在 EnergyPlus 模型中定义参数，并组织、管理参数参与模拟[84-88]。使用 jEPlus 进行参数管理，可用于探索所有设计选项的完整解决方案空间，并在整个解决方案空间中根据优化的目标识别接近最优方案的有效策略。本书通过 jEPlus 的辅助，实现多项影响因子的动态参数变化，用以营造复杂的多情景工况。

2.2.2 调节行为随机序列的参数化输入

通过调节行为随机预测模型生成调节行为全年随机序列后，为了将随机调节行为反馈到建筑动态能耗模拟软件中，需要将序列转化为符合模拟软件设定机制的输入参数。本书使用计算机程序设计语言 Python 作为转化工具。

Python 是 1989 年由 Guido Van Rossum 设计的一种广泛使用的脚本语言，具有强大灵活的功能和简明易懂的语法，并且能够免费获得其源程序及其二进制代码，支持各种主流的操作系统[89-92]。

由于本书生成的调节行为随机序列不具有规律性，需要“翻译”为自定义 Schedule 的形式参与 EnergyPlus 的模拟过程，因此 Schedule 的设定在类别列表(Class List)中的 Schedule:Compact 进行。EnergyPlus 中，供热、供冷、通风的 Schedule 需要分别进行设定，因此需要将空调全年随机序列拆分为供热、供冷工况两部分。

使用 Python 作为转化工具，对不同类型房间的空调供冷、空调供热以及外窗控制行为的随机序列进行参数化的描述，转化所得 idf 扩展名文件可作为 EnergyPlus 软件从控制台调用的文本，与其他文本集成为案例建筑的完整信息，直接应用于建筑动态能耗模拟。

2.2.3　多情景工况的设定

通过建筑动态能耗模拟来预测多情景工况下的建筑空调能耗及室内环境热舒适性，需要将各项影响因子设定为自变量。如本书 1.1 节所述，建筑的性能受到建筑、建筑服务系统以及使用者的共同影响，因此本书对建筑空调能耗及室内环境热舒适性进行研究时，分别对建筑设计要素、建筑内扰要素和调节行为要素三个方面展开讨论，通过对其中包含的各个影响因子进行重要性分析，筛选出对建筑空调能耗及室内环境热舒适性具有显著作用效果的影响因子，作为后续多目标优化研究的基础。

建筑设计要素主要包括建筑方案设计阶段所确定的建筑朝向、建筑内外围护结构的热工设计方案及其性能、各朝向立面的窗墙比与遮阳构造、建筑气密性等，该类型的影响因子在建筑运行阶段无法进行更改。建筑内扰要素主要指代建筑运行阶段人员密度、照明设备的性能水平、办公设备的性能水平等，该类型的要素在建筑功能不变的情况下无显著变化。调节行为要素主要指代建筑运行阶段使用者在不同工况下采取的空调设定温度、外窗开启与空调使用的耦合方案等，该类型的要素由使用者主观能动性决定，随外部环境的变化可能发生频繁的更改。由于 EnergyPlus 的数据存储机制，部分影响因子可直接进行连续变化，部分影响因子则需要通过多个参数的改变而间接发生变化。结合 EnergyPlus 对建筑信息的分类存储方法以及 jEplus 的参数管理方式，本书使用参数化的语言对提取自上述三个方面的影响因子进行描述，提炼出影响因子作为自变量并设定取值范围，应用于建筑动态能耗模拟来营造多情景工况，具体参与其中的动态参数如表 2-1 所示。

如 2.2.1 节所述，EnergyPlus 是由控制台调用文本执行模拟，jEPlus 进行参数管理实质上是将表 2-1 所示的动态参数以文本的形式进行保存，进行模拟时再由 EnergyPlus 调用并进行执行计算。因此，首先需要构建案例建筑的基本框架，该框架包括建筑地理位置、建筑空间布局、空调分区等与表中所述影响因子无关的固定基本信息，并存储为扩展名为 imf 的文本应用于模拟，再由 jE-Plus 组织各个参数填入框架，参数发生变化即填充框架的内容发生变化，由此营造多情景工况。

表 2-1　影响因子对应的动态参数

要素类型	影响因子	动态参数
建筑设计要素	建筑朝向	建筑北向偏转角度
	外墙热工性能(传热系数、热惰性指标)	外墙保温构造形式
		外墙主体材料
		外墙主体厚度
		外墙保温材料
		外墙保温层厚度
	屋顶热工性能(传热系数、热惰性指标)	屋顶找坡层材料
		屋顶保温材料
		屋顶保温层厚度
	内墙热工性能(传热系数、热惰性指标)	内墙主体材料
		内墙主体厚度
	楼板热工性能(传热系数、热惰性指标)	楼板找平层有无
		楼板保温材料
		楼板保温层厚度
	外窗热工性能(传热系数、SHGC)	外窗层次构造
		外窗主体材料
	窗墙比	各朝向窗墙比
	遮阳构造类型	各朝向遮阳构造
	遮阳板长度	各朝向遮阳板长度
	气密性	换气次数
建筑内扰要素	人员密度	各类房间人员密度
	照明功率密度	照明功率密度
	设备功率密度	设备功率密度
调节行为要素	空调供热设定温度	空调供热设定温度
	空调供冷设定温度	空调供冷设定温度
	外窗控制方案	外窗控制与空调使用的耦合方式

使用 jEPlus 定义并管理各项动态参数，首先需要在明确其指代的具体内容后对参数赋予编号(ID)与名称(Name)，随后根据格式“@@tag@@”定义索引标签(Search tag)，@@tag@@指向了参数在框架中所处的目录(Class)位置，由此搭建该项参数与基本框架的联系，然后输入其取值范围(Values)。具体的参数组织方式见附录一。

根据上述 jEPlus 进行参数管理和组织的具体办法，整理各个动态参数的具体管理信息，如表 2-2 所示，以此作为案例建筑多情景工况营造的模拟基础。

表 2-2　各个动态参数基于 jEPlus 的具体管理信息

编号 ID	动态参数	名称 Name	索引标签 Search tag	索引目录 （文本或 Class）
P00	建筑北向偏转角度	ORT	@@ORT@@	Building
P01	外墙保温构造形式	EW	@@EW@@	外部文本
P02	外墙主体材料	EWT	@@EWT@@	Construction & Material
P03	外墙主体厚度	EWI	@@EWI@@	
P04	外墙保温材料	WIT	@@WIT@@	
P05	外墙保温层厚度	WIW	@@WIW@@	
P06	屋顶找坡层材料	RST	@@RST@@	Construction & Material
P07	屋顶保温材料	RIT	@@RIT@@	
P08	屋顶保温层厚度	RIW	@@RIW@@	
P09	内墙主体材料	BT	@@BT@@	Construction & Material
P10	内墙主体厚度	BW	@@BW@@	
P11	楼板找平层有无	SL	@@SL@@	Construction & Material
P12	楼板保温材料	ST	@@ST@@	
P13	楼板保温层厚度	SW	@@SW@@	
P14	外窗层次构造	GT	@@GT@@	外部文本
P15	外窗主体材料	GW	@@GW@@	Construction & WindowMaterial:Glazing
P16～P19	东向窗墙比 南向窗墙比 西向窗墙比 北向窗墙比	GRE GRS GRW GRN	@@GRE@@ @@GRS@@ @@GRW@@ @@GRN@@	外部文本
P20～P23	东向遮阳构造 南向遮阳构造 西向遮阳构造 北向遮阳构造	SDTE SDTS SDTW SDTN	@@SDTE@@ @@SDTS@@ @@SDTW@@ @@SDTN@@	外部文本
P24～P27	东向遮阳板长度 南向遮阳板长度 西向遮阳板长度 北向遮阳板长度	SDLE SDLS SDLW SDLN	@@SDLE@@ @@SDLS@@ @@SDLW@@ @@SDLN@@	外部文本
P28	气密性	ACH	@@ACH@@	ZoneInfiltration: DesignFlowRate
P29～P30	各类房间人员密度	DANOCC DUOOCC	@@DANOCC@@ @@DUOOCC@@	People
P31	照明功率密度	LD	@@LD@@	Lights
P32	设备功率密度	ED	@@ED@@	OtherEquipment
P33	空调供热设定温度	HSP	@@HSP@@	Schedule:Compact
P34	空调供冷设定温度	CSP	@@CSP@@	Schedule:Compact
P35	外窗控制与空调使用的耦合方式	NV	@@NV@@	外部文本

2.3 目标变量影响因子的重要性分析方法

2.3.1 决策变量的确定与预测模型的简化

建筑动态能耗模拟方法是对建筑空调能耗及室内环境热舒适性进行预测的传统方法,该方法在用于预测特定建筑性能、评估或比较特定节能方案效果时,具有很高的实用价值。但当该方法用于本书的研究时,在无特定优化方向的情况下探究建筑空调节能及室内环境热舒适优化策略时,由于影响因子繁多而复杂,在 EnergyPlus 或 DesignBuilder 等能耗模拟软件中的相关参数进行一一调整的低效率执行方式不再具备实用价值。尽管如 2.2.3 节所示使用jEPlus 辅助对多项影响因子进行统一参数管理,各项参数发生动态变化时会产生数量庞大的参数组合方式,由于单次模拟所需要的 CPU 运行时长约在 10min 以上,对所有组合进行逐一模拟不具备可行性和必要性。

因此,为了能够快速对不同影响因子相互组合所产生的多情景工况下的建筑空调能耗及室内环境热舒适性进行预测,首先需要研究各个影响因子对两项模拟结果作用效果的重要性,从而保留重要影响因子作为快速预测模型的输入项,省略优先级较低的,达到简化模型的目的。随后,将重要影响因子作为决策变量、非重要影响因子设定为固定值,令不同的决策变量在取值范围内自由取值、相互组合,并基于此进行批量模拟,生成多情景工况下的空调能耗及室内环境热舒适性数据库,作为快速预测模型的构建基础。

2.3.2 基于随机森林回归的重要性分析

随机森林(random forests)是由 Breiman[93-94] 提出的基于决策树分类器的融合算法,是一种基于统计学习理论的组合分类器,利用 bootstrap 重抽样方法从原始样本中抽取多个样本,对每个 bootstrap 样本进行决策树建模,然后综合多棵决策树的预测,通过投票进行分类和预测[95-98]。预测变量为数值型变量时,其生成的随机森林即多元非线性回归分析模型,通过求解所有决策树预测值的平均值作为最终预测结果,因此随机森林回归可看作由很多弱预测器(决策树)集成产生的强预测器[98-99]。

如 2.2.3 节所示,本书提炼出一些初始影响因子,意在以此为基础评价其对目标变量(建筑空调能耗及室内环境热舒适性)的影响并进行预测。在这些影响因子中,对目标变量值产生重要影响的可能只是其中的一部分,除此之外的其他因子在对预测结果无显著影响的同时却可能对模型的精度造成干扰。由于随机森林能够在回归建模的同时对各个影响因子进行重要性评分,可以根据评分筛选出相对重要的影响因子，对预测模型的输入项进行精简。

假设原始样本数量为 N，输入向量为 $\{x_1, x_2, \cdots, x_m\}$，自变量 x_i 为第 i 个影响因子的取值，通过 bootstrap 的方法有放回地随机抽取 k 个自助样本集，从而形成 k 个决策树，每次未被抽到的样本则组成了 k 个袋外数据（out-of-bag，OOB），袋外数据作为测试样本可用来评估每个影响因子对预测结果的重要性，具体步骤如下所示：

(1) 每一个自助样本集构建一个回归树模型，并使用该模型对相应的袋外数据 OOB 进行预测，使用式(2-4)计算 OOB 的残差均方，记作 MSE_1，MSE_2，$\cdots$，MSE_k：

$$MSE_{OOB} = \frac{1}{n}\sum_{i=1}^{n}(y_i - \hat{y}_i)^2 \tag{2-4}$$

式中，y_i 为袋外数据中因变量的实际取值；$\hat{y}_i$ 为回归模型对袋外数据中因变量的预测值。

(2) 自变量 x_i 在 k 个 OOB 样本中随机置换，形成新的 OOB 测试样本，并使用随机森林回归模型对新的 OOB 进行预测，计算置换后的残差均方，得到矩阵 $\begin{bmatrix} MSE_{11} & MSE_{12} & \cdots & MSE_{1k} \\ MSE_{21} & MSE_{22} & \cdots & MSE_{2k} \\ \vdots & \vdots & \vdots & \vdots \\ MSE_{m1} & MSE_{m2} & \cdots & MSE_{mk} \end{bmatrix}$；

(3) 使用式(2-5) 计算自变量 x_i 的重要性评分：

$$score_i = \frac{1}{k}\sum_{j=1}^{k}(MSE_j - MSE_{ij}) \tag{2-5}$$

2.4　基于人工神经网络的多目标快速预测模型构建方法

根据 2.2.3 节动态参数的设定，由于建筑动态能耗模拟软件 EnergyPlus 设定机制的限制，建筑空调能耗及室内环境热舒适性的影响因子中存在部分参数无法实现连续变化，因此各个动态参数在取值范围内相互组合从而营造多情景工况时，也必然因为非连续变量的影响，存在未能覆盖的“间值”。由于探究建筑空调节能及室内热环境优化策略的过程较为复杂，使用传统方法逐一改变 EnergyPlus 或 DesignBuilder 中相关参数的取值获得不同的模拟结果会耗费大量的时间及人力成本，因此需要基于多情景工况下的建筑空调能耗及室内环境热舒适性数据库构建具有足够精度的快速预测模型，缩减 CPU 运行时间及人力成本的同时，填补建筑能耗模拟软件 EnergyPlus 在动态参数处于“间值”时难以直接模拟获得结果的缺陷。

以外墙热工性能为例，外墙传热系数在 EnergyPlus 中是基于构造形式、材料性质及各层材料厚度获得的间接变量，模拟其处于特定值时的建筑性能，需要对外墙材料、构造、厚度等因素逐项修改。同时，在修改过程中需要确保所定义的材料特征具有真实性，厚度应处在实际可行的范围内，因此通常难以将该参数锁定在特定的值。定义多种典型的建筑外墙组合形式，从而获得相应的外墙传热系数“样本”，进行建筑动态能耗模拟并获得相应的模拟结果，通过分析“样本”与模拟结果，求得外墙传热系数与空调能耗及室内环境热舒适性分别的函数关系，从而能够预测出外墙传热系数值处于“样本”之外的“间值”时的结果。因此，本书需要选择合理的数学模型和算法，首先基于建筑动态能耗模拟软件 EnergyPlus 及参数组织与管理软件 jEPlus 开展模拟，并构建具有足够代表性的多情景工况下的空调能耗及室内环境热舒适性数据库，随后在数据库的基础上基于人工神经网络方法构建一个简化的预测工具，在确保足够精度的条件下大幅度节约运算时间、提升预测效率并且覆盖所有潜在方案。

2.4.1 基于重要影响因子的多情景工况数据库建立

初始影响因子所营造的多情景工况数据库是对初始影响因子进行重要性分析的基础。完成影响因子的重要性排序后，保留重要影响因子作为快速预测模型的输入项、非重要因子设定为固定值。重要影响因子作为决策变量再次营造的多情景工况数据库将作为构建案例建筑空调能耗及室内环境热舒适性快速预测模型的基础。因此，作为初始影响因子重要性分析和构建快速预测模型的基础，生成多情景工况数据库都是必要的环节。多情景工况数据库的建立需要生成一个(N,k)的随机数矩阵$\begin{pmatrix} x_{1,1} & x_{1,2} & \cdots & x_{1,k} \\ x_{2,1} & x_{2,2} & \cdots & x_{2,k} \\ \vdots & \vdots & \vdots & \vdots \\ x_{N,1} & x_{N,2} & \cdots & x_{N,k} \end{pmatrix}$，即每个数据样本有 k 个输入项，表示 k 个影响因子的取值，共有 N 个基础样本。而为了提高快速预测模型的精度，在确保基础样本量 N 足够大的同时，随机数矩阵应尽可能均匀地覆盖函数空间。

如本书 2.1.2 节所述，由于实际操作过程中不可能产生真正的随机数，人们通过求助一定的算法产生伪随机数(pseudo-random number)，模拟在特定区间对均匀分布的随机数进行抽样的结果[78]。伪随机序列的生成过程更关注于模拟的随机性，但不以均匀填充函数空间为目的，为了使随机序列满足均匀性，拟随机序列(quasi-random sequence)的概念和生成方法应运而生[76][100]。拟随机序列则不试图模仿随机抽样的过程，而是更注重使序列中的因子更均匀地分布在函数空间中[101-102]，满足该要求并广泛应用的序列包括 Halton 序列[103]、Faure 序列[104]、Sobol 序列[105]和 Niederreiter 的(t,s)序列[106]等。本书选用其中的 Sobol 序列方法来生成一个(N,k)随机数矩阵，该方法具有较好的计算精度和计算效率。

Sobol 序列[107-110]以 2 为底数，要产生一个满足 $0\leqslant x_i\leqslant 1$ 的随机序列$\{x_1, x_2, x_3, \cdots\}$，需要一个方向数的集合$\{V_1, V_2, V_3, \cdots\}$，方向数由系数只为 1 或 0 的 n 阶多项式 S 产生，其中，多项式 S 表述为：

$$S=X^n+a_1X^{n-1}+a_2X^{n-2}+\cdots+a_{n-1}X+1, a_i\in\{0,1\}$$

方向数表述如下所示，其中 m_i 为小于 2^i 的正奇数：

$$V_i=\frac{m_i}{2^i}, i=1,2,\cdots,n$$

对 $a_1, a_2, \cdots, a_{n-1}$，其与 $m_1, m_2, \cdots, m_n$ 之间存在如下关系：

$$m_i=2a_1m_{i-1}\oplus 2^2a_2m_{i-2}\oplus\cdots\oplus 2^na_nm_{i-n}\oplus m_{i-n}$$

其中，$\oplus$表示异或(exclusive OR)，为二进制下不带进位的算法，其运算法则可表述为 $0\oplus 0=0, 1\oplus 0=1, 0\oplus 1=1, 1\oplus 1=0$。由此，所需要的方向个数大于 n 时，方向数 V_i 为：

$$V_i=a_1V_{i-1}\oplus a_2V_{i-2}\oplus\cdots\oplus a_{n-1}V_{i-n+1}\oplus a_nV_{i-n}\oplus[V_{i-n}/2^n], i>n$$

因此，Sobol 序列产生的随机数 x_i 为：

$$x_i=i_1V_1\oplus i_2V_2\oplus\cdots$$

根据上述方法在 1.0×1.0 二维空间分别生成伪随机数序列和拟随机数序列如图 2-4 所示。

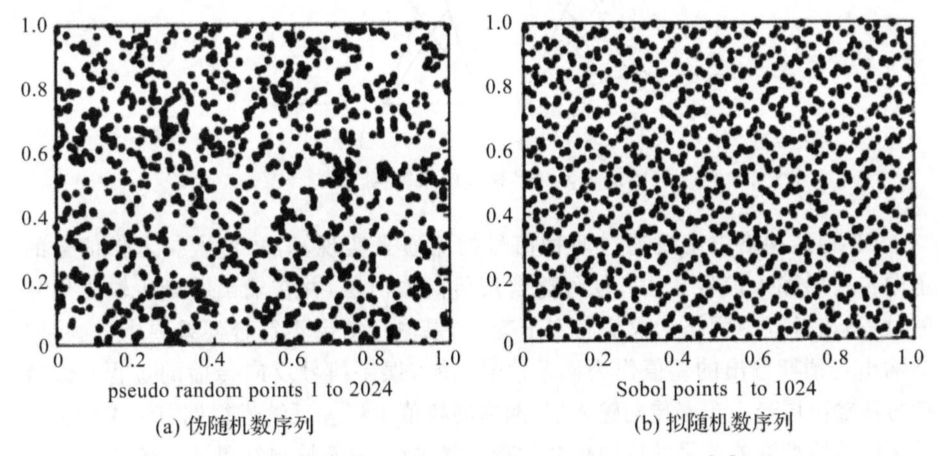

(a) 伪随机数序列　　(b) 拟随机数序列

图 2-4　伪随机序列与拟随机序列图示($N=1024$)[76]

本书通过参数管理工具 jEPlus 完成影响因子的动态参数设定，并使用 Sobol 序列的方法生成多情景工况营造下，案例建筑空调能耗及室内环境热舒适性数据库中的输入项，并通过批量模拟获得相对应的输出项，作为构建快速预测模型的学习及校核基础。

2.4.2 人工神经网络

人工神经网络（Artificial Neural Networks，ANN）是人脑及其活动的一个理论化的数学模型，它由大量的处理单元通过适当的方式互联构成，是一个大规模的非线性自适应系统[111-113]。其特点是在处理实际问题的过程中具有较强的适应性和容纳能力，能够通过学习获得各个输入变量与输出变量之间的关系并存储在内部结构中，能通过增加样本量持续学习从而获得更高的精度。

BP神经网络（Back Propagation Neural Network）是采用误差反向传播算法（Error Back-propagation Algorithm）的多层前馈人工神经网络，其具有分布式的信息存储方式、大规模并行处理的功能、自学习和自适应性以及较强的鲁棒性和容错性[113-114]。BP神经网络的结构通常由输入层、隐含层和输出层组成，输入层和输出层的节点个数通常分别取值输入向量和输出向量的维数，隐含层的节点个数无确定标准，一般需要通过反复尝试以获得最终结果。BP神经网络结构如图2-5所示，同一层的节点之间不互连，相邻的层的节点之间全互连。

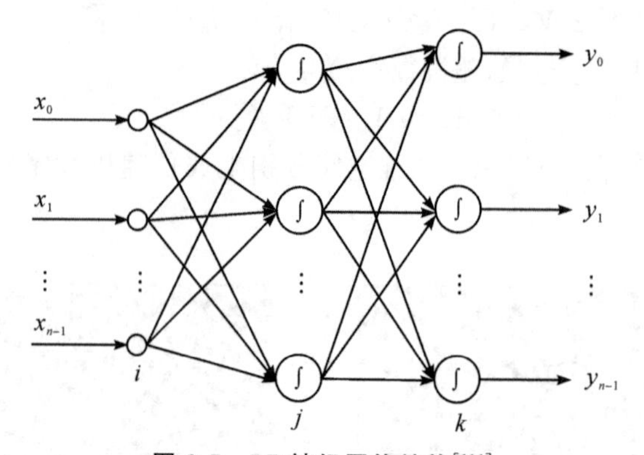

图2-5 BP神经网络结构[114]

BP神经网络中主要通过两种信号的流通来实现算法[114-117]。工作信号的正向传播即输入信号从输入层经隐含层传向输出层，并在输出端产生输出信号的过程，该过程中网络的权值固定不变，如果输出结果不符合误差要求，则将网络输出与预期输出的差值作为误差信号，转入误差信号反向传播的过程。误差信号从输出层经隐含层传向输入层，网络的权值由误差反馈进行调节。工作信号的正向传播即误差信号的反向传播过程反复进行，直至输出结果满足精度要求。

BP神经网络具有扎实的理论依据、严谨的推导过程以及清晰的逻辑性，具有很强的通用性。然而在实际应用中，由于在用了沿梯度下降方向的搜索算法，BP神经网络存在一些缺陷，主要表现为训练易陷入局部极小值、学习过程收敛速度缓慢、全局搜索能力弱等问题。此外，初始权值和阈值的取值存在随机性，隐含层层数及神经元最佳数量也难以确定。因此，通常需要在 BP 神经网络的基础上展开进行算法上的改进和优化，提升其实用价值。

2.4.3　GA-BP 神经网络

为了克服 BP 神经网络算法存在的局限性，国内外学者提出使用遗传算法(Genetic Algorithm)对神经网络进行优化，构建 GA-BP 神经网络[118-119]。GA 对目标函数的可微与连续性乃至函数形式没有要求，对全局最优解的搜索能力强大，能够避免 BP 算法陷入局部极小值，提高学习过程的收敛搜索速度。

使用 GA 对 BP 网络的初始权重和阈值进行优化，通过对生物遗传和进化过程中选择、交叉、变异机理的模仿，经过多次迭代后获得一定范围内的最优解作为 BP 网络的初始权重和阈值，随后再由 BP 神经网络执行算法直至输出结果满足精度要求。GA-BP 神经网络的执行流程如图 2-6 所示，分为以下几个步骤。

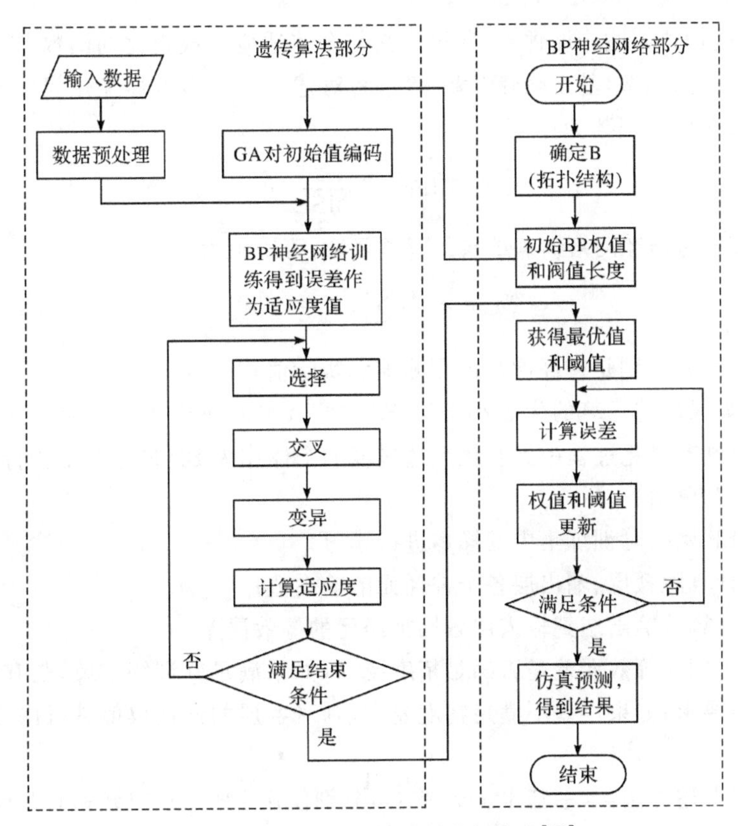

图 2-6　GA-BP 神经网络的执行流程[120]

(1)确定 BP 神经网络的结构,基于输入向量和输出向量的维数分别定义输入层和输出层的节点数,并根据实际情况选取隐含层的层数及节点个数;随机生成初始化的权值与阈值;

(2)使用染色体编码方法,通过二进制编码使用二值符号集{0,1}对初始权值和阈值进行编码,编码的长度根据问题所要求的精度来确定;

(3)对既有权值和阈值执行遗传算法,算法使用选择、交叉、变异三种算子,需要预先设定控制参数如下:

①种群大小 N:种群中包含个体的数量,一般取值为 20～100;

②终止代数 T:遗传算法运算到指定代数后停止运行,并输出当前群体的最优解,一般取值为 100～500;

③交叉概率 P_c:交叉运算是遗传算法中产生新个体的主要方法,一般应取较大值,但为防止破坏群体中的优良模式不宜过大,取值通常为 0.4～0.99;

④变异概率 P_m:变异运算是另一种产生新个体的有效方法,一般应取较小值,取值通常为 0.0001～0.1;

(4)进行个体适应度评价,通过定义与个体适应度成正比的函数,来决定遗传到下一代的概率,基于喻伟[66,121]等学者对建筑相关多目标优化问题的研究,本书定义适应度函数为:

$$\mathrm{fitness}=\frac{1}{\mathrm{MSE}}$$

其中,MSE 为神经网络训练结果的误差函数,可表示为:

$$\mathrm{MSE}=\frac{1}{N}\sum(Y_d-Y)^2$$

式中,Y_d 和 Y 分别是神经网络的预测值和实际值;

(5)如果遗传运算的代数小于终止代数 T,则返回步骤(3);大于终止代数 T 则输出既有进化过程中具有最大适应度的个体作为 BP 神经网络执行运算的起始权值和阈值;

(6)BP 网络对训练集中的样本进行学习;

(7)计算隐含层、输出层各个神经元的输出值;

(8)计算从输出层到输入层各层神经元的等效误差;

(9)并判断等效误差是否满足精度要求,如果满足则训练结束,既有权值和阈值满足要求;如果误差不满足精度要求,则对各层的连接权值进行修改,并返回步骤(7)。

基于上述方法,本书基于 Java 平台,分别使用 BP 神经网络和 GA-BP 神经网络实现对案例建筑空调能耗及室内环境热舒适性快速预测模型的构建,并通过对比筛选出精度更高的快速预测模型。

2.5　基于多目标遗传算法的建筑多目标优化策略决策方法

建筑的空调节能和室内环境热舒适性优化是两项相互冲突的目标，通常对某一建筑而言，室内环境热舒适性提升就伴随着空调能耗的上升，空调节能就伴随着室内环境热舒适性的下降。本书以建筑空调节能及室内环境热舒适为目标，探究建筑的优化策略，即对建筑的设计要素、建筑内扰要素以及使用者调节行为要素中包含的多项参数进行选择筛选，令各个影响因子在相互组合、共同作用下，案例建筑能以尽可能低的空调能耗营造出尽可能舒适的室内热环境。

基于人工神经网络构建的建筑空调能耗及室内环境热舒适性快速预测模型，通过算法的应用，求解符合本书优化目标的输入向量，向量各个维度的值即对应了影响因子参数取值，反馈到建筑设计方案、建筑服务系统及使用者行为，成为建筑的优化方案。

2.5.1　多目标优化问题

实际方案规划和设计在总体上都遵循了成本最小化、效益最大化的基本原则，通常成本和效益存在相互竞争的关系。其中效益可能包括经济、政治和社会方面的效益，成本也可能包括生产成本、非生产成本以及与之相关的环境污染等其他方面的损失[122]。本书对建筑的两项优化目标为空调节能和室内环境热舒适，空调节能可理解为缩减成本，室内环境热舒适可认为是提升效益，符合了成本最小化、效益最大化的基本原则。通常而言，尽管基本原则同时将实现成本缩减和效益增加作为目标，各个目标通过决策变量相互制约，即对其中某一个目标进行优化是以劣化其他目标作为代价的，因此很难直观地评价方案的优劣[123]。

在进行最优化问题的研究时，仅有 1 个目标函数的最优化问题称为单目标优化问题(Single-objective Optimal Problems)；与之相对的，目标函数超出 1 个并需要同时处理的最优化问题称为多目标优化问题(Multi-objective Optimization Problems, MOPs)。不同于单目标优化问题，多目标优化问题的解不是唯一的，而是存在一个最优解集，被称为 Pareto 最优解集(Pareto-optimal set)或者非支配解集(Non-dominated set)[124-126]。对解集中的任一解，不存在其他解能优化部分目标的同时使其他目标不劣化，因此 Pareto 解集中的解相互之间是不可比较的。

一个具有 n 个决策变量、m 个目标变量、k 个约束条件的多目标优化问题，

以最小化问题为例[127-129]，通过数学表达式可描述为

$$\begin{cases} \text{Minimize}, y=F(x)=\left(f_1(x), f_2(x), \cdots, f_m(x)\right) \\ \text{Subjectto}, e(x)=\left(e_1(x), e_2(x), \cdots, e_m(x)\right) \leqslant 0 \end{cases}$$

其中

$$\begin{cases} x=(x_1, x_2, \cdots, x_n) \in X \\ y=(y_1, y_2, \cdots, y_n) \in Y \end{cases}$$

式中，x 表示决策向量，X 表示决策向量形成的决策空间；y 表示目标向量，Y 表示目标向量形成的目标空间；约束条件 $e(x)\leqslant 0$ 表示决策向量可行的取值范围。满足约束条件 $e(x)\leqslant 0$ 的决策向量 x 即为可行解，可行解集 X_f 则表示为：$X_f=\{x\in X \mid e(x)\leqslant 0\}$。

对可行解集中的决策向量 $a\in X_f$ 和 $b\in X_f$，如果满足 $f(a)<f(b)$，则 a 相比于 b 是 Pareto 占优的，即 a 支配 b，表述为 $a>b$。对给定的多目标优化问题（最小化问题），Pareto 最优解集 A 则表述为：$A=\{x\in X_f \mid \nexists x'\in X_f, f(x')<f(x)\}$，即对 Pareto 最优解集 A 中所有 Pareto 最优解 x，不存在任何 x' 能够支配 x，x 被成为非支配解。

传统的多目标优化方法是将多目标优化问题转换为单目标或者一系列单目标优化问题，典型的方法有约束法[130]、加权法[128]、距离函数法[131]、分层序列法[130]等。但由于其局限性，Rosenberg[132]提出使用基于遗传搜索的算法来求解多目标优化问题，随着遗传算法的提出[133]，Schaffer[134]第一次实现了遗传算法与多目标优化问题相结合，提出了基于向量评估的 VEGA 算法。此后相继出现了基于 Pareto 最优概念的演化算法，包括多目标优化算法（MOGA）[135]、小组决胜遗传算法（NPGA）[136]、非支配排序遗传算法（NSGA）[137]等。

2.5.2 NSGA-Ⅱ多目标遗传算法

本书使用 NSGA 的改进算法 NSGA-II[138]作为多目标遗传算法，在人工神经网络构建的案例建筑空调能耗及室内环境热舒适性快速预测模型中进行全局搜索，获得 Pareto 最优解集，为建筑优化方案的选择提供参考。

Srinvivas 和 Deb 提出的 NSGA 算法是基于非支配排序的思想设计的。该方法将每个个体按照支配与非支配的关系进行分层，即进行非支配型排序：从种群中取出非支配个体形成第一个小种群并赋予共享虚拟适应度，再从原始种群中继续取出非支配个体并赋予共享虚拟适应度，直至原始种群分配完毕。由于该算法存在计算复杂度较高、没有精英策略且需要确定共享参数等局限性，Deb 等在 NSGA 算法的基础上提出了带精英策略的非支配排序遗传算法（NSGA-II），其算法步骤如下：

(1)随机产生数量为 n 的初代种群,对其进行适应度函数计算和非支配型排序;进行常规的遗传算法(选择、交叉、变异)产生第一代子代种群;

(2)从第二代开始,将父代和子代合并进行非支配型排序,同时计算非支配层个体的拥挤度,并根据非支配关系和拥挤度来筛选新的父代种群(即执行了精英策略);进行常规的遗传算法产生新一代子代种群;

(3)重复步骤(2)直至原始模型中所有个体都完成了非支配型排序。

NSGA-II 算法相比于 NSGA 算法具有显著提升:首先降低了计算的复杂度,其次执行了精英策略,将优秀父代种群和子代合并从而保留了优良个体,最后提出使用拥挤度的计算代替预设共享度半径,使 Pareto 解个体均匀分布到 Pareto 前沿面,保证了种群多样性。

2.6　本章小结

本章描述了本书进行建筑舒适热环境低能耗营造策略研究的主要研究方法。本书将建筑空调能耗和室内环境热舒适性作为目标变量,以求使用尽可能低的能耗营造尽可能舒适的室内热环境,本书问题本质上为一个多目标优化中的最小化问题。由于建筑性能受到建筑设计、建筑服务系统以及使用者行为三大要素的影响,本书从这三个方面提取主要影响因子作为决策变量。使用 NSGA-II 多目标遗传算法作为搜索引擎,找出最小化问题的 Pareto 解集,解集中的各个解的决策变量取值即对应了不同优化策略。

执行优化策略搜索的前提条件是确定适应度函数,即在各项影响因子作为动态变量并进行任意组合后能够获得相应的目标值并从中进行筛选,因此该适应度函数需要建立决策变量及其所能输出的目标变量之间的量化关系。通常决策变量通过建筑动态能耗模拟软件的执行获得目标变量值,但由于模拟软件单次运算成本高、且部分决策变量的参数不具有连续性,进行庞大数据计算时不具有优势。因此本书使用人工神经网络构建了建筑空调能耗及室内环境热舒适性的快速预测模型来作为多目标遗传算法的适应度函数,决策变量和目标变量分别作为输入项和输出项。然而,由于神经网络的输入层节点过多会妨碍预测模型的精度并提高了运算成本,因此需要预先对各个影响因子的重要性进行分析,保留重要影响因子作为输入项,非重要影响因子则简化为固定值。

本书主要使用建筑动态能耗模拟软件 EnergyPlus 作为基础预测工具,并辅以参数管理工具 jEPlus,批量预测多情景工况下的建筑空调能耗及室内环境热舒适性。由此首先基于初始影响因子的动态取值批量模拟获得一批数据样本,基于随机森林的回归残差均方和计算对初始影响因子的重要性进行评估。

根据评估结果简化影响因子后，基于简化影响因子的动态取值获得多情景工况下的建筑空调及室内环境热舒适性数据库，作为人工神经网络构建快速预测模型的学习和验证基础。

初始影响因子提炼自建筑设计、建筑服务系统以及使用者行为三大要素，各项影响因子的重要性评估是基于建筑运行特征和使用者需求进行的。由于调节行为受到不同功能类型建筑中不同行为主体的主观能动性影响，具有多样性、随机和差异化的表现形式，区别于建筑动态能耗模拟软件中一般参数的设定，难以简单地通过改变固定值的取值进行描述。因此本书通过 k 均值聚类分析方法、蒙特卡罗方法的应用，构建了使用者调节行为随机预测模型，用以描述使用者的空调使用和外窗控制行为，随后通过 Python 语言的编程对预测结果进行参数化的描述，输入到 EnergyPlus 中，作为多目标优化策略的研究前提。

通过上述研究方法的执行，本书实现了对建筑舒适热环境的低能耗营造策略的探究。

第3章　典型办公建筑使用者需求及调节行为特征分析

本研究旨在基于实际建筑运行特征和使用者需求，为公共建筑舒适热环境的低能耗营造策略探究，提供具体的分析方法和实用工具。本书以夏热冬冷地区既有办公建筑的改造为例，基于循证设计的原理对典型办公建筑进行“使用后评估”，对建筑运行特征及使用者需求进行分析，并通过定量化的手段将其反馈到建筑动态能耗模拟过程中，从而优化预测结果，并且指导建筑方案优化设计及建筑运行优化管理。

因此，本章通过对具有较强节能优化改造潜力的城市中心样本区域内的办公建筑的详细调研，明确了既有办公建筑典型特征，并以此为依据选定样本建筑开展长期的实测调研工作。本章调研了人员热适应性，用于描述使用者热舒适需求，实测了使用者调节行为特征参数，作为构建调节行为随机预测模型的基础。

3.1　典型样本建筑选取及实测调研

循证设计是起源于西方医疗建筑设计的、以建筑运行过程中的实证研究为基础的、反馈于建筑设计的理论。基于循证设计的原理，实际建筑运行特征和使用者需求是合理探究公共建筑舒适热环境的低能耗营造策略的重要前提。因此，选取典型的样本建筑及使用者类型，通过使用后评估的方式对具有代表性的典型使用者进行热环境需求特征以及调节行为特征的调研分析，使得调研结果具有实用价值，能够作为通用的控制因素反馈到样本建筑所对应的功能类型建筑的优化研究过程中。

由于办公建筑是公共建筑的重要组成部分，本书选择夏热冬冷地区的办公建筑作为研究对象，并选取夏热冬冷地区典型城市杭州市的西湖区曙光路作为主要轴线，如图3-1所示，以长5000米、宽300米的范围作为样本区域。该样本区域位于杭州市的中心城区，因围绕西湖周边景点进行延续发展，具有丰富多样的室外自然及人工环境，区域内建筑具有年代不一、类型多样、功能稳定且建筑内部人流密集、规律的特征，共包含526栋不同类型的建筑，其中77栋为办公建筑。

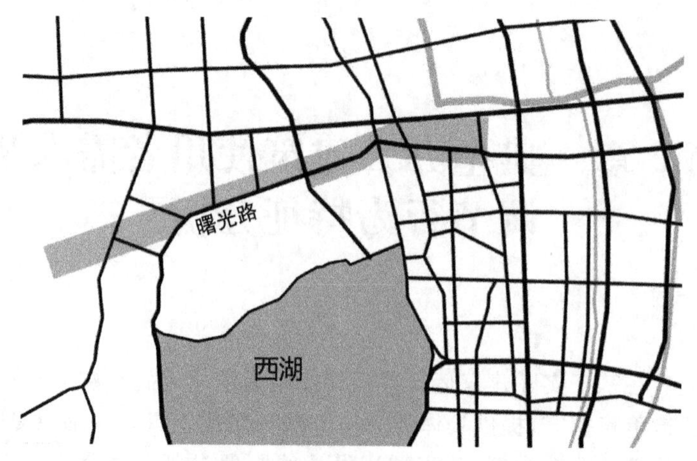

图 3-1 样本区域建筑范围

对该样本区域中 77 栋办公建筑的信息进行收集及统计分析，并展开实地调研。调研的建筑基本信息内容包括建筑名称、建筑功能、建筑地址、建筑年代、平面形式、建筑面积、建筑朝向、建筑层数、建筑结构形式、窗墙面积比、冷热源形式等，此外还从电力部门、燃气部门获取建筑能耗数据。

3.1.1 办公建筑典型特征的研究

班海纳开创的建筑环境类型学以建筑室内环境作为研究对象，以建筑周边环境、建筑物实体和建筑设备作为分类方式和条件，研究不同分类条件下建筑环境的状态和相互之间的差异，形成规律性的系统结论[139]。本书从建筑环境类型学的角度出发，根据指标对建筑室内热环境及能耗的影响程度，选取了建筑年代、平面形式、建筑面积、建筑层数、建筑结构形式与主体材料、窗墙比、冷热源形式 7 个一级指标，并在各类依据下建立二级指标，构建基于建筑类型学的办公建筑分类指标体系。

(1)建筑年代

不同年代建筑采用的建筑构造、建筑材料等存在显著区别，相近年代的建筑特征相似。本书以我国建筑节能设计相关标准规范的发布和实施时间为依据进行建筑年代划分。

我国第一部公共建筑节能设计相关的标准规范是 1993 年 9 月国家技术监督局与建设部联合发布的《旅游旅馆建筑热工与空气调节节能标准》(GB 50189—93)[140]，该标准仅适用于新建、扩建及改建的旅游旅馆的节能设计。2005 年建设部与国家质量监督检验检疫总局联合发布并实施的《公共建筑节能设计标准》(GB 50189—2005)[141]将我国建筑节能设计标准的实施范围扩展到公共建筑，该标准在 2015 年进行了修订。上述标准无试用期，且建筑的施工期平均在两年左右，因此本书将办公建筑的典型建筑年代划分为 1995 年前、1995—2007 年、2007—2017 年、2017 年后。

(2)平面形式

建筑的平面布局方式不同，使得各个功能房间与室外环境之间的空间位置关系存在显著的差异，体形系数随之发生变化，从而影响建筑整体能耗水平及室内环境。办公建筑常见的平面形式包括单一板式、复合板式、点式、中庭式以及大型开放空间等。

(3)建筑面积

建筑能耗通常与建筑面积正相关，而不同尺度的功能空间，其室内热环境的变化特征也存在显著差异。《公共建筑节能设计标准》(GB 50189—2015)中定义单栋建筑面积≤300m^2 的建筑为乙类公共建筑，而单栋建筑面积＞300m^2，或单栋建筑面积≤300m^2 但总建筑面积＞1000m^2 的建筑为甲类公共建筑[142]。本书将办公建筑面积分为 6 个类别：300m^2 以下、300～1000m^2、1001～3000m^2、3001～10000m^2、10001～20000m^2 及 20000m^2 以上。

(4)建筑朝向

不同于居住建筑，公共建筑节能设计标准对公共建筑的朝向无特殊建议，因此办公建筑分类指标体系中不着重考虑建筑朝向。

(5)建筑层数

在建筑平面形式一定的情况下，建筑物高度直接影响体形系数，从而影响建筑整体能耗及室内环境。《建筑设计防火规范》(GB 50016—2014)[143]规定高层公共建筑为建筑高度在 24m 以上的非单层公共建筑。本书关注建筑的节能及室内环境表现，不以高度为基准对办公建筑层数进行区分，因此参考居住建筑的层数分类方法，将办公建筑层数分为 4 个类别：1～3 层(低层)、4～6 层(多层)、7～9 层(中高层)、10 层及以上(高层)。

(6)结构形式与主体材料

根据文献调研，建筑围护结构对建筑能耗和室内热环境具有显著的影响。其中，围护结构主体材料的多样性丰富了围护结构的热工性能，不同的结构形式也通常由不同的材料构成。民用建筑的主要结构形式有砖木结构、砖混结构、钢混结构(含框架结构、剪力墙结构、核心筒结构)，因此将办公建筑的结构形式划分为上述 3 个类别。

(7)窗墙面积比

不同于居住建筑，《公共建筑节能设计标准》(GB 50189—2015)[142]对公共建筑各个朝向的窗墙面积比限值无差异性的规定，而是根据窗墙面积比值规定外窗(或幕墙)的传热系数及综合太阳得热系数(SHGC)的限值。因此，根据标准中外窗热工性能参数不同参考区间的限值，将办公建筑窗墙比划分为 8 个类别，分别为：(0,0.2]，(0.2,0.3]，(0.3,0.4]，(0.4,0.5]，(0.5,0.6]，(0.6,0.7]，(0.7,0.8]，(0.8,1)。

(8)冷热源形式

除了建筑方案设计的相关要素，建筑设备对建筑节能及室内热环境有显著的影响。对夏热冬冷地区而言，空调系统的使用是调节室内热环境的主要方式。根据夏热冬冷地区常见的供热供冷控制端分布形式，本书将办公建筑冷热源形式划分为4个类别，分别为：集中式、分体式、VRV、无空调。

基于对样本区域办公建筑的调研结果，对典型办公建筑在上述各个指标体系下的分类情况进行总结。

样本区域中的办公建筑的建筑年代分布如图3-2所示：建筑年代分布在1995年前和1995—2007年间的建筑数量相当且共计占比超过90.0%，故该范围的建筑具有典型性。

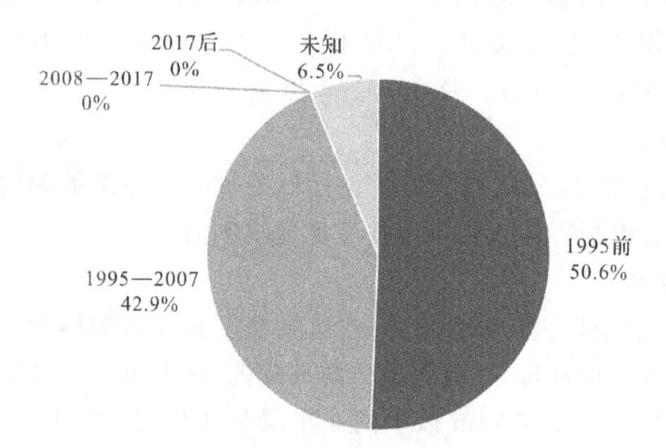

图3-2 样本区域办公建筑的建筑年代分布

样本区域中的办公建筑在平面形式上的分布特征如图3-3所示，典型的平面形式包括单一板式以及复合板式，两者占比均超过30.0%。

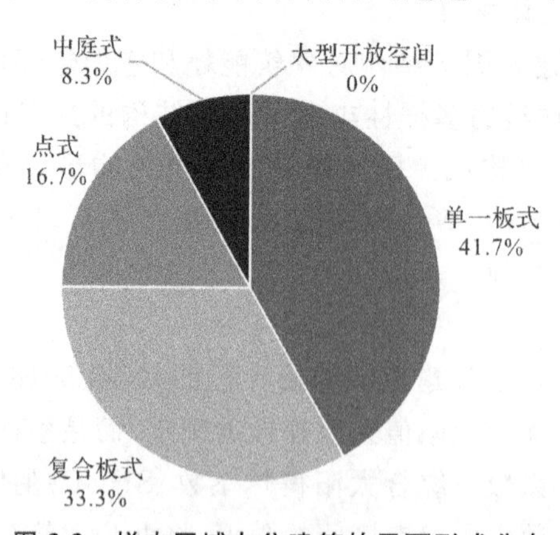

图3-3 样本区域办公建筑的平面形式分布

样本区域中的办公建筑在建筑面积上的分布如图 3-4 所示：3001～10000m² 是最普遍的办公建筑面积分布区间，占比 42.9%；其次是 20000m² 以上，占比为 24.6%；10001～20000m² 也具有一定的典型性，占比为 16.9%。

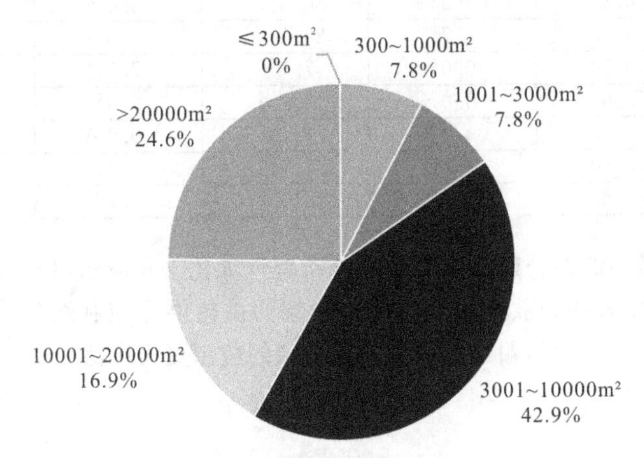

图 3-4　样本区域办公建筑面积分布

样本区域中的办公建筑层数分布如图 3-5 所示：建筑层数为 4～6 层的建筑最多，其数量占比 50.0%；其次为 10 层及以上的建筑，占比 33.3%。

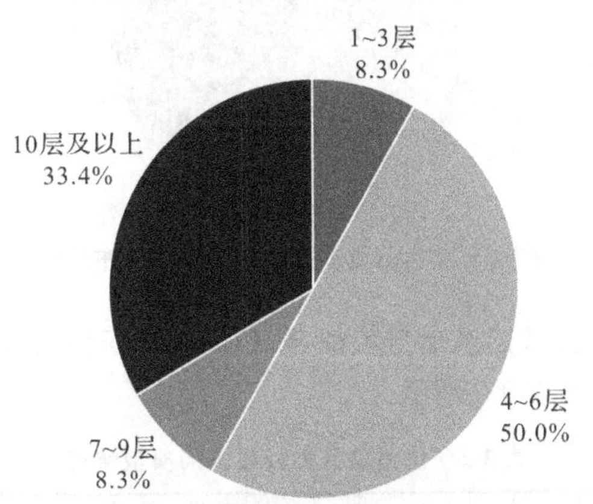

图 3-5　样本区域办公建筑层数分布

对样本区域建筑进行广泛调研的过程中，由于图纸的缺失，无法了解建筑围护结构使用的具体材料及详细构造形式，因此将建筑的结构形式作为分类指标。根据调研结果，样本区域内所有办公建筑的主要结构形式都为钢筋混凝土(钢混)结构。

样本区域中的办公建筑的各个朝向外墙立面的窗墙面积比分布情况进行统计如表 3-1 所示：对样本区域内的办公建筑，东立面的窗墙面积比分布在(0,0.3]区间，南立面的窗墙面积比主要分布在(0.2,0.4]区间，西立面的窗墙面积比分布在(0,0.2]区间，北立面的窗墙面积比主要分布在(0,0.3]区间。

表 3-1 样本区域办公建筑窗墙面积比分布统计

窗墙面积比 R	东立面	南立面	西立面	北立面
$R \leqslant 0.20$	46.2%	7.7%	61.5%	23.1%
$0.20 < R \leqslant 0.30$	30.8%	30.8%	15.4%	30.8%
$0.30 < R \leqslant 0.40$	7.7%	23.1%	0.0%	7.7%
$0.40 < R \leqslant 0.50$	0.0%	7.7%	7.7%	0.0%
$0.50 < R \leqslant 0.60$	0.0%	15.4%	0.0%	15.4%
$0.60 < R \leqslant 0.70$	0.0%	7.7%	0.0%	15.4%
$0.70 < R \leqslant 0.80$	7.7%	7.7%	7.7%	0.0%
$R > 0.80$	7.7%	0.0%	7.7%	7.7%

样本区域中的办公建筑的冷热源分布统计如图 3-6 所示，所有办公建筑都配备空调，集中式和分散式冷热源都是典型的供热供冷控制端分布方式，分别占比 39.0%和 61.0%，相比而言分体式空调的应用更为广泛。

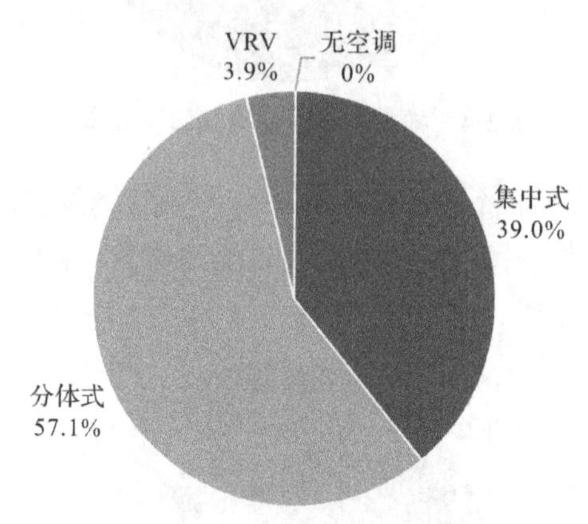

图 3-6 样本区域办公建筑冷热源分布统计

根据上述样本区域建筑信息特征分析，结合广泛调研的结果，杭州地区办公建筑的典型特征如表 3-2 所示。

表 3-2 杭州地区办公建筑的典型特征

<table>
<tr><th>指标</th><th colspan="2">分类</th></tr>
<tr><td>建筑年代</td><td colspan="2">1995 年前，1995—2007 年间</td></tr>
<tr><td>平面形式</td><td colspan="2">单一板式、复合板式</td></tr>
<tr><td>建筑面积</td><td colspan="2">3000～10000m², >20000m²</td></tr>
<tr><td>建筑层数</td><td colspan="2">4～6 层，10 层及以上</td></tr>
<tr><td>结构形式</td><td colspan="2">钢筋混凝土结构</td></tr>
<tr><td rowspan="4">窗墙面积比 R</td><td>东</td><td>R≤0.30</td></tr>
<tr><td>南</td><td>0.20<R≤0.40</td></tr>
<tr><td>西</td><td>R≤0.20</td></tr>
<tr><td>北</td><td>R≤0.30</td></tr>
<tr><td>冷热源形式</td><td colspan="2">分散式</td></tr>
</table>

3.1.2 样本建筑基本信息及测点分布

根据3.1.1节研究所得杭州地区办公建筑的典型特征，结合室内人员配合程度、仪器布置难度等客观限制因素，选定3栋样本建筑分别开展长期实测。

样本建筑A的基本信息如表3-3所示，该建筑为科研办公建筑，是高校教师及研究生进行办公和学习研究的场所，其主要功能房间为多人办公室以及单/双人办公室，其中多人办公室通常容纳6名及以上的学生进行学习研究，单/双人办公室通常容纳1～2名教师进行办公。在该建筑中选取3个多人办公室及1个单/双人办公室进行实测，样本房间的基本信息如表3-4所示。

表3-3　样本建筑A基本信息描述

指标	参数	图示
建筑年代	1982年	
平面形式	单一板式	
建筑面积	3102.15m^2	
建筑层数	4层	
结构形式	钢筋混凝土框架结构	
窗墙比—东	20%	
窗墙比—南	40%	
窗墙比—西	10%	
窗墙比—北	40%	
冷热源形式	分体式空调	

表3-4　样本建筑A样本房间基本信息

房间编号	功能类型	所处层数	常驻人数/人	朝向	面积/m^2
DUO_A1	多人办公室	2	4	北	21.0
DUO_A2	多人办公室	2	6	南	38.4
DUO_A3	多人办公室	3	5	南	38.4
DAN_A1	单/双人办公室	4	1	南	22.8

样本建筑B的基本信息如表3-5所示，该建筑为高校办公楼建筑，是高校行政人员、高校教师及研究生进行办公的场所，其主要功能房间为单/双人办公室、多人办公室。其中多人办公室通常容纳6名及以上的学生进行学习研究或4名及以上的行政人员进行办公，单/双人办公室通常容纳1～2名教师或行政

人员进行办公。在该建筑中选取 3 个多人办公室及 2 个单/双人办公室进行实测，样本房间的基本信息如表 3-6 所示。

表 3-5　样本建筑 B 基本信息描述

指标	参数	图示
建筑年代	2005 年	
平面形式	复合板式	
建筑面积	$26800m^2$	
建筑层数	9 层	
结构形式	钢筋混凝土框架结构	
窗墙比—东	24%	
窗墙比—南	26%	
窗墙比—西	24%	
窗墙比—北	26%	
冷热源形式	分体式空调	

表 3-6　样本建筑 B 样本房间基本信息

房间编号	功能类型	所处层数	常驻人数/人	朝向	面积/m^2
DAN_B1	单/双人办公室	3	2	南	23.2
DUO_B1	多人办公室	3	6	东	59.2
DUO_B2	多人办公室	6	5	南	29.6
DUO_B3	多人办公室	8	6	南	23.2
DAN_B2	单/双人办公室	8	2	南	33.6

样本建筑 C 的基本信息如表 3-7 所示，该建筑为设计院建筑，是建筑从业者办公的场所，其主要功能房间为单/双人办公室和多人办公室。其中多人办公室通常容纳 8 名及以上的建筑设计师或 4 名及以上的行政人员进行办公，单/双人办公室通常容纳 1～2 名建筑设计师或行政人员进行办公。在该建筑中选取 3 个多人办公室及 2 个单/双人办公室进行实测，样本房间的基本信息如表 3-8 所示。

表 3-7　样本建筑 C 基本信息描述

指标	参数	图示
建筑年代	2009(改造年代)	
平面形式	复合板式	
建筑面积	7157.4m²	
建筑层数	6 层	
结构形式	钢筋混凝土框架结构	
窗墙比—东	12%	
窗墙比—南	33%	
窗墙比—西	10%	
窗墙比—北	25%	
冷热源形式	VRV 空调	

表 3-8　样本建筑 C 样本房间基本信息

房间编号	功能类型	所处层数	常驻人数/人	朝向	面积/m²
DAN_C1	单/双人办公室	1	1	北	18.4
DUO_C1	多人办公室	1	7	南	63.2
DAN_C2	单/双人办公室	3	1	北	18.4
DUO_C2	多人办公室	3	12	南	63.2
DUO_C3	多人办公室	6	9	南	63.2

3.1.3　样本建筑实测调研方法

本研究主要测定样本房间的室内热环境参数和室内人员热适应性行为参数。其中室内热环境参数使用实验仪器直接测定，主要测定参数为室内干球温度和室内相对湿度，其他测定参数还有室内黑球温度、风速、风温以及二氧化碳浓度等。室内人员热适应性行为主要包括人员对空调的控制行为以及对外窗的开关行为，而行为参数不能直接被实验仪器测定。本研究使用智能电量测量仪测定空调实时功率、实时累计电量数据，或使用温度自记仪测定空调出风口温度，通过数据分析的方法获得空调的逐时的开关状态；使用磁开关记录仪记录外窗开启、关闭动作发生的时间点，通过数据分析的方法获得外窗的逐时开关状态。

此外，为研究室内热环境及室内人员热适应性行为与室外气象参数的关系，在样本建筑 A 周边空地放置便携式自动气象站，气象站实测参数包括室外气温、相对湿度、露点温度、气压、风速、风向、太阳辐射强度等。实测使用的实验仪器及其具体信息如表 3-9 所示。

表 3-9　使用仪器及其具体信息

仪器名称	温湿度自记仪	温度自记仪
仪器照片	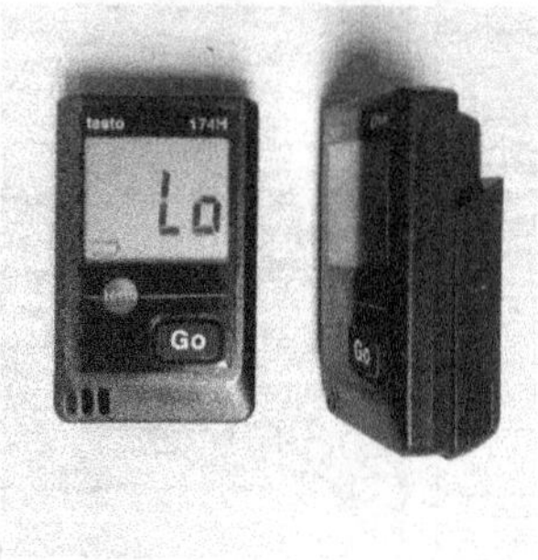	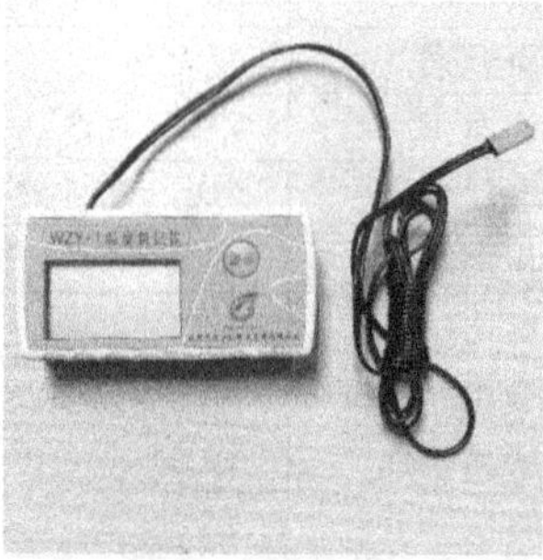
仪器品牌/型号	Testo/174H	天建华仪/WZY-1
实测参数	温度(℃);相对湿度(%RH)	干球温度(℃)
仪器精度	温度:±0.5℃(－20～＋70℃); 相对湿度:±3%RH (2%～＋98%RH)at＋25℃	±0.2℃(0～＋50℃)
仪器名称	黑球温度自记仪	万向风速风温记录仪
仪器照片		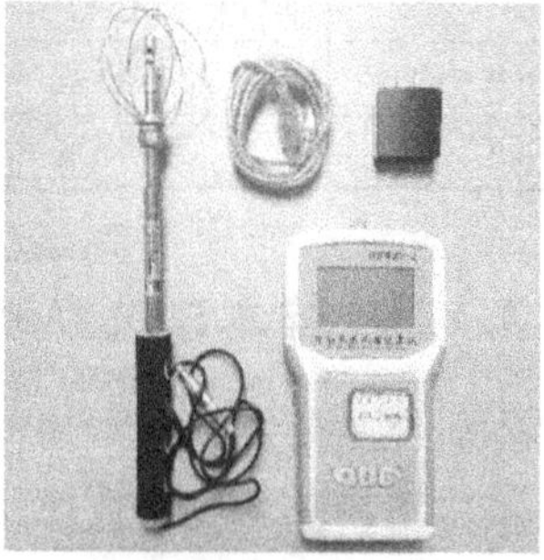
仪器品牌/型号	天建华仪/HQZY-1	天建华仪/WFWZY-1
实测参数	黑球温度(℃)	风速(m/s);风温(℃)
仪器精度	±0.3℃(－20～＋80℃)	温度:±0.5℃(－20～＋80℃); 风速:±0.05m/s(0.05～30m/s)
仪器名称	二氧化碳自记仪	无线二氧化碳记录仪
仪器照片	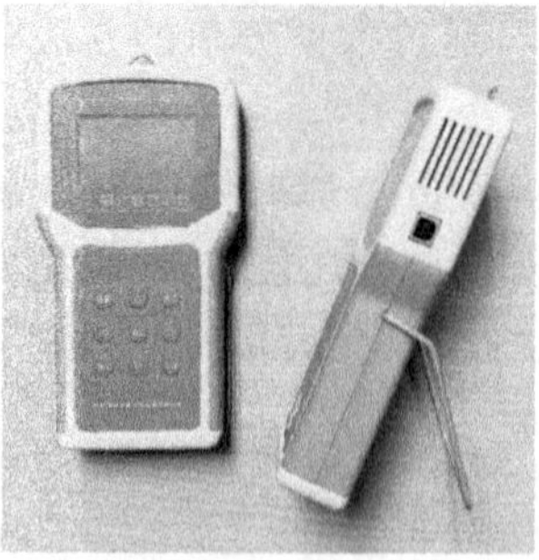	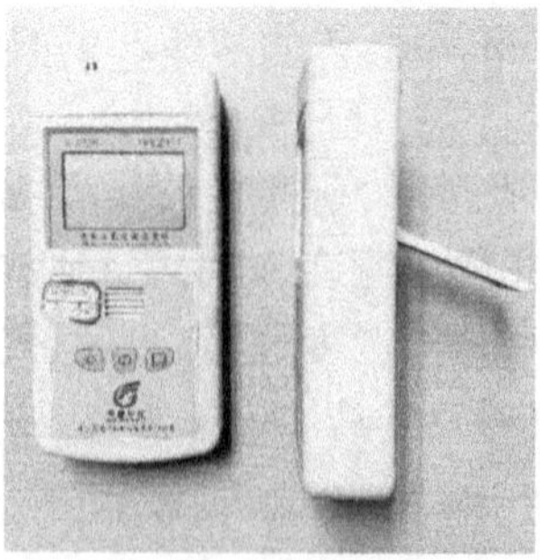

续表

仪器品牌/型号	天建华仪/EZY-1S	天建华仪/WEZY-1
实测参数	二氧化碳浓度(ppm)	
仪器精度	±50ppm(0～3000ppm);±75ppm(3000～5000ppm)	
仪器名称	智能电量测量仪	
仪器照片	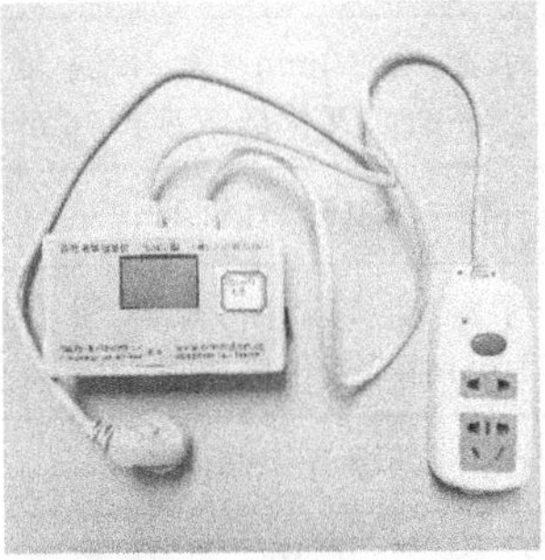	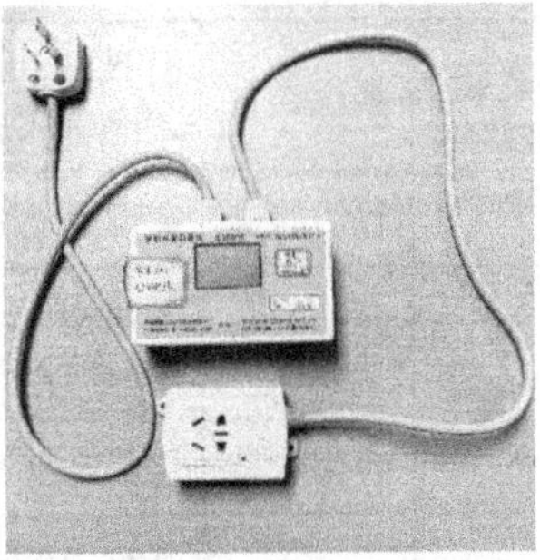
仪器品牌/型号	e-friend/S300	e-friend/S350
实测参数	电器设备实时功率(W);累计电量(kWh)	
仪器精度	1.0 级	
仪器名称	磁开关记录仪	便携式自动气象站
仪器照片		
仪器品牌/型号	天建华仪/CKJM-1	锦州阳光/PC-4
实测参数	外窗开启时刻;外窗关闭时刻	环境温度(℃);相对湿度(%RH); 露点温度(℃);风向(°); 风速(m/s);气压(hPa); 太阳辐射(W/m)
仪器精度	记录间隔:2 秒～23 小时 59 分 59 秒	环境温度:±0.4℃(−40～+80℃); 相对湿度:±3%(0%～100%) 露点温度:±2℃(−40～+50℃) 风向:±3° 风速:±(0.3+0.03V)m/s 气压:±3hPa 太阳辐射:≤5%

3栋样本建筑中各个样本房间的测试参数及测试步长、仪器放置时间分别如表3-10至表3-12所示。

表3-10　样本建筑A的实测信息

房间编号	参数类型	测试参数/测试步长	仪器放置时间
DUO_A1	环境参数	温度/10min；相对湿度/10min；黑球温度/10min；风速风温/10min；二氧化碳浓度/10min	2016.7—2018.9
DUO_A1	行为状态	空调电量和功率/1min；外窗开闭时间点/—；	2016.7—2018.9
DUO_A2	环境参数	温度/10min；相对湿度/10min；黑球温度/10min；风速风温/10min；二氧化碳浓度/10min	2016.7—2018.9
DUO_A2	行为状态	空调电量和功率/1min；外窗开闭时间点/—；	2016.7—2018.9
DUO_A3	环境参数	温度/10min；相对湿度/10min；黑球温度/10min；风速风温/10min；二氧化碳浓度/10min	2016.7—2018.9
DUO_A3	行为状态	空调出风口温度/10min；外窗开闭时间点/—	2016.7—2018.9
DAN_A1	环境参数	温度/10min；相对湿度/10min；	2016.7—2018.12
DAN_A1	行为状态	空调电量和功率/1min；外窗开闭时间点/—；	2016.7—2018.12

表3-11　样本建筑B的实测信息

房间编号	参数类型	测试参数/测试步长	仪器放置时间
DAN_B1	环境参数	温度/10min；相对湿度/10min；黑球温度/10min；风速风温/10min；二氧化碳浓度/10min	2017.3—2018.2
DAN_B1	行为状态	空调出风口温度/10min；外窗开闭时间点/—；	2017.3—2018.2
DUO_B1	环境参数	温度/10min；相对湿度/10min；黑球温度/10min；风速风温/10min；二氧化碳浓度/10min	2017.3—2018.2
DUO_B1	行为状态	空调出风口温度/10min；外窗开闭时间点/—；	2017.3—2018.2
DUO_B2	环境参数	温度/10min；相对湿度/10min；	2017.3—2018.3
DUO_B2	行为状态	空调电量和功率/1min；外窗开闭时间点/—	2017.3—2018.3
DUO_B3	环境参数	温度/10min；相对湿度/10min；黑球温度/10min；风速风温/10min；二氧化碳浓度/10min	2017.3—2018.10
DUO_B3	行为状态	空调电量和功率/1min；外窗开闭时间点/—；	2017.3—2018.10
DAN_B2	环境参数	温度/10min；相对湿度/10min；	2017.3—2018.11
DAN_B2	行为状态	空调电量和功率/1min；外窗开闭时间点/—；	2017.3—2018.11

表 3-12　样本建筑 C 的实测信息

房间编号	参数类型	测试参数/测试步长	仪器放置时间
DAN_C1	环境参数	温度/10min;相对湿度/10min;	2017.5—2017.11
	行为状态	空调出风口温度/10min;外窗开闭时间点/—;	
DUO_C1	环境参数	温度/10min;相对湿度/10min;	2017.5—2018.9
	行为状态	空调出风口温度/10min;外窗开闭时间点/—;	
DAN_C2	环境参数	温度/10min; 相对湿度/10min; 黑球温度/10min;风速风温/10min;二氧化碳浓度/10min	2017.5—2018.9
	行为状态	空调出风口温度/10min;外窗开闭时间点/—;	
DUO_C2	环境参数	温度/10min; 相对湿度/10min; 黑球温度/10min;风速风温/10min;二氧化碳浓度/10min	2017.5—2018.9
	行为状态	空调出风口温度/10min;外窗开闭时间点/—;	
DUO_C3	环境参数	温度/10min; 相对湿度/10min; 黑球温度/10min;风速风温/10min;二氧化碳浓度/10min	2017.5—2018.4
	行为状态	空调出风口温度/10min;外窗开闭时间点/—;	

为了研究办公建筑中室内人员的主观热感觉,2017 年 1 月至 2018 年 1 月,选取分布在不同季节的 34 个典型气象日,对 3 个样本建筑中的主体使用人群进行了问卷调研,共获取有效问卷 1471 份。

问卷的设计基于 P. O. Fanger 所开发的 PMV-PPD 指标,将热感觉表示为 −3～3 的 7 个等级,描述了从非常冷(−3)到非常热(3)的主观热感受[144-145]。此外,问卷还调研填写人的实时衣着情况及活动水平。

每个问卷发放日,问卷分别在 8:00—10:00,10:00—12:00,13:00—15:00,15:00—17:00,18:00—20:00 这 5 个时间段面向样本建筑的主要功能类型房间内的人员发放一次。问卷发放的同时,在该房间内使用实验仪器测定实时室内热环境参数包括温度、相对湿度、风速、辐射温度等,并使用调研记录表记录。不同季节的主观热感觉调研问卷及调研记录表设计详见附录二。

3.2　人员热适应性评价

3.2.1　杭州地区人员热感觉评价

对样本建筑室内人员主观问卷调研的结果进行统计分析,根据调研实时测得的热环境参数,使用伯克利大学建筑环境研究中心开发的 CBE Thermal

Comfort Tool[146]计算获得基于 ASHRAE Standard 55—2017[147]标准下的各人员在不同衣着及活动水平下的热感觉投票预测值。根据问卷调研结果，室内人员的活动状态通常为“坐姿（办公）”，因此将新陈代谢水平定义为 1.1met。以 0.5℃为单位间隔，计算该温度区间的实际热感觉投票平均值 TSV，以及预测热感觉投票平均值 PMV，并绘制两者与室内干球温度之间的关系如图 3-7 所示。

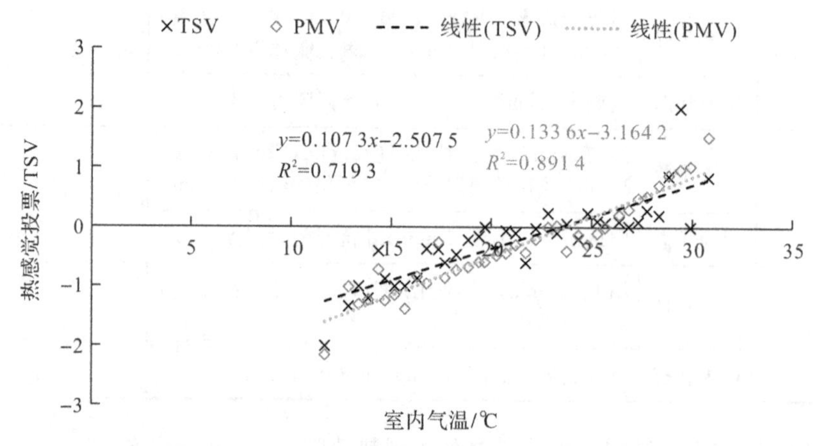

图 3-7　TSV 和 PMV 与室内干球温度之间的关系

由图示结果可见，杭州地区办公建筑室内人员的 TSV 和 PMV 两者之间存在一定程度上的差异，由于调研样本数量有限，对 TSV 进行线性拟合所得 R^2 结果仅为 0.72，并且考虑到调研过程中实测的误差以及实测人员对室内热环境的干预，本研究认为 ASHRAE Standard 55—2017 标准下的 PMV 指标适用于杭州地区办公建筑室内人员的主观热感觉评价，并将[−0.5，0.5]定义为热舒适的 PMV 区间，参与后续的建筑动态能耗模拟研究。

3.2.2　服装热阻调节特征

国家质量监督检验检疫总局和国家标准化管理委员会发布的《热环境的人类工效学 通过计算 PMV 和 PPD 指数与局部热舒适准则对热舒适进行分析测定与解释》（GB/T 18049—2017）提供了服装典型组合和单件服装的估算热阻[148]。以此为基准，根据问卷调研结果计算每个典型日的调研对象平均服装热阻，结合当日室外气象站测得的室外日平均气温数据，绘制服装热阻随室外日平均气温变化的情况并拟合两者之间的关系，如图 3-8 所示。

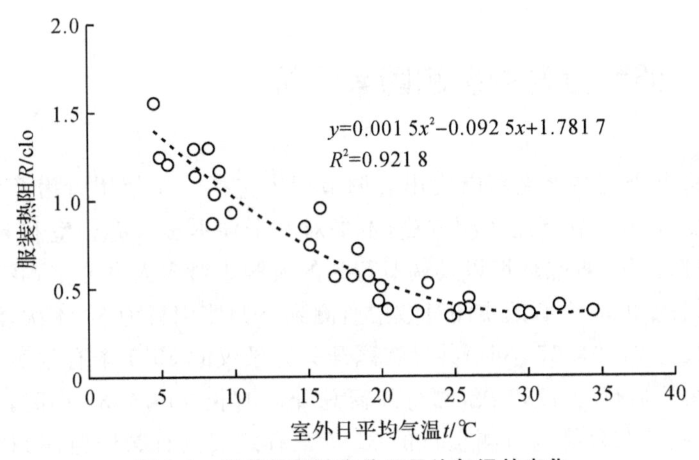

图 3-8　服装热阻随室外日平均气温的变化

服装热阻关于室外日平均气温 t 的函数关系为：

$$R(t)=\begin{cases}0.0015t^2-0.0925t+1.7817, & t<30.83\\ 0.356, & t\geqslant 30.83\end{cases}$$

根据拟合函数，服装热阻随室外平均日气温的降低而减小，当室外日平均气温达到 30.83℃，服装热阻达到最小值，不再随日平均气温的上升而降低。

从中国气象数据网[149]获取国家气象信息中心提供的杭州市气象站点地面累年值日值数据集（1981—2010 年），以此为依据计算获得室外日平均气温的全年推移情况作为典型年参考值，结合拟合函数 $R(t)$绘制服装热阻随典型室外日平均气温变化的全年分布情况，如图 3-9 所示，并以此作为后续研究中服装热阻在建筑动态能耗模拟软件中的参数设定依据。

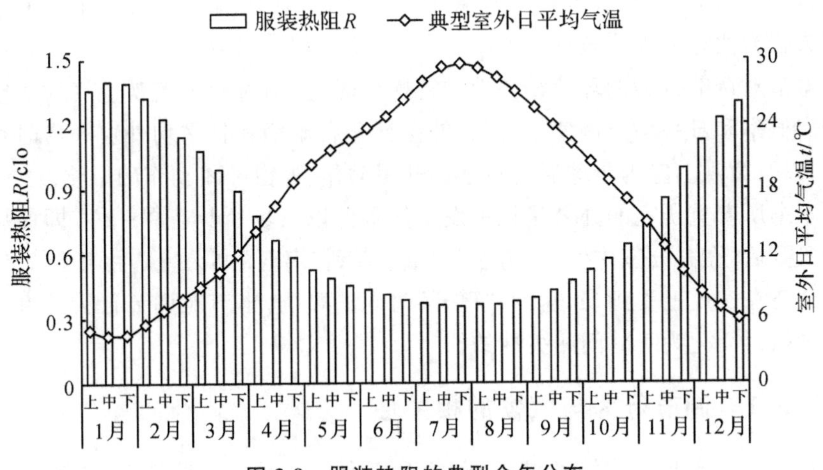

图 3-9　服装热阻的典型全年分布

3.3 调节行为的影响因素分析

本书重点研究的建筑室内使用者调节行为包括空调使用行为及外窗控制行为。根据 3.1.3 节所述实测方法，本书对 9 个样本多人办公室和 5 个单/双人办公室进行了室内热环境以及调节行为的实测。对多人办公室，共计在智能电量测量仪的 3655 个有效实测日数中监测到空调使用行为 3474 次，测得空调总使用时长为 27791.67 小时；共计在磁开关记录仪的 5551 个有效实测日数中监测到外窗开启行为 1199 次，测得外窗总开启时长 45674.34 小时。对单/双人办公室，共计在智能电量测量仪的 2167 个有效实测日数中监测到空调使用行为 1405 次，测得空调总使用时长为 6937.33 小时；共计在磁开关记录仪的 1888 个有效实测日数中监测到外窗开启行为 638 次，测得外窗总开启时长 22572.5 小时。

根据对调节行为的实测结果，两类办公室中空调使用行为的发生频率远大于外窗控制行为。相比于单/双人办公室，多人办公室的空调使用频率更高且单次使用时长更长，外窗开启频率更低，外窗单次开启时长则较为一致。

空调使用及外窗控制等调节行为主要由建筑室内使用者进行主导，而使用者对调节行为的执行受到多方面因素的影响。从长期、宏观的环境来看，气候的季节性变化使得与建筑外围护结构接触到的室外热环境发生改变，从而影响了室内热环境的状态，对使用者使用空调、控制外窗等行为产生干涉。从短期、微观的环境来看，室内热环境随着气候变化或者随着空调使用、外窗控制等调节行为产生改变后，对调节行为产生反馈作用，影响了调节行为的执行。从使用者自身的层面来看，调节行为具有事件相关性，使用者自身参与事件的状态为调节行为执行的先决条件。

本节对调节行为的环境相关性进行探讨时，分别讨论了宏观上气候对空调日开启概率和日平均空调使用时长、外窗日开启概率和日平均外窗开启时长的影响，以及微观上室内干球温度对空调开闭动作、外窗开闭动作的影响。

本书所着重研究的办公建筑中发生的事件以及场所具有单一性，即使用者在“到达”后，在办公室中参与“办公”事件，直到“离开”办公室。由于该事件的参与状态在实质上受到“到达”和“离开”时间的影响，本节对调节行为的事件相关性的探讨简化为对时间相关性的探讨。

3.3.1 调节行为与气候的相关性

基于对样本建筑实测的结果，随着全年室外气候的季节性变化，逐月空调使用及外窗控制行为都具有明确的阶段性特征，不同阶段空调使用及外窗控制模式的构成特征存在差异，这些差异在宏观上主要表现为空调的日开启概率及日平均开启时长、外窗的日开启概率及日平均开启时长。

由于过渡季节气候变化较为频繁，为方便研究，本书将每个月分为上、中、下旬 3 个阶段，其中上旬和中旬分别对应该月的第一和第二个 10 天，下旬对应该月剩余日数。分别使用式(3-1)和式(3-2)计算各个功能类型样本房间的全年日空调开启概率及日平均空调开启时长的分布情况，并根据计算结果分别绘制图表，如图 3-10 和 3-11；使用式(3-3)和式(3-4)计算各个功能类型样本房间的全年外窗开启概率及日平均外窗开启时长的分布情况，并根据结果分别绘制图表，如图 3-12 和 3-13。

$$P_{m,i}=\frac{n_{m,i}}{N_{m,i}} \tag{3-1}$$

式中，$m=1,2,\cdots,12$，表示月份；$i=1,2,3$，分别表示上、中、下旬；$P_{m,i}$为 m 月份的 i 阶段，日空调开启的概率；$N_{m,i}$为 m 月份的 i 阶段，空调运行状态的实测日数；$n_{m,i}$为 m 月份的 i 阶段，实测日中空调开启的日数。

$$L_{m,i}=\frac{\sum_{k=0}^{N_{m,i}} l_{m,i,k}}{N_{m,i}} \tag{3-2}$$

式中，$L_{m,i}$为 m 月份的 i 阶段，日平均空调开启的时长；$l_{m,i,k}$为 m 月份的 i 阶段的第 k 日，空调的全天开启时长。

$$p_{m,i}=\frac{s_{m,i}}{C_{m,i}} \tag{3-3}$$

式中，$m=1,2,\cdots,12$，表示月份；$i=1,2,3$，分别表示上、中、下旬；$p_{m,i}$为 m 月份的 i 阶段，日外窗开启的概率；$C_{m,i}$为 m 月份的 i 阶段，外窗开闭状态的实测日数；$s_{m,i}$为 m 月份的 i 阶段，实测日中外窗开启的日数。

$$D_{m,i}=\frac{\sum_{k=0}^{C_{m,i}} d_{m,i,k}}{C_{m,i}} \tag{3-4}$$

式中，$D_{m,i}$为 m 月份的 i 阶段，日平均外窗开启的时长；$d_{m,i,k}$为 m 月份的 i 阶段的第 k 日，外窗的全天开启时长。

根据图 3-10 和图 3-11 所示结果，多人办公室和单/双人办公室所反映的空调使用特征呈现出相似的全年推移趋势。日空调开启概率及日平均空调开启时长在 12 月至 1 月达到供热阶段的峰值，在 6 月至 9 月达到供冷阶段的峰值；在 4 月和 10 月跌到谷值，此外还由于受到春节假期的影响在 2 月中旬跌到谷值。其中多人办公室的日空调开启概率峰值高达约 95%，日平均空调开启时长峰值约 12 小时，对单/双人办公室而言，上述两项参数的峰值则分别为约 80%

和约 7 小时，两类房间空调使用特征的差异显著，且多人办公室空调使用的频率远高于单/双人办公室。

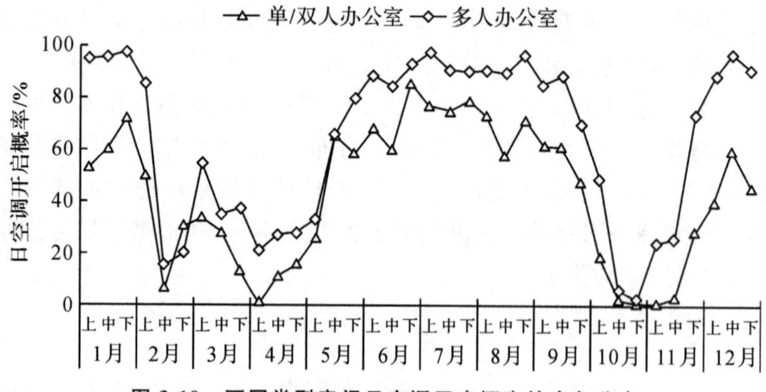

图 3-10　不同类型房间日空调开启概率的全年分布

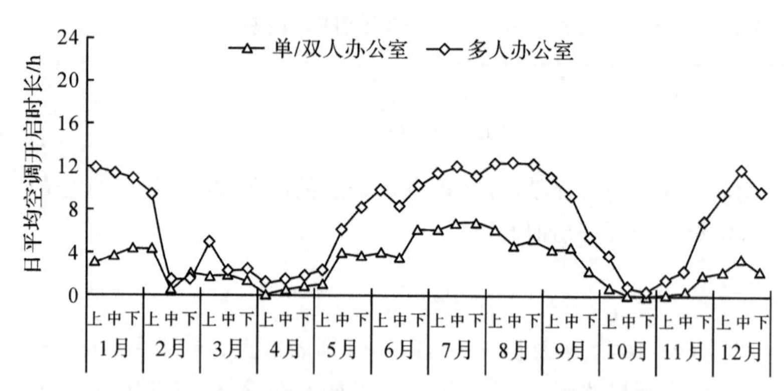

图 3-11　不同类型房间日平均空调开启时长的全年分布

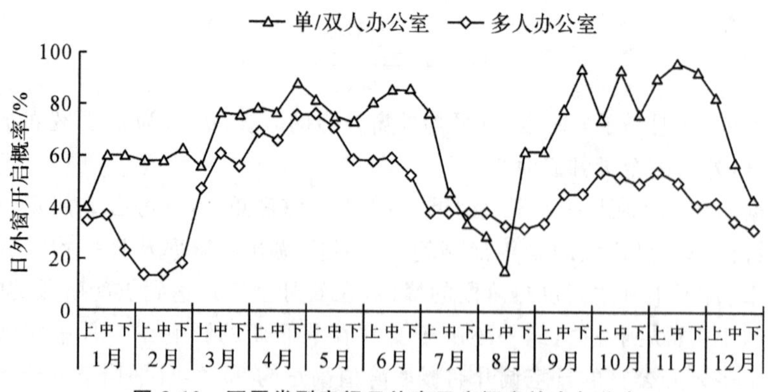

图 3-12　不同类型房间日外窗开启概率的全年分布

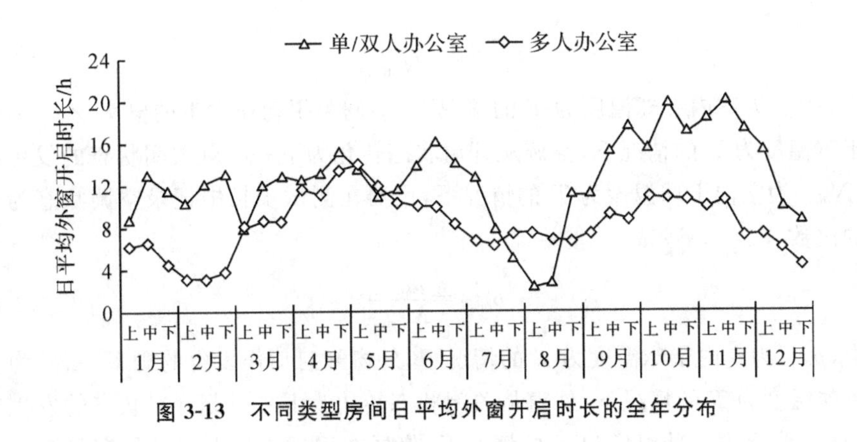

图 3-13　不同类型房间日平均外窗开启时长的全年分布

根据图 3-12 和图 3-13 所示结果，多人办公室和单/双人办公室所反映的外窗控制特征呈现出的全年推移趋势，在一定程度上有共性，但相互之间的差异也较为显著。整体而言，日外窗开启概率及日平均外窗开启时长在 12 月至 2 月、7 月至 8 月达到谷值，3 月至 6 月、9 月至 11 月则维持在较高水平。

综上所述，伴随着全年气候的变化，使用者调节行为也发生变化，空调使用行为及外窗控制行为均具有阶段性的特征。其中空调使用行为在不同的阶段具有更为鲜明的规律性，过渡季节空调使用频率低，供冷季节空调使用概率及时长随天气变热而增加，供热季节则随天气变冷而增加。外窗控制行为的气候变化特征则表现在宏观的趋势上，过渡季节外窗开启概率较高且时长较长，供冷、供热季节（尤其是极端天气频发的时期）则显著降低。

3.3.2　调节行为与室温的相关性

根据文献调研的结果，国内外学者基于通风空调行为环境相关性的特点，构建了调节行为的预测模型。为了探讨环境参数与调节行为相互反馈的关系，本节对人员控制空调开启和关闭的动作、控制外窗开启和关闭的动作与室内干球温度的关系进行分析与统计。式（3-5）和式（3-6）分别反映了空调开启动作和空调关闭动作随室内干球温度变化的特征；式（3-7）和式（3-8）分别反映了外窗开启动作和外窗关闭动作随室内干球温度变化的特征。

$$P_{\mathrm{on},T}=\frac{n_{\mathrm{on},T}}{N_{\mathrm{on},T}} \tag{3-5}$$

式中，$P_{\mathrm{on},T}$为室内干球温度为 T 的情况下，空调开启动作发生的概率；$n_{\mathrm{on},T}$为室内干球温度为 T 的情况下，空调从关闭状态转化为下一时刻开启状态的发生次数；$N_{\mathrm{on},T}$为室内干球温度为 T 的情况下，仪器在测试步长中记录空调状态为关闭的次数。

$$P_{\mathrm{off},T}=\frac{n_{\mathrm{off},T}}{N_{\mathrm{off},T}} \tag{3-6}$$

式中，$P_{\mathrm{off},T}$为室内干球温度为 T 的情况下，空调关闭动作发生的概率；$n_{\mathrm{off},T}$为室内干球温度为 T 的情况下，空调从开启状态转化为下一时刻关闭状态的发生次数；$N_{\mathrm{off},T}$为室内干球温度为 T 的情况下，仪器在测试步长中记录空调状态为开启的次数。

$$p_{\mathrm{on},T}=\frac{m_{\mathrm{on},T}}{M_{\mathrm{on},T}} \tag{3-7}$$

式中，$p_{\mathrm{on},T}$为室内干球温度为 T 的情况下，外窗开启动作发生的概率；$m_{\mathrm{on},T}$为室内干球温度为 T 的情况下，外窗从关闭状态转化为下一时刻开启状态的发生次数；$M_{\mathrm{on},T}$为室内干球温度为 T 的情况下，仪器在测试步长中记录外窗状态为关闭的次数。

$$p_{\mathrm{off},T}=\frac{m_{\mathrm{off},T}}{M_{\mathrm{off},T}} \tag{3-8}$$

式中，$p_{\mathrm{off},T}$为室内干球温度为 T 的情况下，外窗关闭动作发生的概率；$m_{\mathrm{off},T}$为室内干球温度为 T 的情况下，外窗从开启状态转化为下一时刻关闭状态的发生次数；$M_{\mathrm{off},T}$为室内干球温度为 T 的情况下，仪器在测试步长中记录外窗状态为开启的次数。

使用式(3-5)至式(3-8)计算全实测时段内多人办公室和单/双人办公室分别在供冷和供热工况下，调节行为的控制动作随室内干球温度变化的概率，其中仪器测试步长为 10min，室内干球温度统计间隔为 1℃，计算结果绘制如图 3-15、3-16 所示，由于两类办公室的行为主体具有不同的调节行为驱动因素，其调节行为控制动作与室内干球温度的关系存在显著差异。

根据图 3-14 所示结果，多人办公室在供冷工况下，空调控制动作与室内干球温度变化具有较强的相关性：空调开启动作发生概率随着室温的升高而上升，空调关闭动作发生概率随着室温的升高而下降，外窗开启动作发生概率随着室温的升高而下降，但外窗关闭动作的发生与室温无显著相关性；在供热工况下，外窗开启动作的发生概率随着室温的升高而上升，但外窗关闭动作、空调开启与关闭动作的发生与室温无显著相关性。

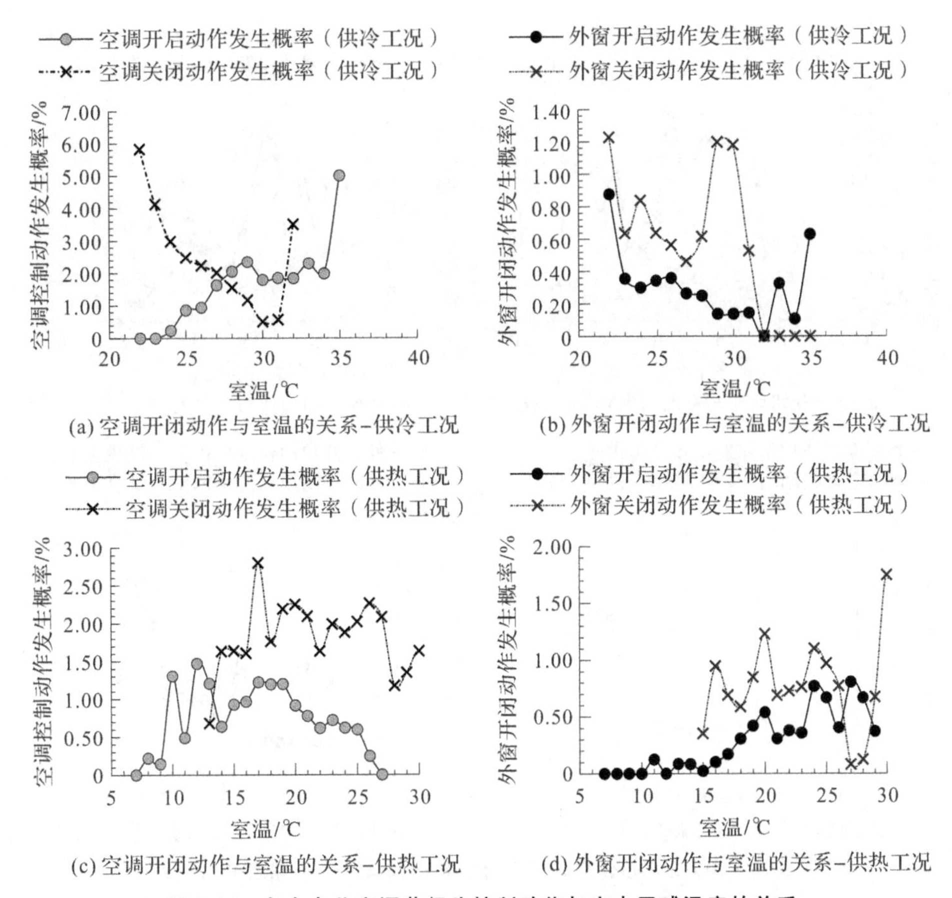

(a) 空调开闭动作与室温的关系-供冷工况　(b) 外窗开闭动作与室温的关系-供冷工况

(c) 空调开闭动作与室温的关系-供热工况　(d) 外窗开闭动作与室温的关系-供热工况

图 3-14　多人办公室调节行为控制动作与室内干球温度的关系

根据图 3-15 所示结果，单/双人办公室在供冷工况下，外窗开启动作发生概率随着室温的升高而下降，但外窗关闭动作、空调开启与关闭动作的发生与室温无显著相关性；在供热工况下，外窗开启动作的发生概率随着室温的升高而上升，但外窗关闭动作、空调开启与关闭动作的发生与室温无显著相关性。

由于在样本房间实测阶段，未对室内人员的流动情况进行记录，上述计算范围为完整的实测时段，即同时考虑了人员在室和不在室的状态，人员不在室期间不存在控制空调和外窗开闭的行为，因此调节行为与室内干球温度的相关性研究受到干扰，各个温度区间调节行为控制动作的发生概率均不高于 5%。为了进一步明确人员在室的情况下调节行为控制动作与室内干球温度的具体关系，选择空调和外窗开启动作的高发时段 8：00—10：00 以及空调和外窗关闭动作的高发时段 17：00—19：00 和 22：00—24：00，使用式(3-5)至式(3-8)计算调

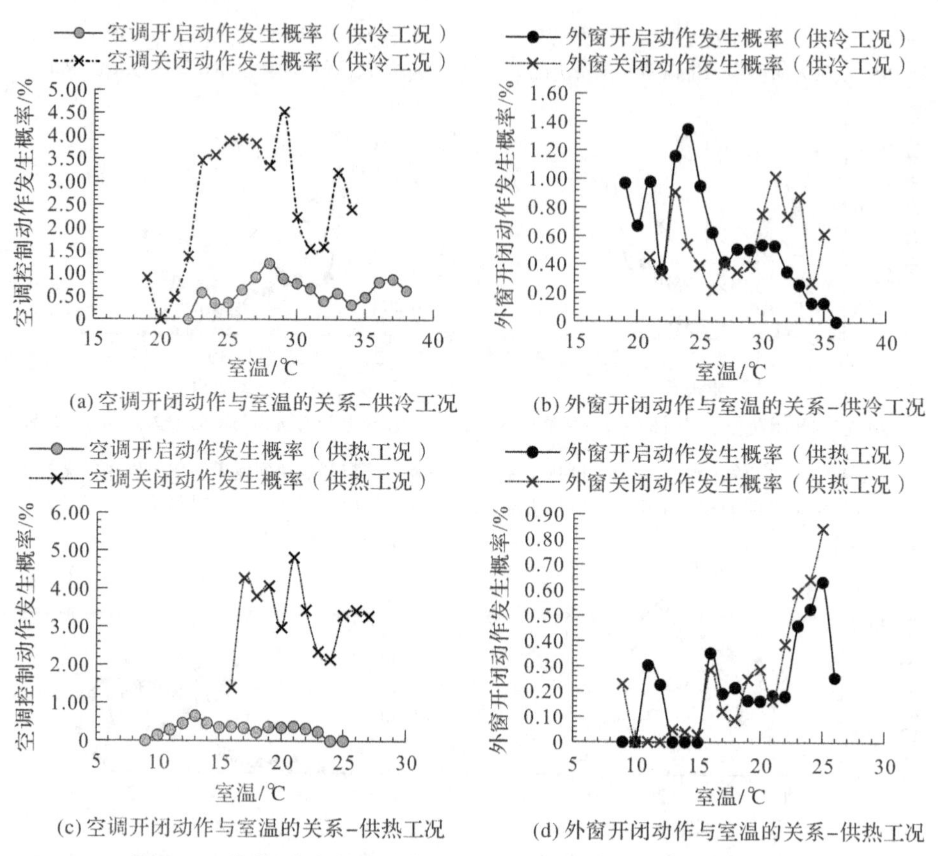

(a) 空调开闭动作与室温的关系–供冷工况

(b) 外窗开闭动作与室温的关系–供冷工况

(c) 空调开闭动作与室温的关系–供热工况

(d) 外窗开闭动作与室温的关系–供热工况

图 3-15　单/双人办公室调节行为控制动作与室内干球温度的关系

节行为控制动作密集发生的时段内，多人办公室和单/双人办公室分别在供冷和供热工况下，调节行为的控制动作随室内干球温度变化的特征，计算结果绘制如图 3-16 和图 3-17 所示，由于两类办公室的行为主体具有不同的调节行为驱动因素，其调节行为控制动作与室内干球温度的关系存在显著差异。

根据图 3-16 所示结果，指定时段内，多人办公室在供冷工况下，空调控制动作与室内干球温度变化具有较强的相关性：空调开启动作发生概率随着室温的升高而上升，空调关闭动作发生概率随着室温的升高而下降；外窗关闭动作发生概率随着室温的升高而降低，但外窗开启动作的发生与室温无显著相关性。在供热工况下，空调关闭动作发生概率随着室温的升高而下降，外窗开启动作发生概率随着室温的升高而上升，但空调开启动作和外窗关闭动作的发生与室温无显著相关性。

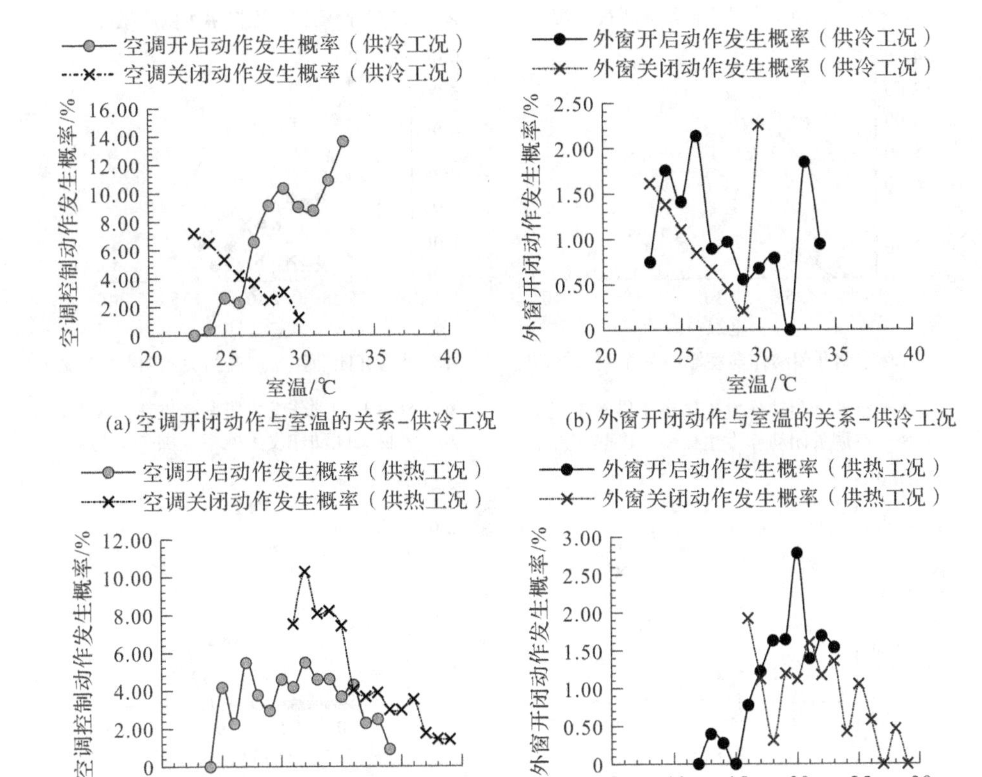

(a) 空调开闭动作与室温的关系-供冷工况

(b) 外窗开闭动作与室温的关系-供冷工况

(c) 空调开闭动作与室温的关系-供热工况

(d) 外窗开闭动作与室温的关系-供热工况

图 3-16　指定时段多人办公室调节行为控制动作与室内干球温度的关系

根据图 3-17 所示结果，指定时段内，单/双人办公室在供冷工况下，外窗开启动作发生概率随着室温的升高而下降，但外窗关闭动作、空调开启与关闭动作的发生与室温无显著相关性。供热工况下，空调开启动作发生概率随着室温的升高而下降，但空调关闭动作、外窗开启与关闭动作的发生与室温无显著相关性。

综上所述，鉴于实测阶段测定参数的局限性以及样本房间使用者调节行为的实际特征，无论是在多人办公室还是单/双人办公室中，调节行为控制动作与室内干球温度存在一定程度上的相关性，但整体而言室内干球温度对调节行为的反馈效果并不显著。因此，定量地描述调节行为与环境相关性需要在记录室内人员流动情况的前提下，进一步扩大实测样本量。

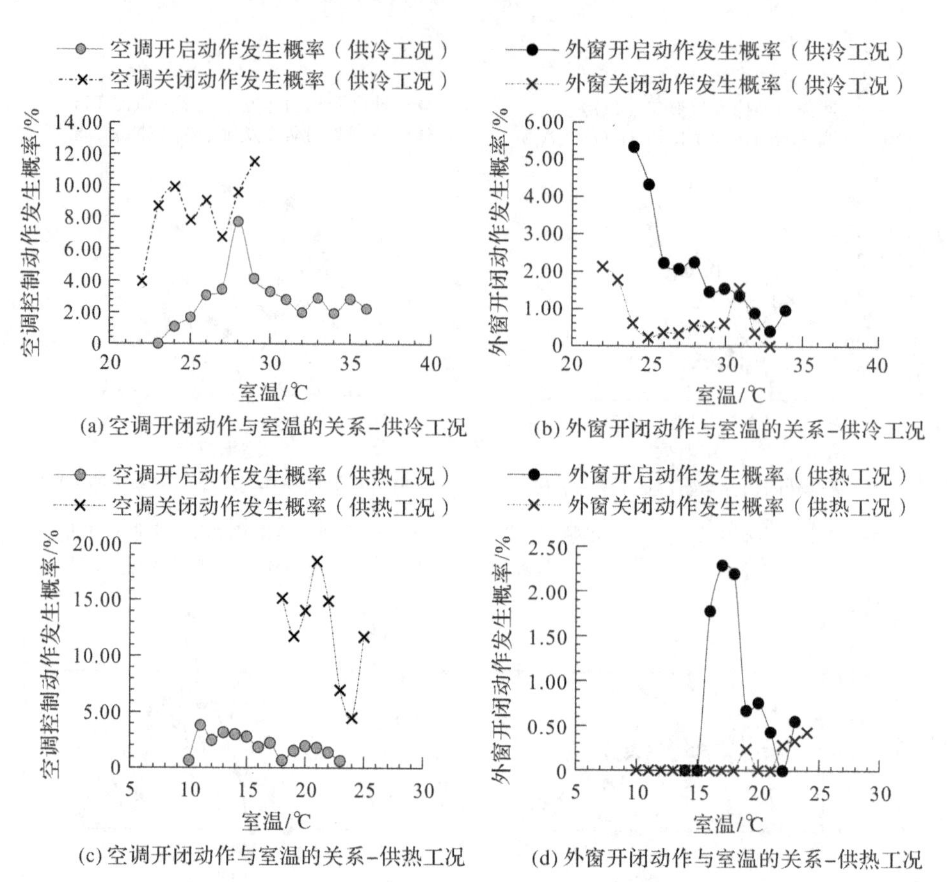

(a) 空调开闭动作与室温的关系-供冷工况

(b) 外窗开闭动作与室温的关系-供冷工况

(c) 空调开闭动作与室温的关系-供热工况

(d) 外窗开闭动作与室温的关系-供热工况

图 3-17　指定时段单/双人办公室调节行为控制动作与室内干球温度的关系

3.3.3　调节行为与时间的相关性

除了环境相关性，调节行为的事件相关性也是国内外学者进行建筑室内用能行为研究的热点。根据办公建筑中事件单一的特征，本书将调节行为的事件相关性简化为对时间相关性的讨论。本节对人员控制空调开启和关闭的动作、控制外窗开启和关闭的动作的时移特征进行描述。式(3-9)和式(3-10)分别反映了空调开启动作和空调关闭动作随时间变化的特征；式(3-11)和式(3-12)分别反映了外窗开启动作和外窗关闭动作随时间变化的特征。

$$P_{\mathrm{on},t}=\frac{\sum_{i=1}^{N} n_{\mathrm{on},i,t}}{N} \tag{3-9}$$

式中，$P_{\mathrm{on},t}$ 为在 t 时段，空调开启动作发生的概率；$n_{\mathrm{on},i,t}$ 为在第 i 天的 t 时段，空调开启动作的发生次数；N 为进行空调使用状态实测的有效日数。

$$P_{\mathrm{off},t} = \frac{\sum_{i=1}^{N} n_{\mathrm{off},i,t}}{N} \tag{3-10}$$

式中，$P_{\mathrm{off},t}$ 为在 t 时段，空调关闭动作发生的概率；$n_{\mathrm{off},i,t}$ 为在第 i 天的 t 时段，空调关闭动作的发生次数。

$$p_{\mathrm{on},t} = \frac{\sum_{i=1}^{M} m_{\mathrm{on},i,t}}{M} \tag{3-11}$$

式中，$p_{\mathrm{on},t}$ 为在 t 时段，外窗开启动作发生的概率；$m_{\mathrm{on},i,t}$ 为在第 i 天的 t 时段，外窗开启动作的发生次数；M 为进行外窗开闭状态实测的有效日数。

$$p_{\mathrm{off},t} = \frac{\sum_{i=1}^{M} m_{\mathrm{off},i,t}}{M} \tag{3-12}$$

式中，$p_{\mathrm{off},t}$ 为在 t 时段，外窗关闭动作发生的概率；$m_{\mathrm{off},i,t}$ 为在第 i 天的 t 时段，外窗关闭动作的发生次数。

使用式(3-9)至式(3-12)计算实测期间多人办公室和单/双人办公室分别在供冷和供热工况下，调节行为的控制动作随时间变化的特征，时间统计步长为 1 小时，计算结果绘制如图 3-18、3-19 所示，由于两类办公室的行为主体具有不同的调节行为驱动因素，其调节行为控制动作与时间的关系存在显著差异。

根据图 3-18 所示结果，多人办公室中空调开启动作主要发生在早间室内人员上班时段，其次在午休时段，空调关闭动作则主要发生在傍晚和深夜室内人员下班的时段；外窗开启动作主要发生在早间上班时段，其次是午休和傍晚时段，外窗关闭动作则无显著的密集发生时段，在早间、午间和傍晚均有分布；凌晨时段几乎无调节行为控制动作发生。供冷工况下，空调开启动作发生最频繁的时段为 8:00—9:00，发生概率为 27.7%；空调关闭动作发生最频繁的时段为 22:00—23:00，发生概率为 14.4%；外窗开启动作发生最频繁的时段为 8:00—9:00，发生概率为 4.7%；外窗关闭动作发生最频繁的时段为 12:00—13:00，发生概率为 3.0%。供热工况下，空调开启动作发生最频繁的时段为 9:00—10:00，发生概率为 19.9%；空调关闭动作发生最频繁的时段为 17:00—18:00，发生概率为 12.1%；外窗开启动作发生最频繁的时段为 8:00—9:00，发生概率为 3.7%；外窗关闭动作发生最频繁的时段为 9:00—10:00，发生概率为 2.5%。

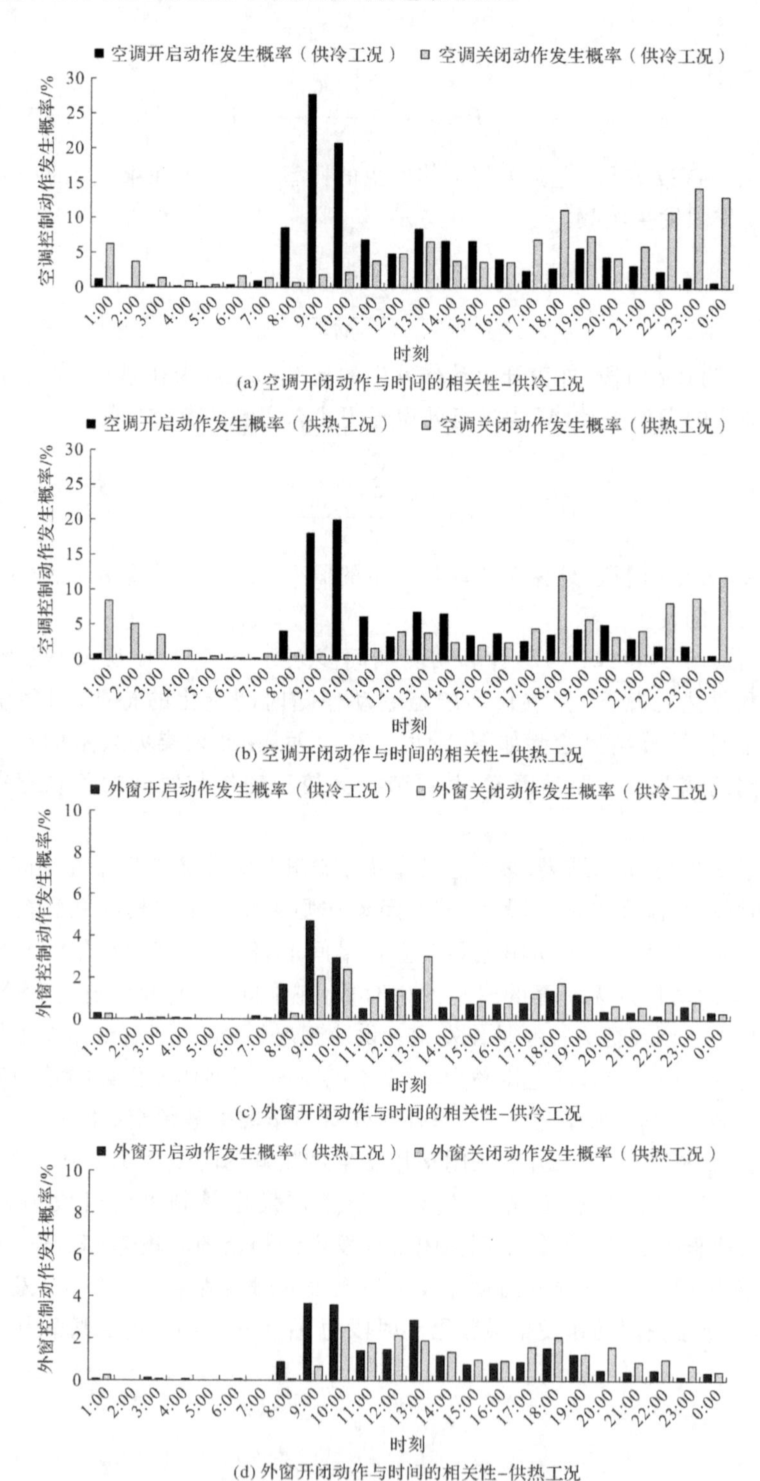

(a) 空调开闭动作与时间的相关性-供冷工况

(b) 空调开闭动作与时间的相关性-供热工况

(c) 外窗开闭动作与时间的相关性-供冷工况

(d) 外窗开闭动作与时间的相关性-供热工况

图 3-18　多人办公室调节行为控制动作随时间变化的特征

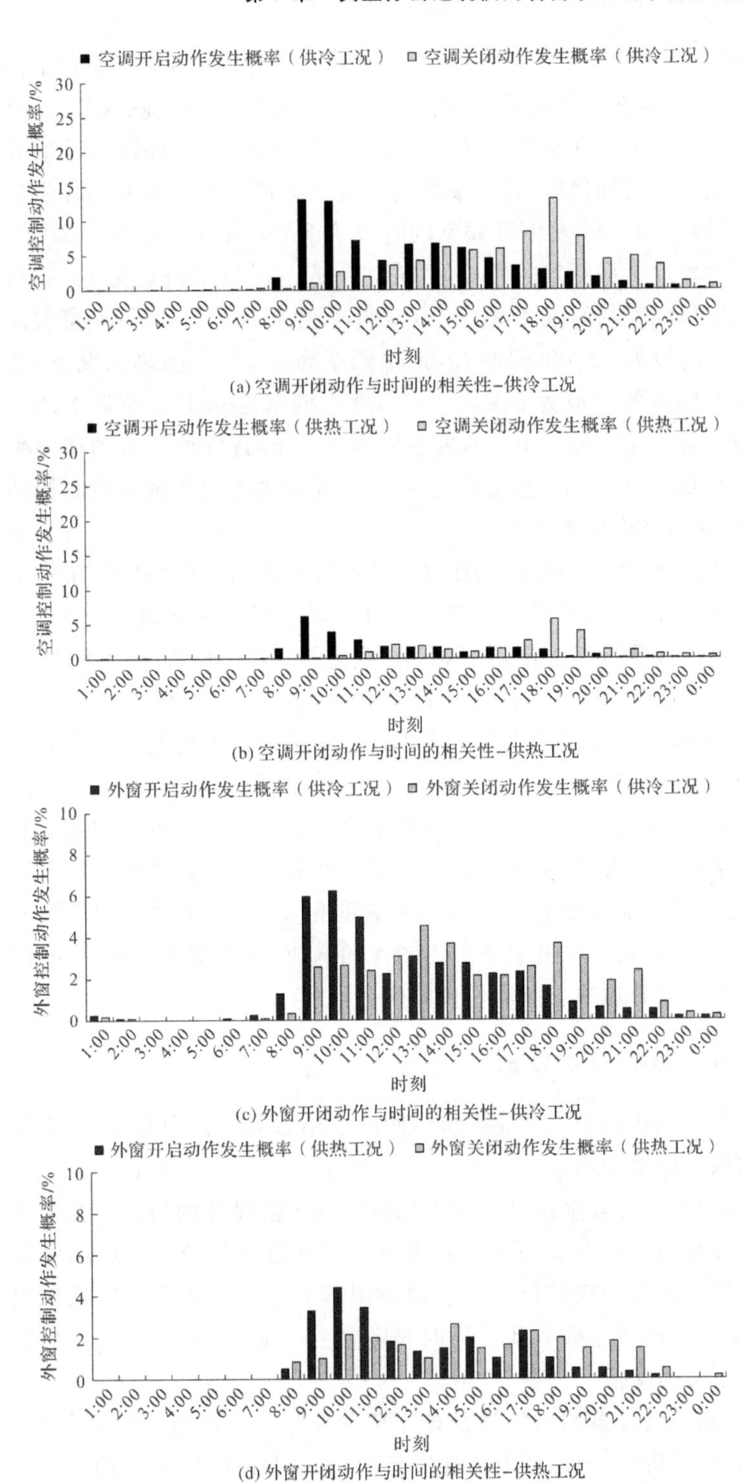

(a) 空调开闭动作与时间的相关性-供冷工况

(b) 空调开闭动作与时间的相关性-供热工况

(c) 外窗开闭动作与时间的相关性-供冷工况

(d) 外窗开闭动作与时间的相关性-供热工况

图 3-19　单/双人办公室调节行为控制动作随时间变化的特征

根据图 3-19 所示结果，单/双人办公室中空调开启动作主要在早间室内人员上班时段，其次在午休时段，空调关闭动作主要发生在傍晚人员下班时段；外窗开启动作主要发生在早间上班时段，其次是午休和傍晚时段，外窗关闭动作则主要发生在午间和傍晚时段；凌晨时段几乎无调节行为控制动作发生。供冷工况下，空调开启动作发生最频繁的时段为 8:00—9:00，发生概率为 13.0%；空调关闭动作发生最频繁的时段为 17:00—18:00，发生概率为 13.1%；外窗开启动作发生最频繁的时段为 9:00—10:00，发生概率为 6.2%；外窗关闭动作发生最频繁的时段为 12:00—13:00，发生概率为 4.5%。供热工况下，空调开启动作发生最频繁的时段为 8:00—9:00，发生概率为 6.1%；空调关闭动作发生最频繁的时段为 17:00—18:00，发生概率为 5.6%；外窗开启动作发生最频繁的时段为 9:00—10:00，发生概率为 4.4%；外窗关闭动作发生最频繁的时段为 13:00—14:00，发生概率为 2.6%。

综上所述，调节行为控制动作发生的高峰时段与室内“办公”事件的发生具有较强的相关性：空调开启动作和外窗开启动作频发的早间、午间乃至傍晚时段对应了室内人员早晨上班、午休后恢复上班以及开始加班的事件，空调关闭动作和外窗关闭动作多发的午间、傍晚和深夜时段则对应了室内人员开始午休、傍晚下班和加班结束的事件。多人办公室调节行为控制动作分布范围从早间 7:00 延续到次日凌晨 3:00，相比于单/双人办公室从早间 7:00 延续到夜间 22:00 的分布范围更为广泛，这也表现出多人办公室使用者在室时间长、而单/双人办公室使用者作息更为规律的特征。此外，针对样本建筑的实测结果表明，空调和外窗控制行为相互之间无显著的相关性，即实测期间空调开启动作发生时，不一定存在外窗开启或关闭动作的响应，同理空调关闭动作发生时，也不一定存在外窗开启或关闭动作的响应。

3.3.4 影响因素分析

上述对办公建筑不同功能类型房间的使用者调节行为与气候、室温和时间相关性的探讨结果表明：

(1)调节行为随着全年气候的变化而表现出阶段性的特征。其中外窗控制行为主要表现为过渡季节外窗开启概率高且开启时长较长，供冷、供热季节则外窗开启概率低且开启时长短。空调使用行为对气候变化的敏感性则更为鲜明，供冷季节空调使用概率及使用时长随室外气温上升而升高，供热季节则随室外气温下降而降低。

(2)受到实测方案的局限性及样本房间使用者实际行为特征的约束，调节行为控制动作仅在一定程度上表现出与室温的相关性，室温对调节行为的反馈作用并不显著。

(3)调节行为控制动作发生的高峰时段与室内人员开始和结束办公的时间相呼应,表现出明显的事件相关性。多人办公室与单/双人办公室中调节行为控制动作在全天时段不同的概率分布也表现出不同类型房间具有差异化的作息和行为特征。

综上所述,为了如实描述调节行为的特征,本书基于气候对调节行为的影响将全年划分为不同的阶段,并讨论各个阶段中调节行为的时间响应特征,反映调节行为的环境相关性和事件相关性,建立合理、简易、实用的调节行为随机预测模型。

3.4　本章小结

本章以夏热冬冷地区既有办公建筑的改造为例,为构建办公建筑的调节行为随机预测模型,展开了对实际建筑运行特征和使用者需求调研。

为了使样本建筑具有代表性,本章首先依照建筑类型学的方法分析获得了夏热冬冷地区既有办公建筑的典型特征,并在此基础上选取具有代表性的典型样本建筑作为主要研究对象。基于对样本建筑的长期实测,获得不同类型房间的室内热环境参数及使用者调节行为数据;基于对样本建筑使用者进行的问卷调研,获得室内人员的实时热感觉评价以及衣着情况。结合调研情况和PMV理论,沿用ASHRARE Standard 55—2017的热舒适评价方式,根据调研及实测结果拟合区域性服装热阻的全年分布,对杭州地区办公建筑使用者的热舒适性进行评价。根据调节行为的作用效果,验证调节行为对室内热环境以及能耗的显著影响。

根据实测结果,本章对样本建筑不同类型房间中使用者的调节行为特征进行分析,探究调节行为与宏观气候变化、室内热环境变化以及时间推移的关系,以此作为建立调节行为随机预测模型的基础。根据分析结果,气候的阶段性变化与时间变化对使用者调节行为具有显著的影响。

第4章 办公建筑调节行为随机预测模型构建

本章旨在基于循证设计的理论，建立符合办公建筑使用者实际行为特征的调节行为随机预测模型。根据对典型办公建筑进行“使用后评估”的结果，通过定量化的手段将调节行为特征及使用者需求反馈到建筑动态能耗模拟过程中，从而优化预测结果。

根据第3章研究分析结果，气候的阶段性变化与时间变化对使用者调节行为影响显著，本章在此研究基础上建立调节行为随机预测模型。此外，在调节行为随机预测模型的基础上，本章对空调使用以及外窗控制的耦合方式进行探究，为建筑运行阶段使用者调节行为的优化研究提供依据。

4.1 空调使用特征阶段划分

根据3.3.1节的研究结果，调节行为随着全年室外气候的季节性变化表现出显著的阶段性特征，在不同的阶段调节行为模式的构成存在差异性，这些差异在宏观上主要表现为空调的日开启概率及日平均开启时长、外窗的日开启概率及日平均开启时长。

由于空调使用行为对气候变化的敏感性相比于外窗控制行为更为显著，且本书把空调节能作为建筑优化目标之一，因此本节基于日空调开启概率及日平均空调开启时长两项参数随全年室外平均气温变化的情况，划分不同空调使用特征阶段，反映出调节行为的环境相关性，并作为室内人员在各个阶段的调节行为时间响应特征的研究基础。

4.1.1 室外气温与空调使用的关系

3.3.1节描述了多人办公室和单/双人办公室空调使用特征的全年分布情况，且两类办公室的空调使用特征在趋势上表现出高度的一致性。为了对具有相似室外气候特征及空调使用行为特征的时期进行统一研究，减少部分月份气候变化剧烈及样本数量有限对统计特征的准确性产生的不利影响，便于后续的定量分析研究，综合所有样本房间的相应实测参数，使用式(3-1)和式(3-2)分别计算办公类型房间的日空调开启概率和日平均空调开启时长，并结合 2016 年 7 月 1 日至 2018 年 9 月 10 日实测期间杭州市气象局玉泉站点所记录的全年室外日平均气温逐月变化情况，绘制图 4-1 和图 4-2。这两张图反映了办公室空调使用特征随室外日平均气温变化的情况。

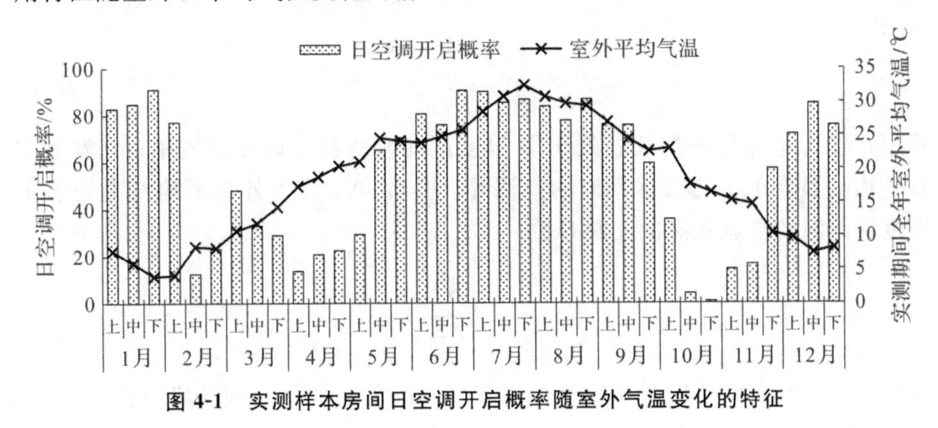

图 4-1　实测样本房间日空调开启概率随室外气温变化的特征

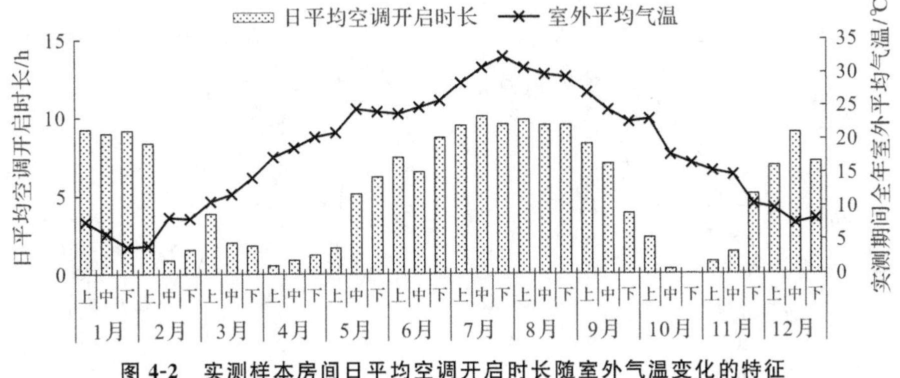

图 4-2　实测样本房间日平均空调开启时长随室外气温变化的特征

图 4-1 和图 4-2 表明日空调开启概率与日平均空调开启时长的全年分布特征表现出显著的一致性。此外，排除春节假日的影响，室外日气温的全年变化与空调使用特征存在明显的相关性：存在某一临界值，当室外日平均气温高于临界值时，认为处于空调供冷阶段，日空调开启概率及日平均空调开启时长与日平均气温正相关；当室外日平均气温低于临界值时，认为处于空调供热阶段，日空调开启概率及日平均空调开启时长与日平均气温负相关；室外日平均气温等于该临界值时，空调的使用概率最低，开启时长最短。

根据实测期间的实际空调使用情况，结合实测期间实地调研的结果，样本建筑的分体式空调通常在 5 月上旬至 9 月下旬用于供冷，11 月上旬至 3 月下旬用于供热。4 月和 10 月气温波动频繁且各实测年同期气候特征不统一，空调的具体使用情况受实际室外环境特征影响确定。

基于实测数据分析所得不同类型样本房间的空调使用情况，分别对供热阶段和供冷阶段下的空调使用特征进行研究。分别采用式(4-1)和式(4-2)，以1℃为单位间隔，分温度区间逐日统计不同类型房间的日空调开启概率和日平均空调开启时长受室外日平均气温影响的变化情况，并绘制图表，如图4-3和图4-4所示。

$$P_T=\frac{n_T}{N_T} \tag{4-1}$$

式中，P_T 为室外日平均气温处于 T 温度区间时的日空调开启概率；n_T 为室外日平均气温处于 T 温度区间时的空调开启日数；N_T 为室外日平均气温处于 T 温度区间时的空调状态的实测日数。

$$L_T=\frac{\sum_{i=1}^{N_T} l_i}{N_T} \tag{4-2}$$

式中，L_T 为室外日平均气温处于 T 温度区间时的日平均空调开启时长；l_i 为第 i 个实测日的空调开启时长。

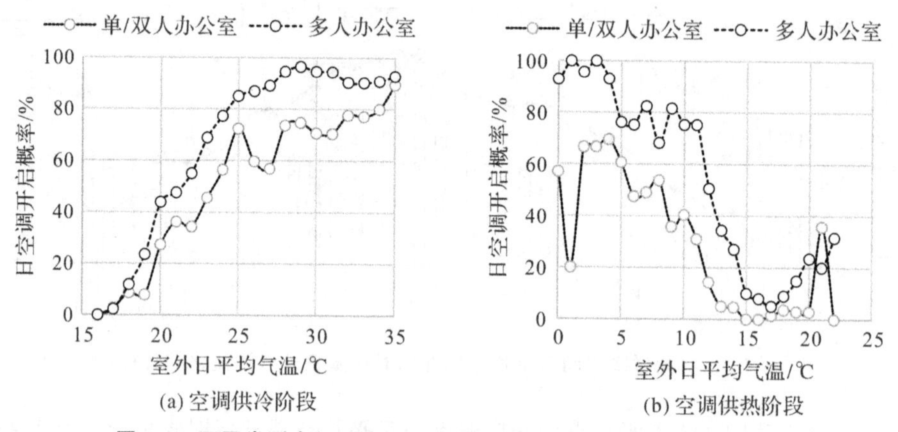

图4-3 不同类型房间日空调开启概率与室外日平均气温的相关性

根据统计结果，空调使用频率与使用时长与室外气温均具有显著的相关性：供冷工况下，空调开启概率及使用时长随室外气温呈正相关，供热工况下则呈负相关。而由于过冷或过热的极端天气情况下的实测日获取的样本数量有限，剔除这部分样本，使用式(4-1)和式(4-2)对所有样本房间进行综合计算，绘制空调日开启概率及日平均空调开启时长随室外日平均气温的变化情况并拟合两者之间的函数关系，如图4-5和图4-6所示。

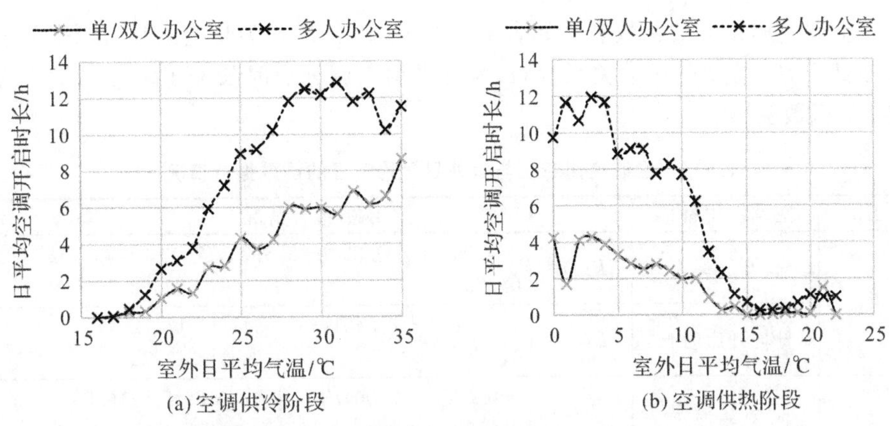

图 4-4　不同类型房间日平均空调开启时长与室外日平均气温的相关性

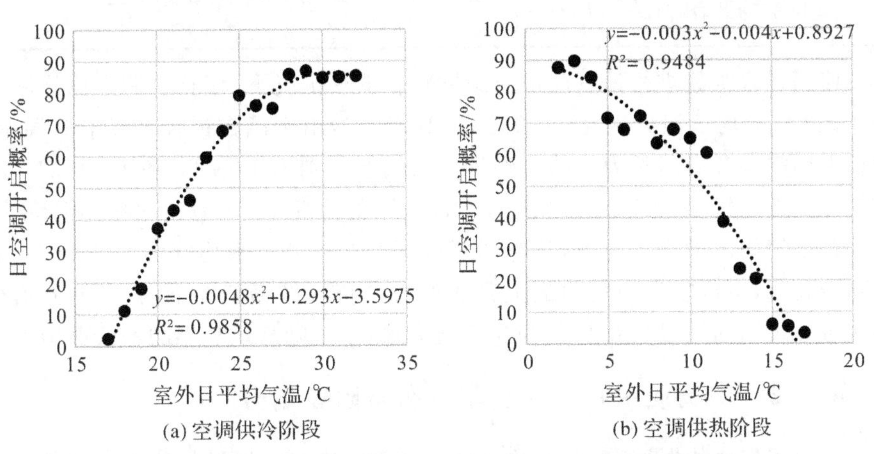

图 4-5　样本房间日空调开启概率与室外日平均气温的拟合关系

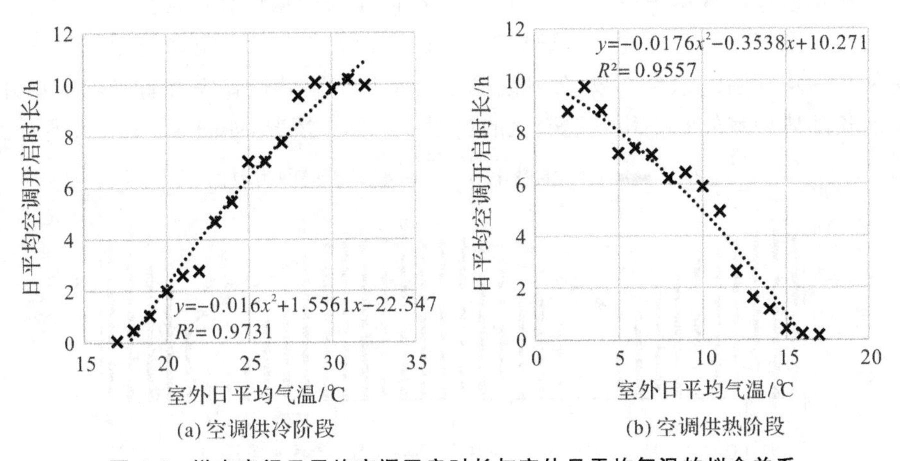

图 4-6　样本房间日平均空调开启时长与室外日平均气温的拟合关系

空调使用特征的函数表达如表4-1所示，其中$P(t)$为日空调开启概率关于室外日平均气温t的函数关系；$L(t)$为日平均空调开启时长关于室外日平均气温t的函数关系。

表4-1　空调使用特征与室外日平均气温的函数拟合情况

工况	空调使用特征	函数拟合情况
供冷	日开启概率	$P(t)=\begin{cases}-0.0048t^2+0.293t-3.5975, & 17.03\leqslant t\leqslant 30.52\\ 0.8738, & t>30.52\end{cases}$
	日均开启时长	$L(t)=\begin{cases}-0.016t^2+1.5561t-22.547, & t\geqslant 17.72\\ 0, & t<17.72\end{cases}$
供热	日开启概率	$P(t)=\begin{cases}-0.003t^2-0.004t+0.8927, & 0.89\leqslant t\leqslant 16.59\\ 0.9509, & t<0.89\end{cases}$
	日均开启时长	$L(t)=\begin{cases}-0.0176t^2-0.3538t+10.271, & t\leqslant 16.11\\ 0, & t>16.11\end{cases}$

使用拟合函数进行计算获得空调供冷和供热工况下，使日空调开启概率为0的室外日平均气温分别为17.03℃和16.59℃，由于函数拟合过程中的误差，使日平均空调开启时长为0的室外日平均气温分别为17.72℃和16.11℃。因此室外日平均气温t满足$16.11<t<17.72$℃的情况下，认为到达临界温度，预测空调不使用。供冷工况下，日空调开启概率在室外日平均气温为30.52℃时达到最大值，不再随日均气温的上升而增大；同理，供热工况下，日空调开启概率在室外日平均气温为0.89℃时达到最大值，不再随日均气温的降低而增大。

4.1.2　空调使用特征的全年分布与阶段划分

从中国气象数据网[149]获取的由国家气象信息中心提供的杭州市气象站点地面累年值日值数据集(1981—2010年)，可以作为依据计算获得室外日平均气温的全年推移情况。以此为典型年参考值，结合表4-1所示空调使用特征关于室外日平均气温的拟合函数，分别绘制办公室日空调开启概率和日平均空调开启时长随典型室外日平均气温变化的典型全年分布情况，如图4-7和4-8所示。

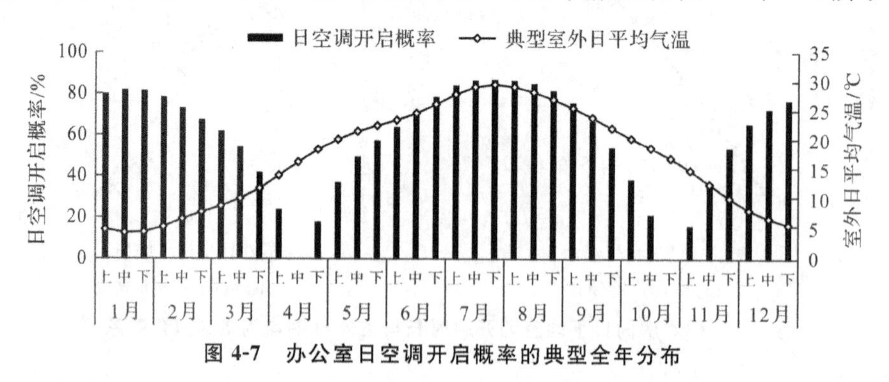

图4-7　办公室日空调开启概率的典型全年分布

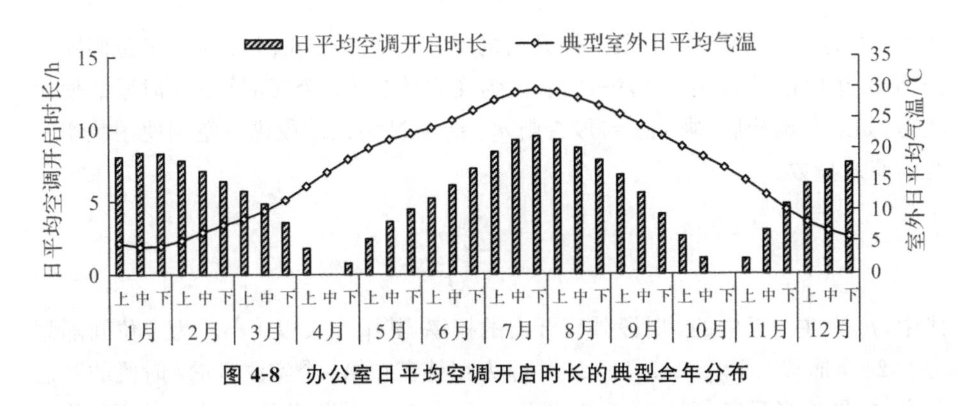

图 4-8　办公室日平均空调开启时长的典型全年分布

图 4-7 和图 4-8 所示的办公室典型空调使用特征预测结果，在整体趋势上呈现出与实测结果相似的趋势。典型气候影响下，使用分体式空调的办公建筑供冷阶段从 4 月下旬持续到 10 月中旬，供热阶段从 11 月上旬持续到 4 月上旬。结合图 4-1 和图 4-2 所反映的办公室室内人员实际使用空调的开启概率及开启时长的分段特征，划分典型空调使用特征阶段，如表 4-2 所示。

表 4-2　典型空调使用特征阶段划分

空调使用特征阶段	持续日期	室外日平均气温/℃	日空调开启概率/%	日平均空调开启时长/h
盛夏	6.21—9.10	27.88	83.1	8.37
初夏与夏末	5.11—6.20，9.11—9.30	23.10	60.4	4.84
春末与秋初	4.21—5.10，10.1—10.20	19.50	28.8	1.70
过渡	4.11—4.20，10.21—10.31	16.71	0	0
秋末与春初	3.21—4.10，11.1—11.20	13.41	29.6	2.34
初冬与冬末	2.11—3.20，11.21—12.10	8.70	62.6	5.84
严冬	12.11—2.10	5.31	78.5	7.88

以表 4-2 划分的空调使用特征阶段作为依据，研究不同类型房间室内人员的阶段性调节行为的时移特征及行为模式构成。

4.1.3　调节行为状态的阶段性时移特征

为了验证 4.1.2 节中划分的空调使用特征阶段的合理性，分别使用式(4-3)和式(4-4)计算多人办公室和单/双人办公室在不同特征阶段的空调和外窗的逐时开启概率。

$$P_t = \frac{\sum_{i=1}^{N} n_{i,t}}{N} \tag{4-3}$$

式中，P_t 为在一天中的 t 时段空调开启的概率，其中一天以 1 小时为单位间隔划分为 24 个时段，即 $t=1,2,\cdots,24$；$n_{i,t}$ 为在空调在第 i 个实测日的 t 时段的使用状态，如果空调开启，则 $n_{i,t}=1$，否则 $n_{i,t}=0$；N 为该阶段进行空调使用状态实测的有效日数。

$$p_t=\frac{\sum_{i=1}^{M}m_{i,t}}{M} \tag{4-4}$$

式中，p_t 为在一天中的 t 时段外窗开启的概率，其中一天以 1 小时为单位间隔划分为 24 个时段，即 $t=1,2,\cdots,24$；$m_{i,t}$ 为在外窗在第 i 个实测日的 t 时段的开启状态，如果外窗开启，则 $m_{i,t}=1$，否则 $m_{i,t}=0$；M 为该阶段进行外窗开启状态实测的有效日数。

分别绘制多人办公室在供冷和供热工况的不同特征阶段，空调和外窗逐时开启概率，如图 4-9 和图 4-10 所示。

根据图 4-9 所示结果，多人办公室在供冷工况下，空调使用概率在从盛夏到春末与秋初的三个阶段呈递减趋势，外窗开启概率则反之呈递增趋势。盛夏阶段，9:00—22:00 是空调使用的高峰时段，使用概率保持在 60%以上，最高可达 81.8%(15:00—16:00)；外窗开启概率则全天稳定维持在 30%左右。初夏与夏末阶段，9:00—22:00 是空调使用的高峰时段，使用概率保持在 40%以上，最高可达 60.7%(15:00—16:00)；外窗开启概率则全天维持在 40%左右，9:00—14:00时段开启概率相对较高，最高可达 47.8%。春末与秋初阶段，空调开启概率维持在 20%以下的水平，12:00—18:00 时段开启概率相对较高，最高可达19.0%；外窗开启概率则全天维持在 50%左右，9:00—17:00 时段开启概率相对较高，最高可达 59.5%。

根据图 4-10 所示结果，多人办公室在供热工况下，空调使用概率在从严冬到秋末与春初的三个阶段呈递减趋势，外窗开启概率则反之呈递增趋势。严冬阶段，9:00—22:00 是空调使用的高峰时段，使用概率保持在 60%以上，最高可达 79.2%(15:00—16:00)；外窗开启概率则全天稳定维持在 20%左右。初冬与冬末阶段，10:00—22:00 是空调使用的高峰时段，使用概率维持在 30%左右，最高可达 35.8%(16:00—17:00)；外窗开启概率则全天维持在 25%左右，9:00—18:00 时段开启概率相对较高，最高可达 30.3%。秋末与春初阶段，空调开启概率维持在 15%以下的水平，12:00—23:00 时段开启概率相对较高，最高可达 12.9%；外窗开启概率则全天维持在 40%左右，8:00—20:00 时段开启概率相对较高，最高可达 46.8%。

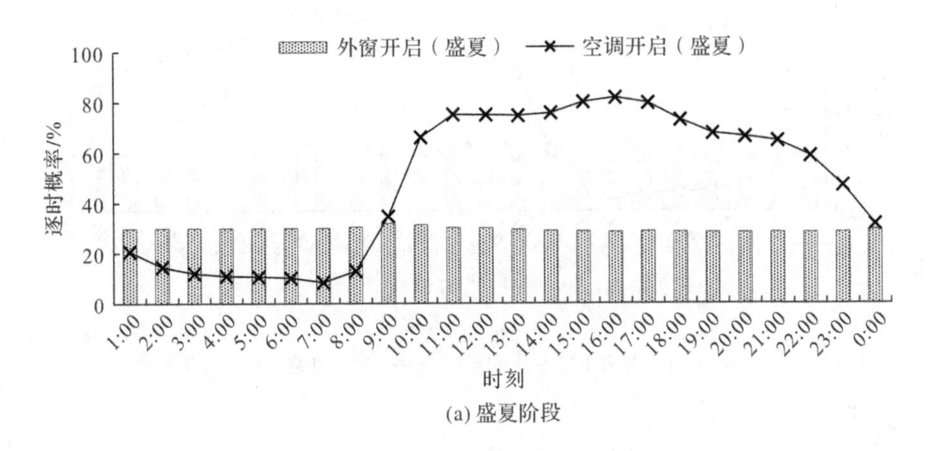

(a) 盛夏阶段

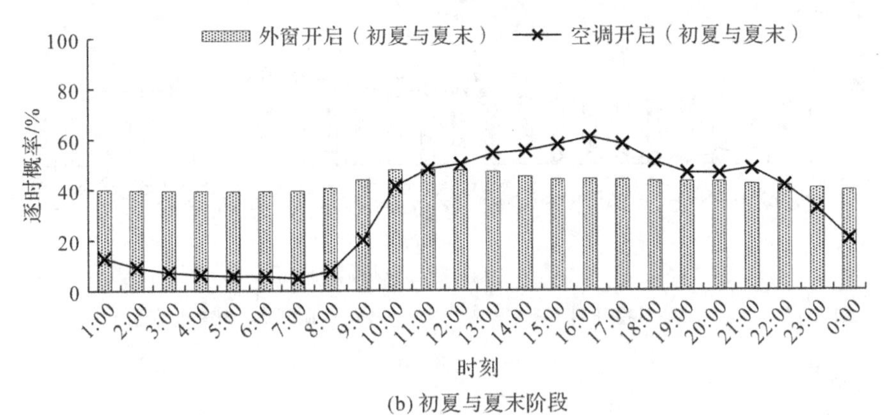

(b) 初夏与夏末阶段

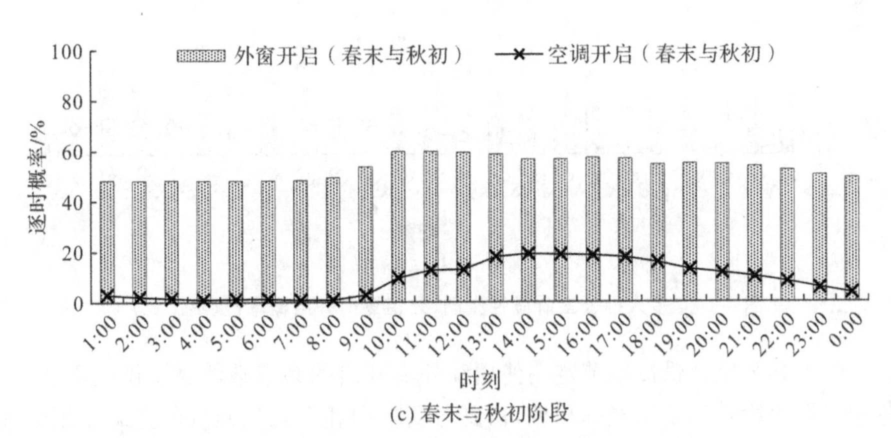

(c) 春末与秋初阶段

图 4-9　多人办公室阶段性空调、外窗逐时开启概率(供冷工况)

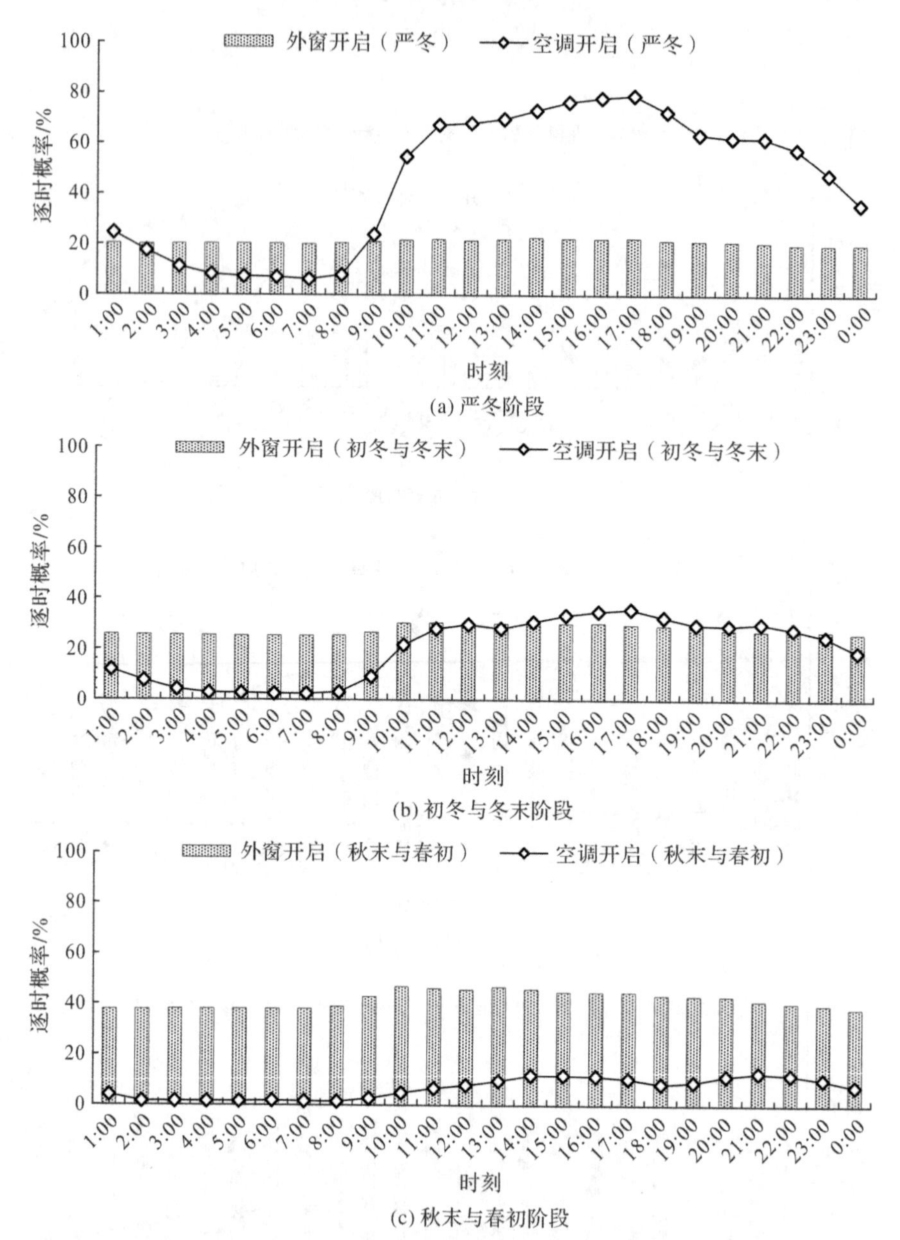

图 4-10　多人办公室阶段性空调、外窗逐时开启概率(供热工况)

多人办公室在供冷季节空调使用和外窗开启的频率整体高于供热季节，严冬和盛夏阶段空调使用概率相近，初夏与夏末和春末与秋初阶段空调使用概率则明显高于初冬与冬末和秋末与春初阶段。

绘制单/双人办公室分别在供冷和供热工况的不同特征阶段，空调和外窗逐时开启概率，如图 4-11 和图 4-12 所示。

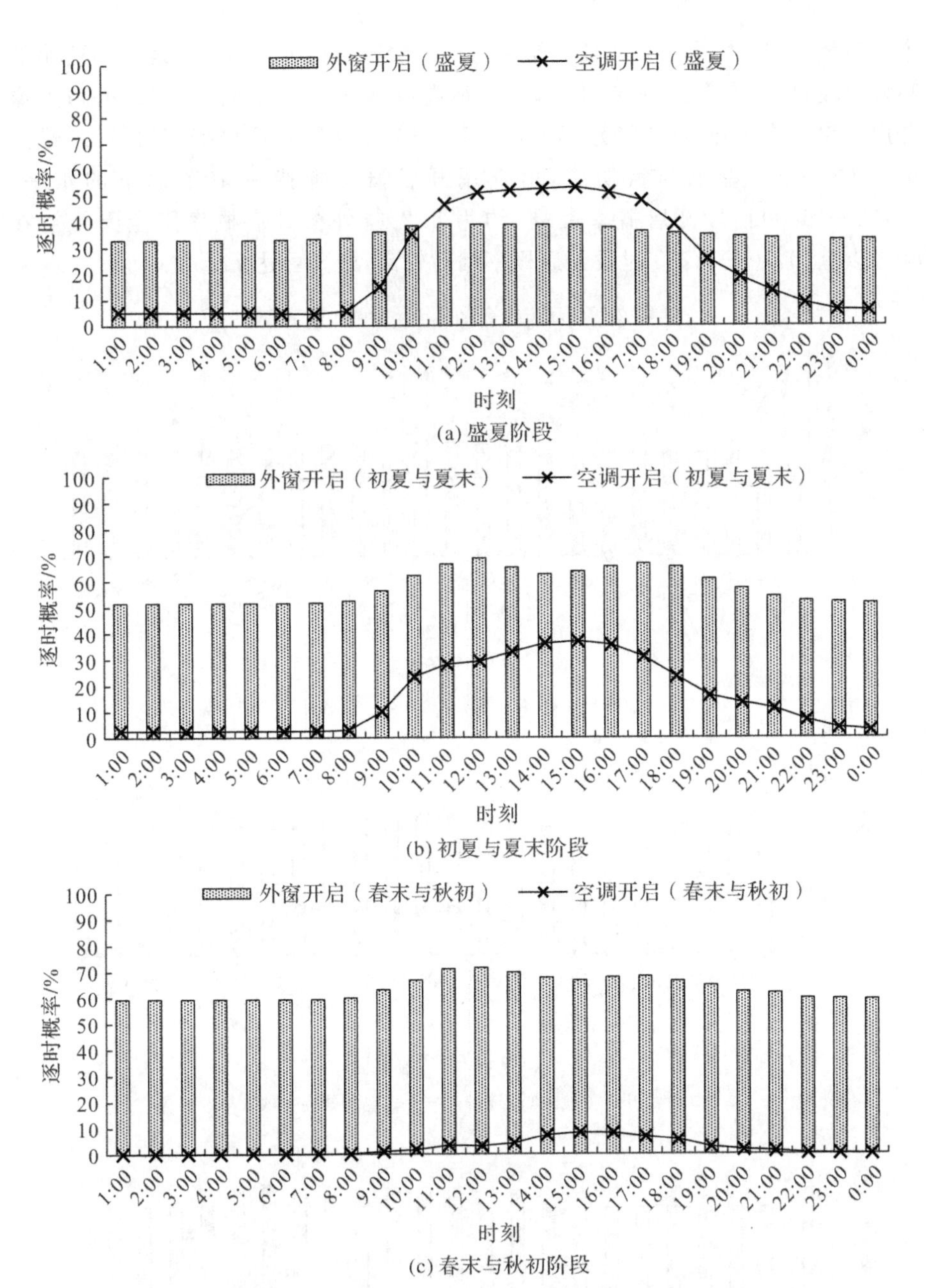

(a) 盛夏阶段

(b) 初夏与夏末阶段

(c) 春末与秋初阶段

图 4-11　单/双人办公室阶段性空调、外窗逐时开启概率(供冷工况)

根据图 4-11 所示结果,单/双办公室在供冷工况下,空调使用概率在从盛夏到春末与秋初的三个阶段呈递减趋势,外窗开启概率则反之呈递增趋势。盛夏阶段,10:00—17:00 是空调使用的高峰时段,使用概率保持在 45%以上,最高可达 52.9%;外窗开启概率则全天维持在 35%左右,9:00—16:00 时段开启概率相对较高,最高可达 38.9%。初夏与夏末阶段,10:00—17:00 是空调使用的高峰时段,使用概率保持在 25%以上,最高可达 36.8%(14:00—15:00);外窗开启概率则全天维持在 50%以上,9:00—19:00 时段开启概率相对较高,最高可达 68.8%。春末与秋初阶段,空调开启概率维持在 10%以下的水平,14:00—16:00 时段开启概率最高,约为 8.2%;外窗开启概率则全天维持在 60%以上,9:00—18:00 时段开启概率相对较高,最高可达 71.5%。

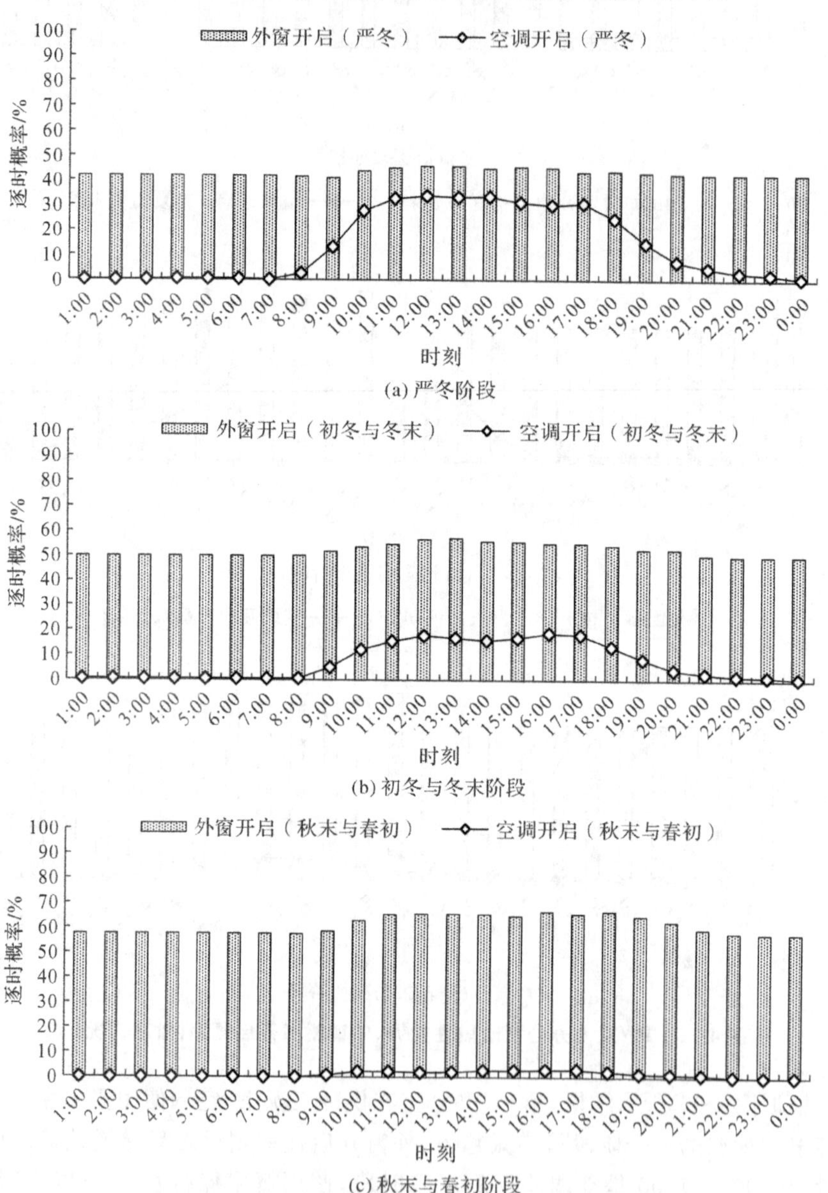

图 4-12 单/双人办公室阶段性空调、外窗逐时开启概率(供热工况)

根据图 4-12 所示结果，单/双人办公室在供热工况下，空调使用概率在从严冬到秋末与春初的三个阶段呈递减趋势，外窗开启概率则反之呈递增趋势。严冬阶段，10:00—17:00 是空调使用的高峰时段，使用概率保持在 30%以上，最高可达 33.8%；外窗开启概率则全天稳定维持在 40%以上，10:00—16:00 时段开启概率相对较高，最高可达 45.8%。初冬与冬末阶段，10:00—17:00 是空调使用的高峰时段，使用概率保持在 15%以上，最高可达 18.8%；外窗开启概率则全天维持在 50%以上，9:00—18:00 时段开启概率相对较高，最高可达 55.8%。秋末与春初阶段，空调开启概率维持在 5%以下的水平；外窗开启概率则全天保持在 57%以上，9:00—20:00 时段开启概率相对较高，最高可达 66.8%。

单/双人办公室在供冷季节的盛夏、初夏与夏末和春末与秋初阶段的空调使用频率分别显著高于供热季节的严冬、初冬与冬末和秋末与春初阶段；盛夏外窗开启概率低于严冬外窗开启概率，初夏与夏末和春末与秋初阶段的外窗开启概率则与初冬与冬末和秋末与春初阶段相近。

综上所述，多人办公室和单/双人办公室的空调使用和外窗开启特征存在差异性，并且控制空调开关的行为较为频繁，从而导致空调逐时开启概率波动范围较大，而空调外窗开闭的行为则发生频率较低，从而导致外窗逐时开启概率波动的范围有限。而两类房间各自在不同特征阶段的空调使用和外窗开启特征分别与其他阶段具有显著的差异性，且差异的表现符合极端天气空调使用频率高但外窗开启频率低以及过渡天气空调使用频率低但外窗开启频率高的规律。因此，4.1.2 节中划分的空调使用阶段具有合理性，同时也反映了调节行为的环境相关性，并为室内人员在各个阶段的调节行为时间响应特征研究提供依据。

4.2　调节行为典型模式提炼

基于本书划分的空调使用特征阶段，本节对室外环境特征相似的时期中的不同类型房间进行使用者调节行为模式提炼，并使用典型时间表及其对应的发生概率进行定量化描述。调节行为典型时间表作为逐日调节行为的决策单元，是调节行为随机预测模型的重要构成部分。

4.2.1　调节行为时间分布特征

根据 2.1.1 节所述研究方法，排除非空调开启日，根据所有空调开启日中的空调运行时间的全天分布特征，将供冷、供热工况下的日空调使用行为通过 k-means 聚类的方法，概括为 6 种具有代表性、典型性以及相互之间差异性的空调运行模式，使用式(4-3)计算各个空调运行典型模式的逐时空调开启概率并绘制，如图 4-13 所示；同理，排除非外窗开启日，根据所有外窗开启日中的外窗开启时间的全天分布特征，使用式(4-4)计算各个外窗开启典型模式的逐时外窗开启概率并绘制，如图 4-14 所示。

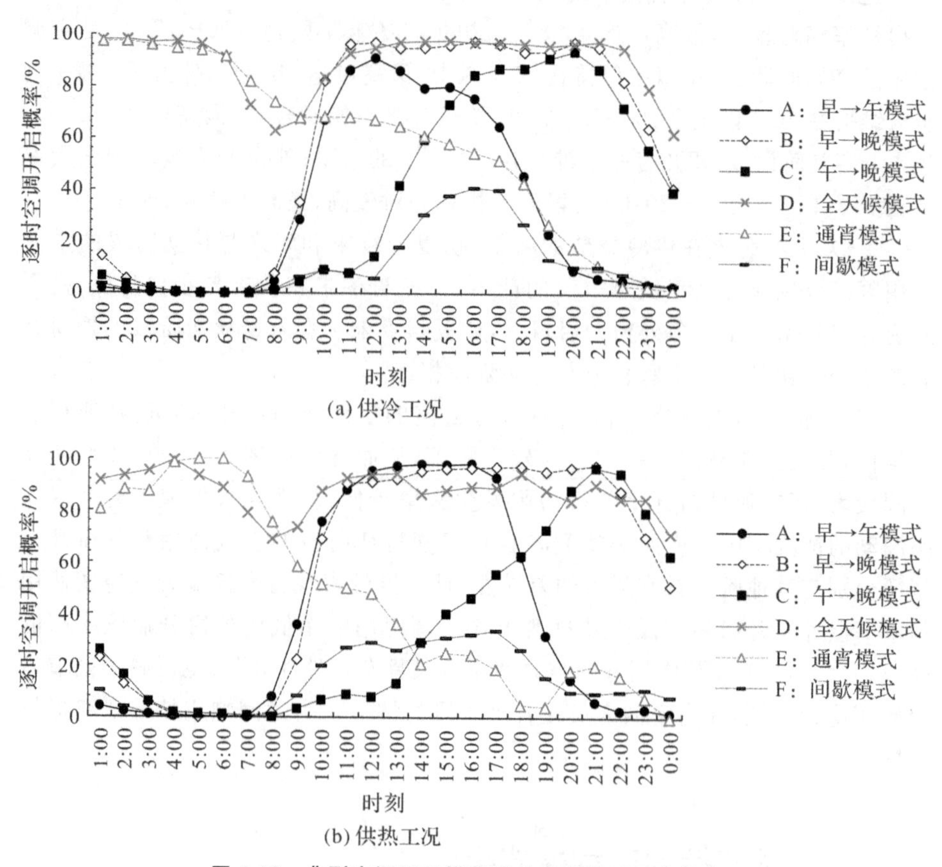

(a) 供冷工况

(b) 供热工况

图 4-13　典型空调运行模式下的空调逐时开启概率

本书将样本办公建筑的调节行为分为 6 种典型行为模式，分别用 A、B、C、D、E、F 表示。A 模式为“早→午模式”，该模式下，空调、外窗在上午时段开启，在下午时段关闭，空调运行和外窗开启的高峰时段主要集中在 9:00—18:00。B 模式为“早→晚模式”，该模式下，空调、外窗在上午时段开启，在夜晚时段关闭，空调运行的高峰时段主要集中在 9:00—23:00，外窗开启则主要集中在 9:00—24:00。C 模式为“午→晚模式”，该模式下，空调、外窗在下午时段开启，在夜晚时段关闭，空调运行的高峰时段在供冷工况下主要集中在 13:00—23:00，在供热工况下主要集中在 16:00—24:00，外窗开启主要集中在 16:00—24:00。D 模式为“全天候模式”，该模式下，空调、外窗全天持续开启或长时间保持开启

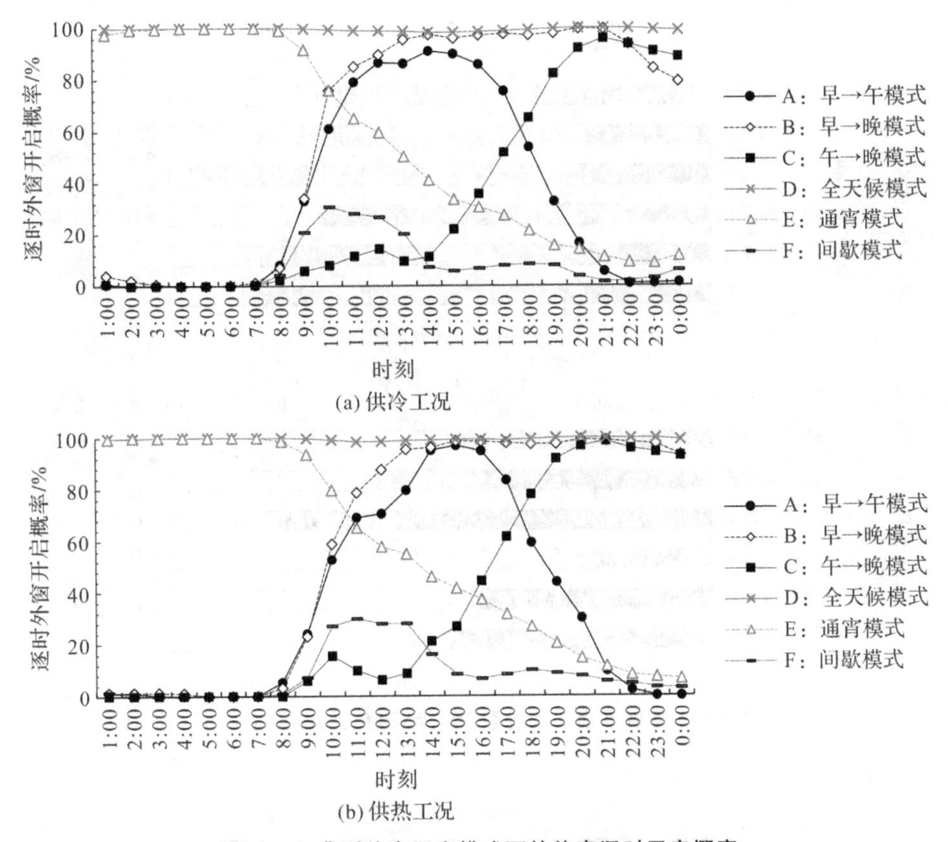

(a) 供冷工况

(b) 供热工况

图 4-14　典型外窗开启模式下的外窗逐时开启概率

状态。E 模式为“通宵模式”，该模式下，空调、外窗开启动作通常发生在前一日，空调运行的高峰时段集中在 0：00—7：00，7：00 后空调开启概率逐时下降，外窗开启的高峰时段集中在 0：00—9：00，9：00 后空调开启概率逐时下降。F 模式为“间歇模式”，该模式下，空调、外窗单次开启时长较短，且在一天中的分布无显著的规律性。

在上述典型调节行为模式中，A～E 模式主要描述了连续的空调使用及外窗开启状态，与室内人员长时间在室的作息行为具有较高的一致性，反映了调节行为的事件相关性。F 模式描述了间歇式的空调使用及外窗开启状态，一方面呼应了室内人员短时间在室的作息行为，另一方面也表现出室内人员长时间在室过程中适应和调节室内热湿环境的主观能动性，反映了调节行为的环境相关性。

基于 4.1.2 节对空调使用特征阶段的划分结果，供冷、供热工况下，不同类型房间在空调开启日的空调运行模式及外窗开启日的外窗开启模式在不同阶段的分布如图 4-15 和图 4-16 所示。不同类型房间在不同的特征阶段，调节行为模式的分布有显著的差异。

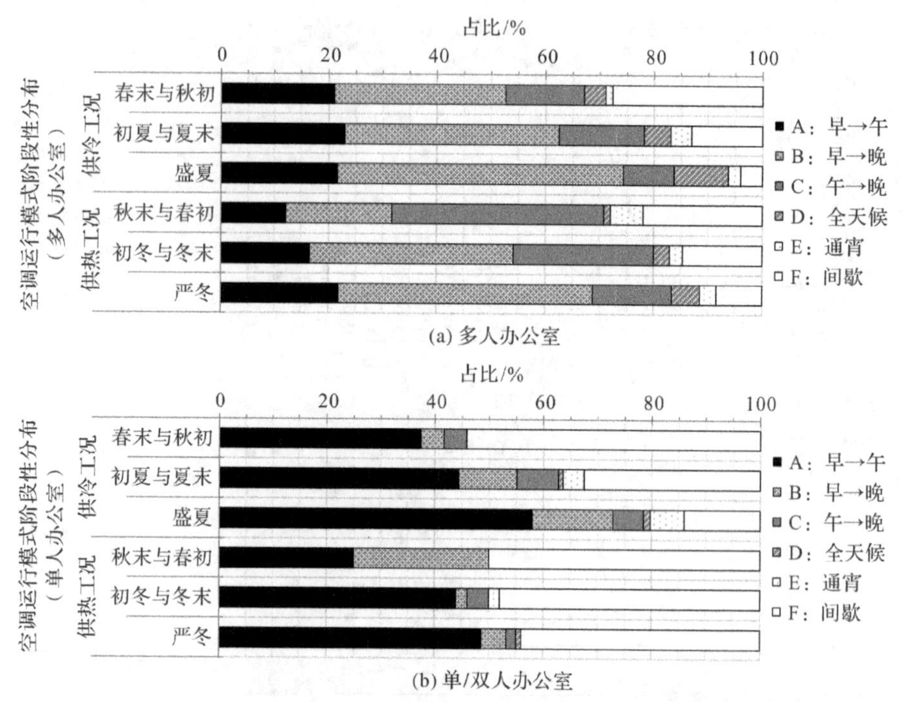

(a) 多人办公室

(b) 单/双人办公室

图 4-15　空调开启日中典型空调运行模式的阶段性分布

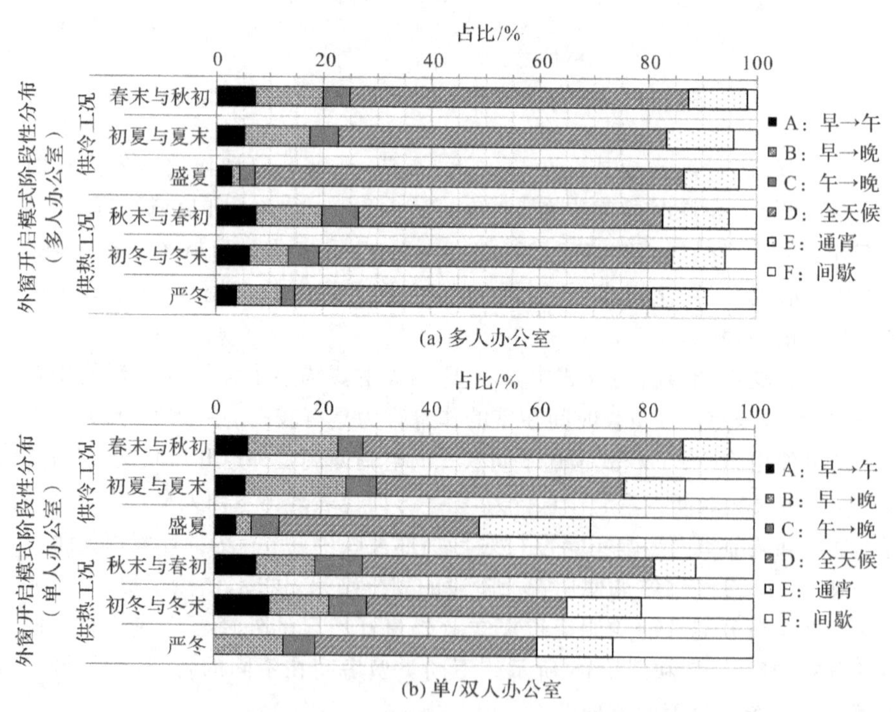

(a) 多人办公室

(b) 单/双人办公室

图 4-16　外窗开启日中典型外窗开启行为模式的阶段性分布

在多人办公室的空调开启日，供冷工况下室外温度越高以及供热工况下室外温度越低的情况下，典型空调运行模式中表示从上午持续运行到夜晚的 B 模式占比越高，即全天空调运行与室内人员作息同步、规律性更为显著，反之则 F 模式的占比越高，即空调短期使用的比重提升、随机性更为显著。在单/双人办公室的空调开启日，供冷工况下室外温度越高以及供热工况下室外温度越低的情况下，典型空调运行模式中表示从上午持续运行到下午的 A 模式占比越高，反之 F 模式占比越高。单/双人办公室与多人办公室相比，间歇式运行的 F 模式占据了更大的比重，这是由该类房间室内人数较少且人员在室时间规律性较弱导致的，空调使用行为受到人员流动性的影响更为显著。

在多人办公室的外窗开启日，供冷工况下室外温度越高以及供热工况下室外温度越低的情况下，典型外窗开启模式中表示从上午持续到下午、从上午持续到晚间以及从下午持续到晚间的 A、B、C 模式占比越高，即全天空调运行与室内人员作息同步、规律性更为显著；外窗全天候开启的 D 模式在全年各个特征阶段的占比都超过了 55%。对单/双人办公室的外窗开启日，供冷工况下室外温度越高以及供热工况下室外温度越低的情况下，典型外窗开启模式中表示间歇式开启的 F 模式占比越高，反之则表示外窗全天候开启的 D 模式占比越高。对两类房间，表示外窗全天候开启的 D 模式都占据了相当大的比重，这一现象一方面呼应了外窗控制行为发生概率较低的特征，即开启或关闭外窗后在很长的时间里不再度对外窗的开启状态进行改变，同时也反映出样本建筑中使用者实际调节行为存在的不合理性，外窗与空调长时间同时开启的情况时有发生。

4.2.2　调节行为典型时间表提炼

4.2.1 节概括的 6 种调节行为模式描述了空调使用和外窗开启行为在全天的时间分布特征，每种模式都涵盖了多种调节行为的起止时间点，因此用单一时间表描述某一模式下的调节行为，不能充分体现实际调节行为随机的特征。而如果根据图 4-13 和 4-14 所示的各个空调和外窗典型模式下的开启概率，使用蒙特卡罗方法对逐时开启状态进行决策，在多次随机执行的过程中会出现不能如实反映调节行为持续特征的时间表。因此，为了如实反映实际调节行为的多样性、随机性及持续性的特征，本书根据 2.1.1 节所述方法，采用 *k*-means 聚类分析法提炼不同空调运行模式下的典型空调运行时间表以及不同外窗开启模式下的典型外窗开启时间表，作为逐日调节行为的决策单元。基于样本建筑实测结果，分别提炼多人办公室和单/双人办公室在各个空调使用特征阶段的空调运行典型时间表，如图 4-17 和图 4-18 所示，提炼外窗开启典型时间表如图 4-19 和图 4-20 所示。

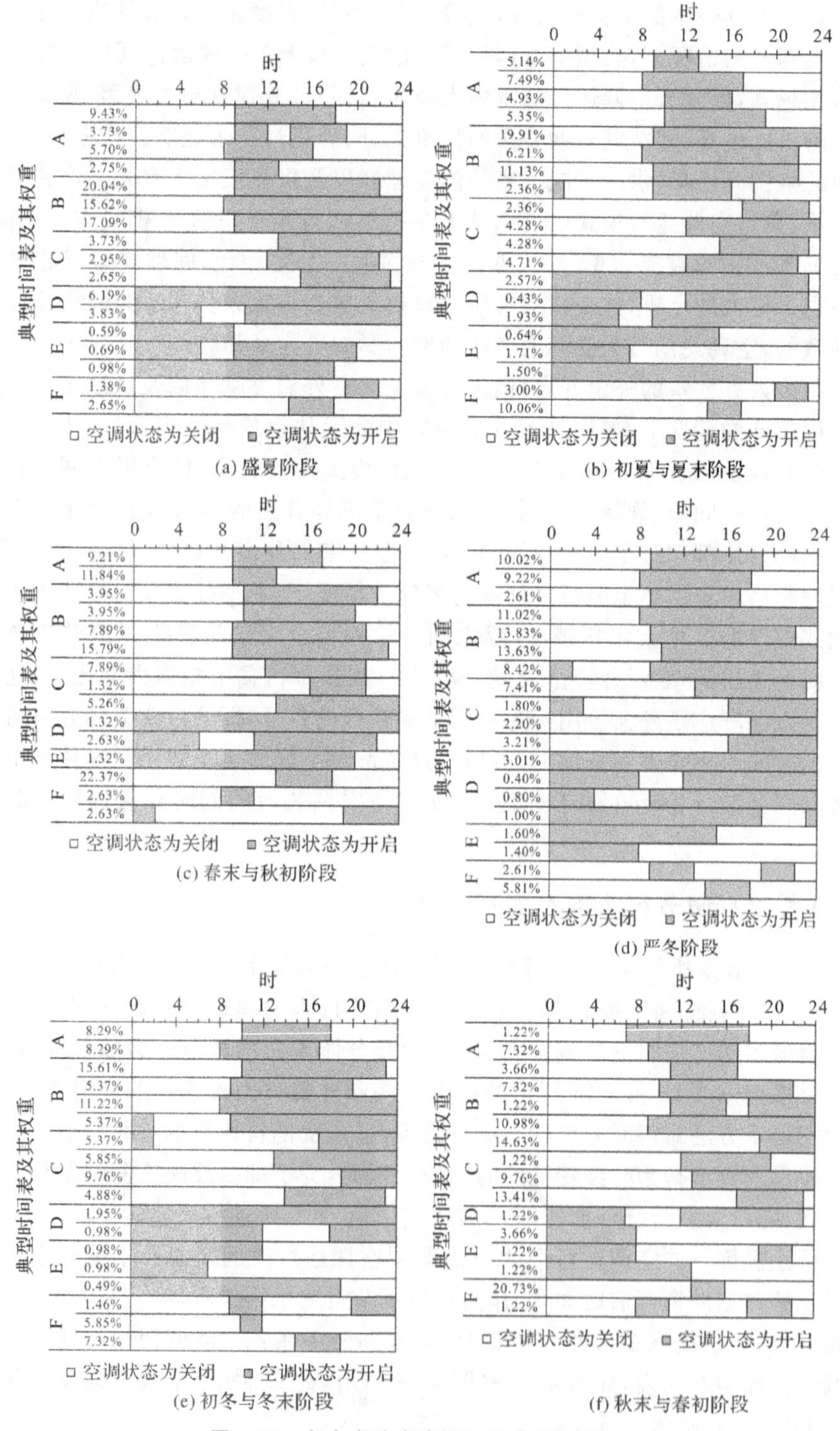

图 4-17　多人办公室空调运行典型时间表

根据图 4-17,以盛夏阶段多人办公室的空调运行典型时间表为例,对空调运行时间从上午持续到下午的 A 模式可进一步提炼出 4 种不同的典型时间表:9:00—18:00 持续运行、9:00—19:00 时段除 12:00—14:00 以外持续运行、8:00—16:00 持续运行、9:00—13:00 持续运行,发生概率分别为 9.43%、3.73%、5.70%、2.75%,同理对盛夏阶段的 B~F 模式进行典型时间表及相应发生概率的提炼,进而对多人办公室在其他空调使用特征阶段的空调运行典型时间表及其对应发生概率进行提炼。

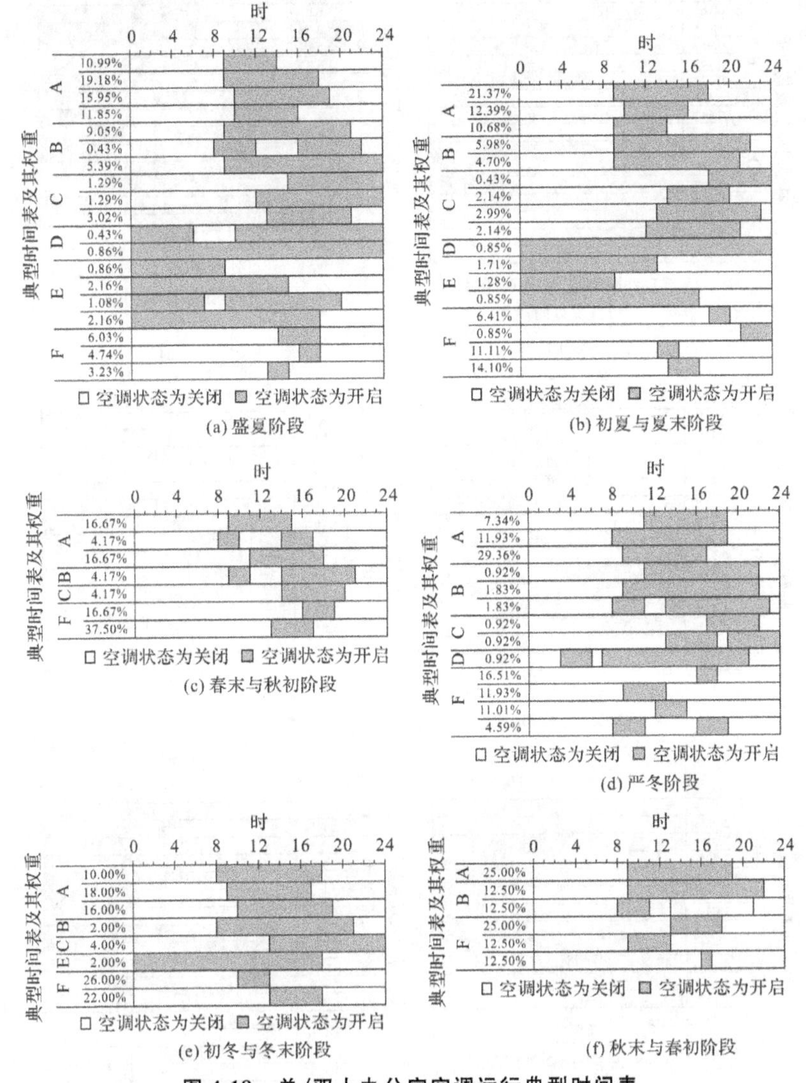

图 4-18　单/双人办公室空调运行典型时间表

根据图 4-18,以盛夏阶段单/双人办公室的空调运行典型时间表为例,对空调运行时间从上午持续到下午的 A 模式可进一步提炼出 4 种不同的典型时间

表:9:00—14:00 持续运行、9:00—18:00 持续运行、10:00—17:00 持续运行、10:00—16:00 持续运行,发生概率分别为 10.99%、19.18%、15.95%、11.85%,同理对盛夏阶段的 B~F 模式进行典型时间表及其相应发生概率的提炼,进而对单/双人办公室在其他空调使用特征阶段的空调运行典型时间表及其对应发生概率进行提炼。

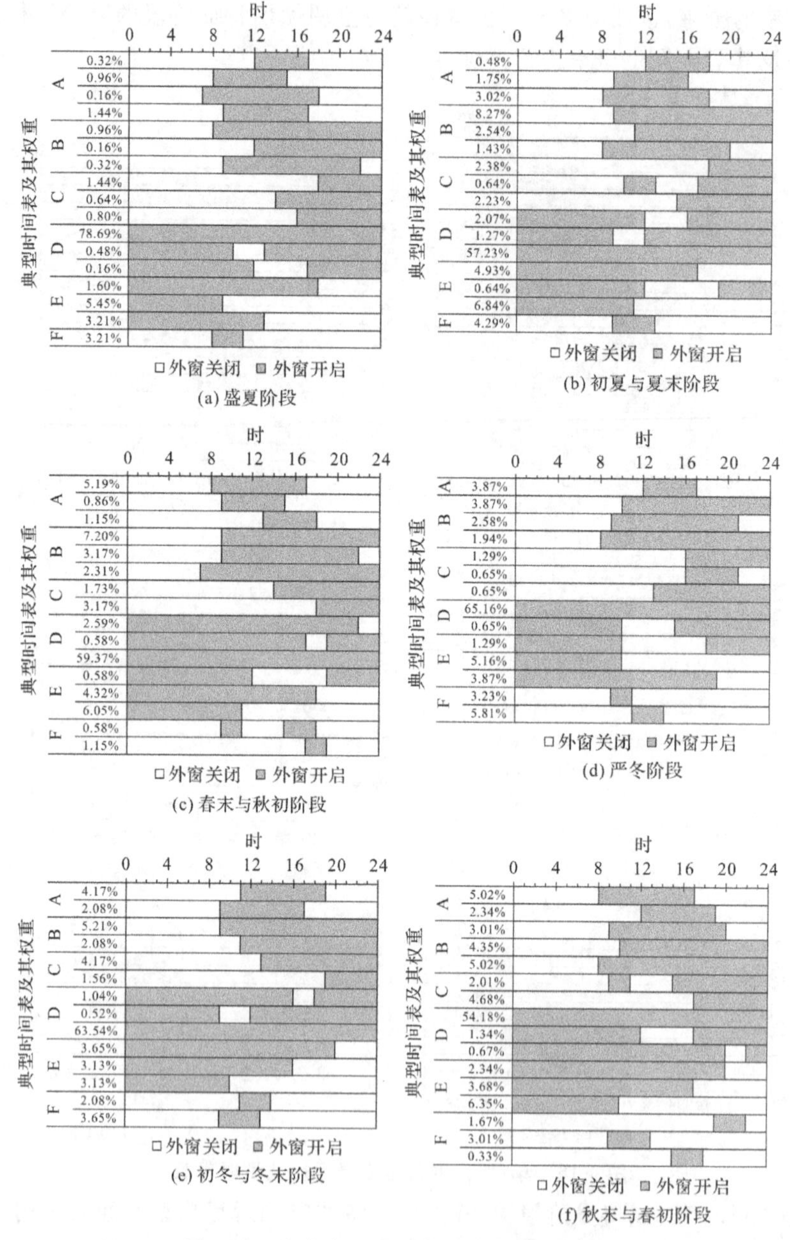

(a) 盛夏阶段　(b) 初夏与夏末阶段　(c) 春末与秋初阶段　(d) 严冬阶段　(e) 初冬与冬末阶段　(f) 秋末与春初阶段

图 4-19　多人办公室外窗开启典型时间表

根据图 4-19，以盛夏阶段多人办公室的外窗开启典型时间表为例，对外窗开启时间从上午持续到下午的 A 模式可进一步提炼出 4 种不同的典型时间表：12：00—17：00 持续运行、8：00—17：00 持续运行、7：00—18：00 持续运行、9：00—17：00 持续运行，发生概率分别为 0.32%、0.96%、0.16%、1.44%，同理对盛夏阶段的 B～F 模式进行典型时间表及其相应发生概率的提炼，进而对多人办公室在其他空调使用特征阶段的外窗开启典型时间表及其对应发生概率进行提炼。

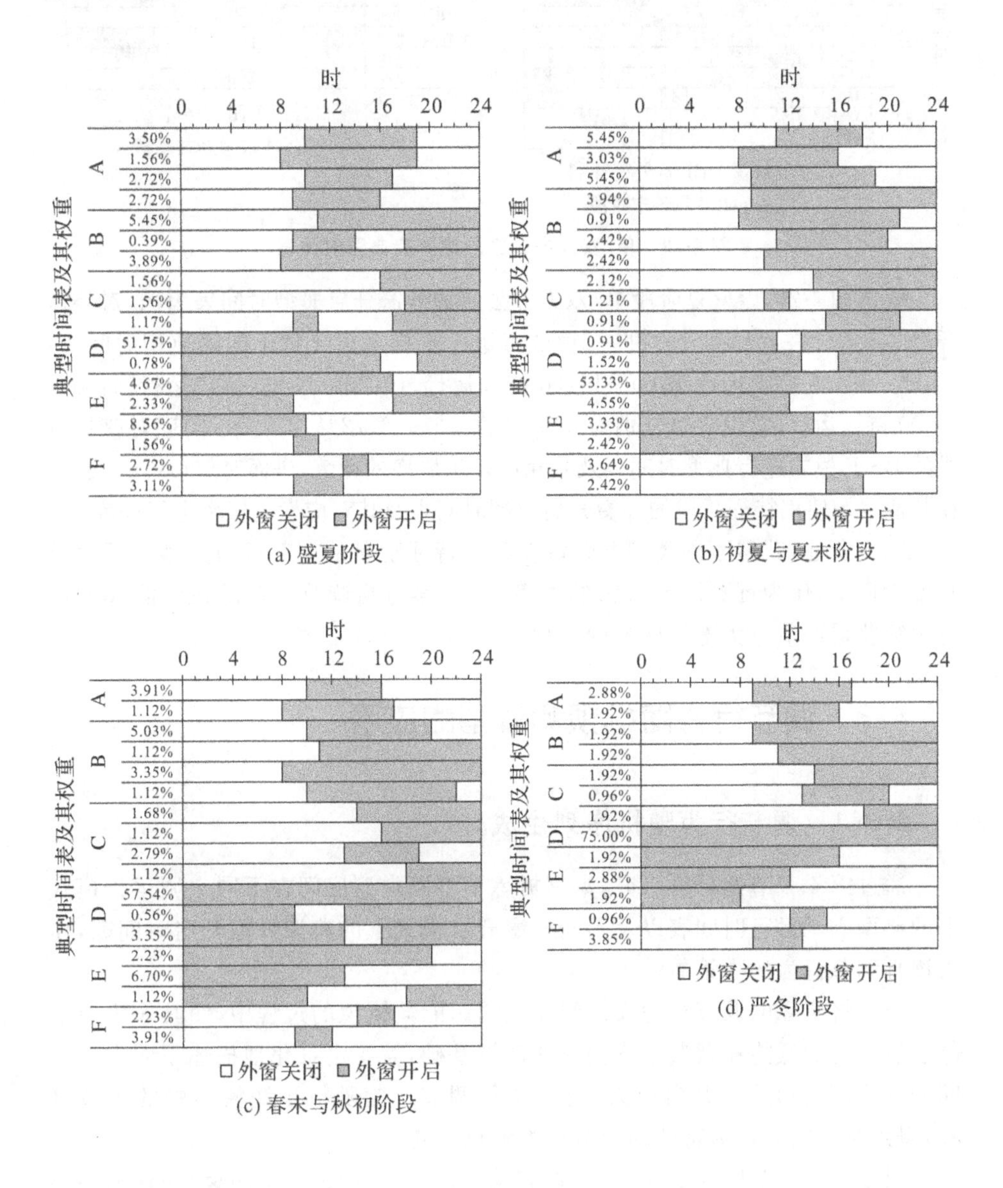

(a) 盛夏阶段　(b) 初夏与夏末阶段

(c) 春末与秋初阶段　(d) 严冬阶段

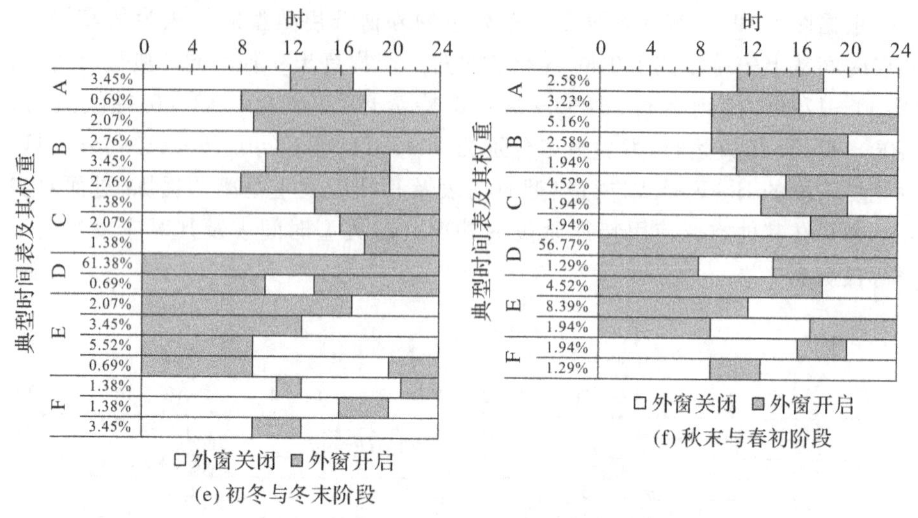

(e) 初冬与冬末阶段

(f) 秋末与春初阶段

图 4-20 单/双人办公室外窗开启典型时间表

根据图 4-20,以盛夏阶段单/双人办公室的外窗开启典型时间表为例,对外窗开启时间从上午持续到下午的 A 模式可进一步提炼出 4 种不同的典型时间表:10:00—19:00 持续运行、8:00—19:00 持续运行、10:00—17:00 持续运行、9:00—16:00 持续运行,发生概率分别为 3.50%、1.56%、2.72%、2.72%,同理对盛夏阶段的 B~F 模式进行典型时间表及其相应发生概率的提炼,进而对单/双人办公室在其他空调使用特征阶段的外窗开启典型时间表及其对应发生概率进行提炼。

综上所述,获得不同类型办公室在各个特征阶段的调节行为典型时间表及其发生概率,作为逐日调节行为的决策单元,参与到调节行为随机预测模型执行决策获得调节行为随机序列的过程中。

4.3 调节行为随机预测模型的应用

4.3.1 调节行为随机序列生成

通过第 4.2 节的分析研究,本书提炼了不同类型房间在不同空调运行模式下的典型空调运行时间表以及不同外窗开启模式下的典型外窗开启时间表,作为逐日调节行为的决策单元。

为了将实际的调节行为反馈到建筑动态能耗模拟的过程中,使其作为建筑舒适热环境的低能耗营造策略探究的计算基础,需要定量化地描述不同类型房间的空调使用和外窗开启行为,通过执行调节行为随机预测模型中的决策过程,得到符合实际行为特征的调节行为随机序列。

根据 2.1.2 节所述研究方法,首先使用式(2-2)和式(2-3)分别计算不同类型房间在不同空调使用特征阶段的日空调开启概率和日外窗开启概率，计算结果如表 4-3 所示。遵循图 2-3 所示流程，通过蒙特卡罗方法的应用，执行一次调节行为随机预测模型的决策过程，分别生成多人办公室和单/双人办公室的全年空调运行随机序列，如图 4-21 所示，全年外窗开启随机序列如图 4-22 所示。

表 4-3　阶段性日空调开启概率及日外窗开启概率

工况	特征阶段	日空调开启概率		日外窗开启概率	
		多人办公室	单/双人办公室	多人办公室	单/双人办公室
供冷	春末与秋初	23.3%	9.6%	65.3%	82.9%
	初夏与夏末	73.3%	51.4%	53.8%	78.0%
	盛夏	89.0%	65.6%	33.1%	48.2%
供热	秋末与春初	21.0%	3.6%	53.8%	76.7%
	初冬与冬末	45.9%	24.4%	34.4%	64.7%
	严冬	89.7%	46.0%	26.5%	51.2%

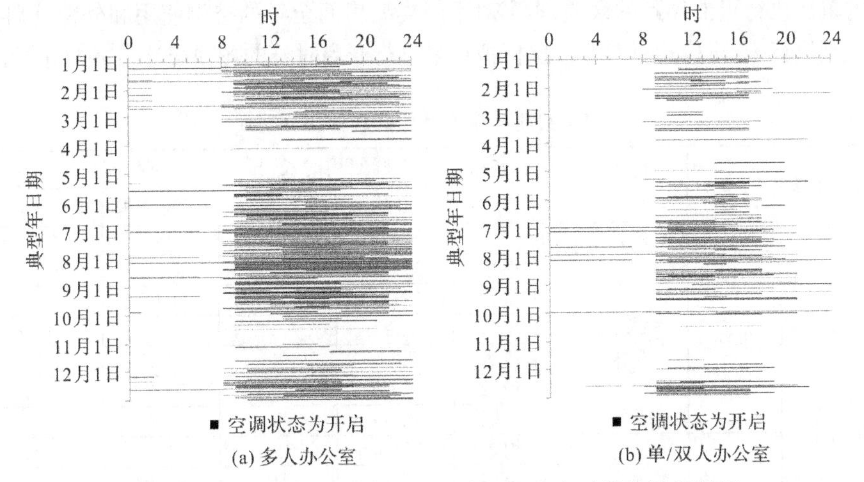

图 4-21　不同类型房间全年空调使用行为序列模拟结果举例

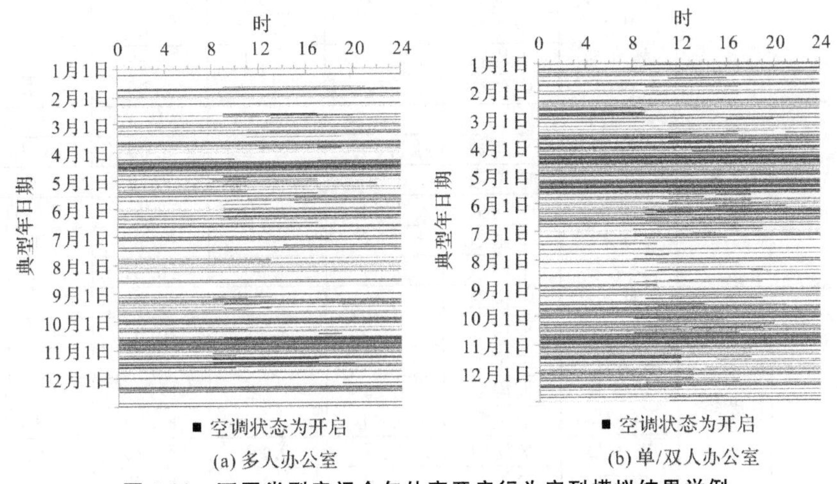

图 4-22　不同类型房间全年外窗开启行为序列模拟结果举例

根据图示结果，模拟所得序列充分表现出不同类型房间调节行为的阶段性特征，同时也呈现出调节行为的多样性和随机性，反映了样本建筑的实际调节行为特征。

4.3.2 调节行为预测结果精度验证

为了验证本书使用的调节行为随机序列生成方法的合理性，选取空调、外窗的开启时长作为校核参数，分别统计实测期间测得的不同类型房间全年空调、外窗的全年累计开启时长，以及各个特征阶段空调、外窗日开启时长的平均值、中位数，并与模拟结果进行校核，如表 4-4 所示；以空调、外窗的逐时开启概率作为校核参数，分别统计实测期间测得不同类型房间在不同特征阶段的空调、外窗逐时开启概率，并与模拟结果进行校核，分别如图 4-23～4-26 所示。为了减小随机计算过程的单次执行可能导致的误差，本书对不同类型房间全年的空调使用和外窗开启行为分别执行 50 次模拟，使用 50 次模拟结果进行开启时长的各项统计指标的计算。

表 4-4 实测与模拟序列的统计指标对比

房间类型	工况	特征阶段	日时长统计指标	空调使用时长/h		外窗开启时长/h	
				实测结果	模拟结果	实测结果	模拟结果
多人办公室	全年累计时长/h			2532.64	2525.06	2808.74	2809.84
	供冷	盛夏	平均数	11.52	11.63	7.01	6.95
			中位数	12.50	13	0.00	0
		初夏与夏末	平均数	7.92	7.72	10.19	10.36
			中位数	8.00	8	6.25	7
		春末与秋初	平均数	2.09	2.14	12.72	12.61
			中位数	0.00	0	13.67	15
	供热	严冬	平均数	10.85	10.85	5.04	5.15
			中位数	11.33	10	0.00	0
		初冬与冬末	平均数	4.80	4.75	6.73	6.51
			中位数	1.67	0	0.00	0
		秋末与春初	平均数	1.71	1.63	9.78	9.93
			中位数	0.00	0	6.25	7
单/双人办公室	全年累计时长/h			1015.74	984.66	4112.61	4089.38
	供冷	盛夏	平均数	5.60	5.62	8.39	8.45
			中位数	5.50	5	0.50	0
		初夏夏末	平均数	3.60	3.42	13.84	13.91
			中位数	2.17	2	14.33	14
		春末与秋初	平均数	0.55	0.50	15.21	15.42
			中位数	0.00	0	20.25	21
	供热	严冬	平均数	3.28	3.11	10.34	10.53
			中位数	1.50	0	2.67	5
		初冬与冬末	平均数	1.73	1.62	12.55	11.96
			中位数	0.00	0	12.58	10
		秋末与春初	平均数	0.27	0.20	14.70	14.27
			中位数	0.00	0	16.33	15

表 4-4 对比了不同类型房间的空调、外窗开启时长的各项统计指标在全年各个特征阶段的实测和模拟结果。根据表中所示结果，多人办公室空调使用、外窗开启全年累计时长的模拟值与实际值的误差率分别为 0.30%和 0.04%，单/双人办公室则分别为 3.06%和 0.56%。图 4-23—图 4-26 对比了不同类型房间空调使用和外窗开启在各个特征阶段的逐时开启概率的模拟结果与实测结果。如图表所示，模拟结果的绝大部分统计指标都与实测结果接近，少数的有限差异也能够从统计上得到解释和接受。

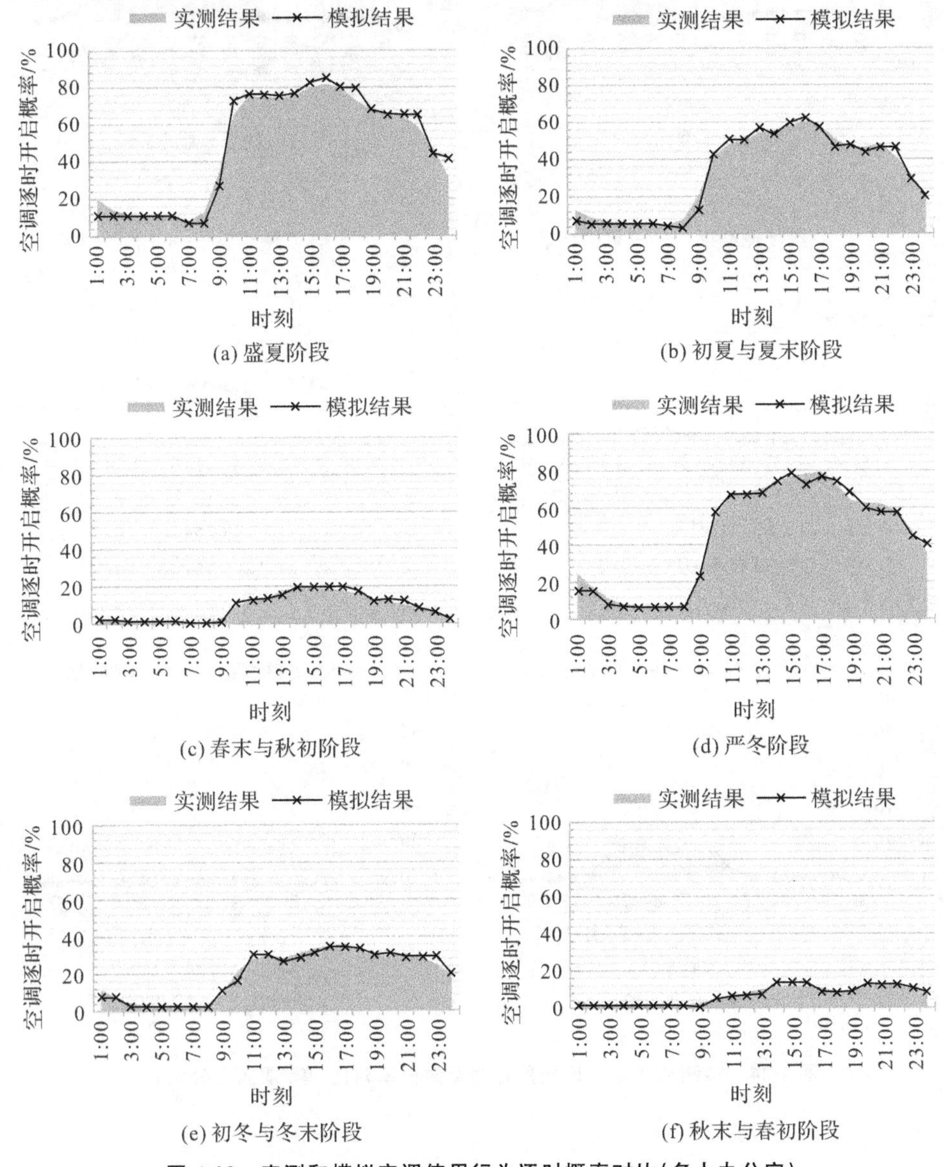

图 4-23 实测和模拟空调使用行为逐时概率对比(多人办公室)

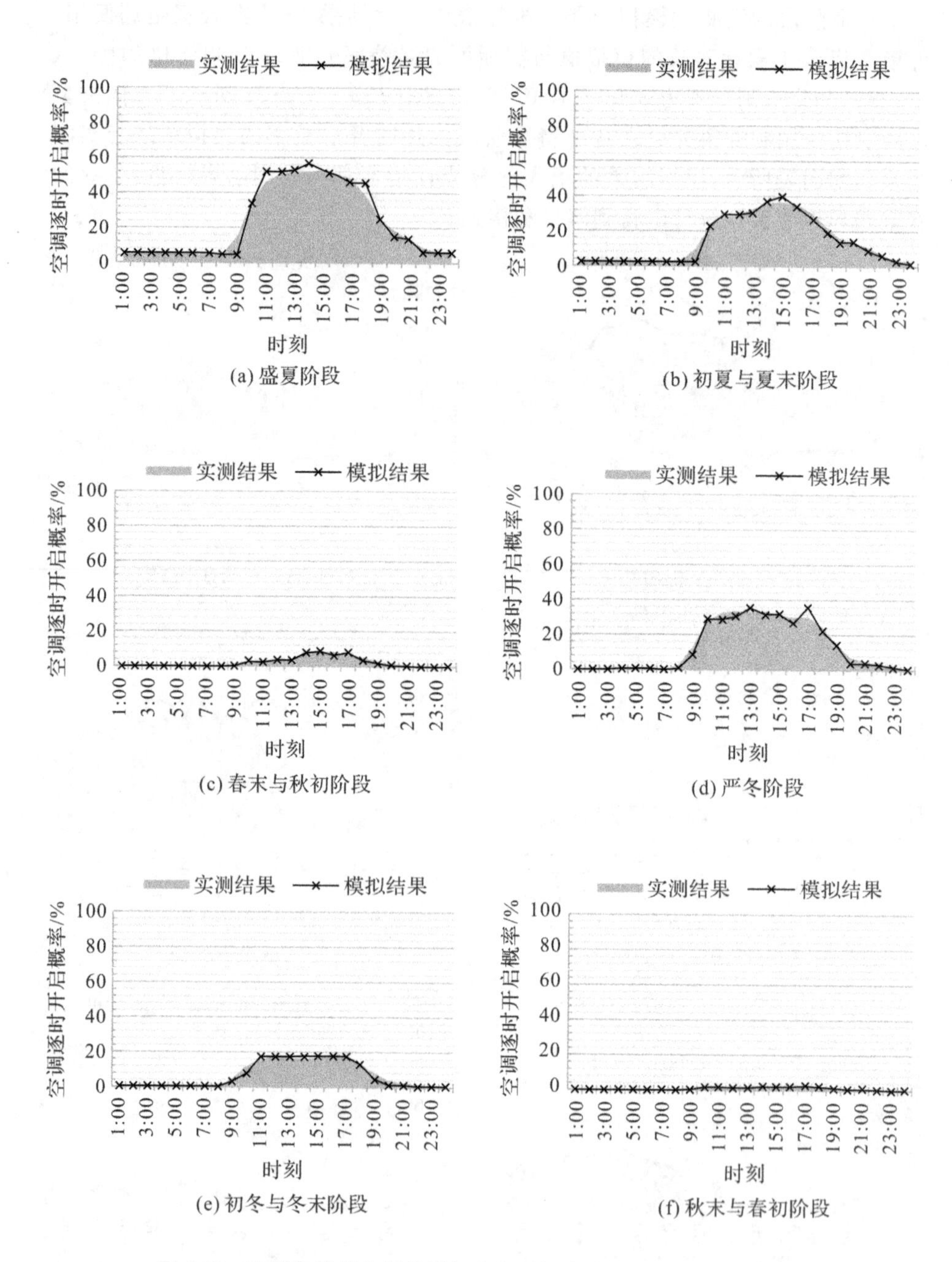

图 4-24 实测和模拟空调使用行为逐时概率对比(单/双人办公室)

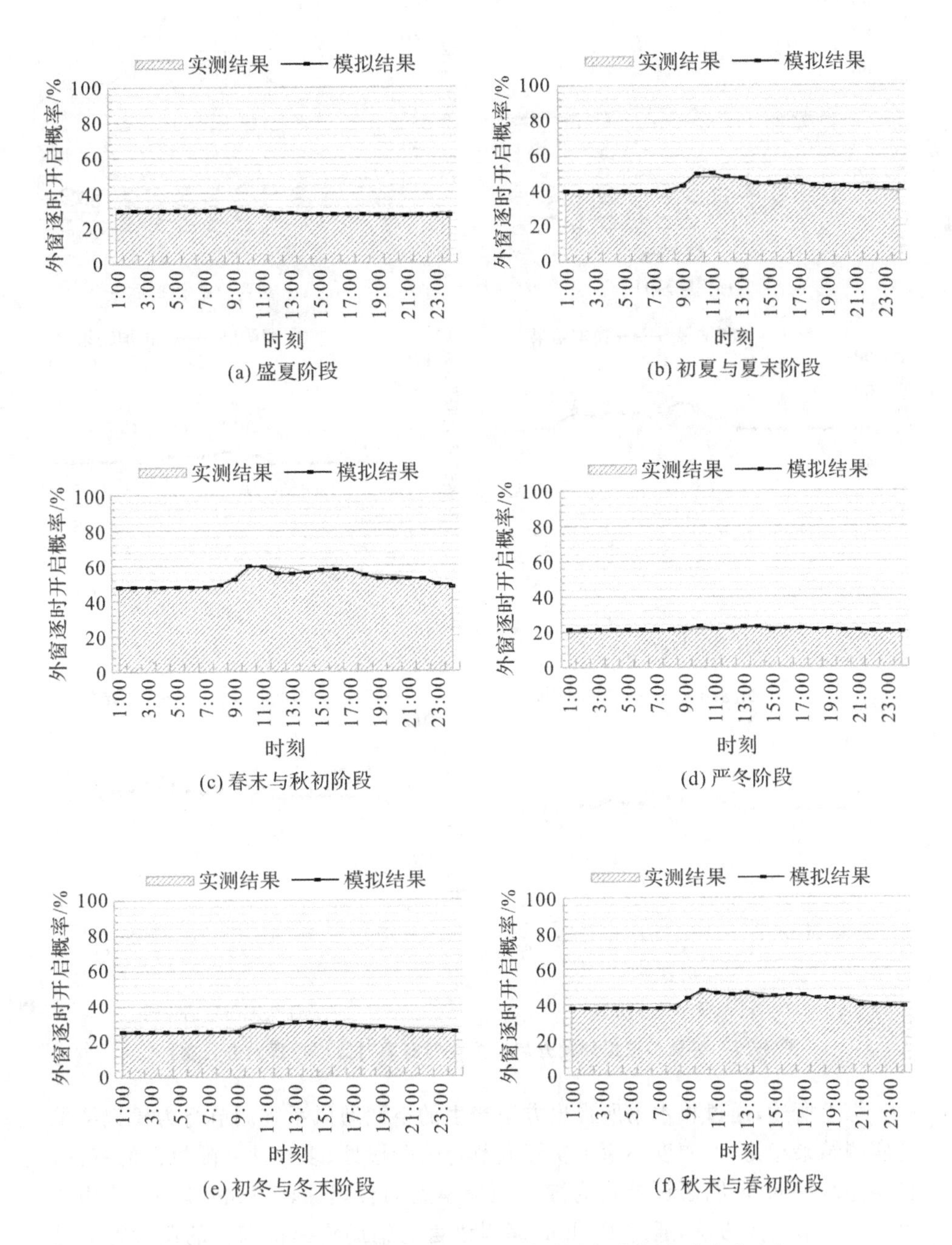

(a) 盛夏阶段

(b) 初夏与夏末阶段

(c) 春末与秋初阶段

(d) 严冬阶段

(e) 初冬与冬末阶段

(f) 秋末与春初阶段

图 4-25　实测和模拟外窗开启行为逐时概率对比(多人办公室)

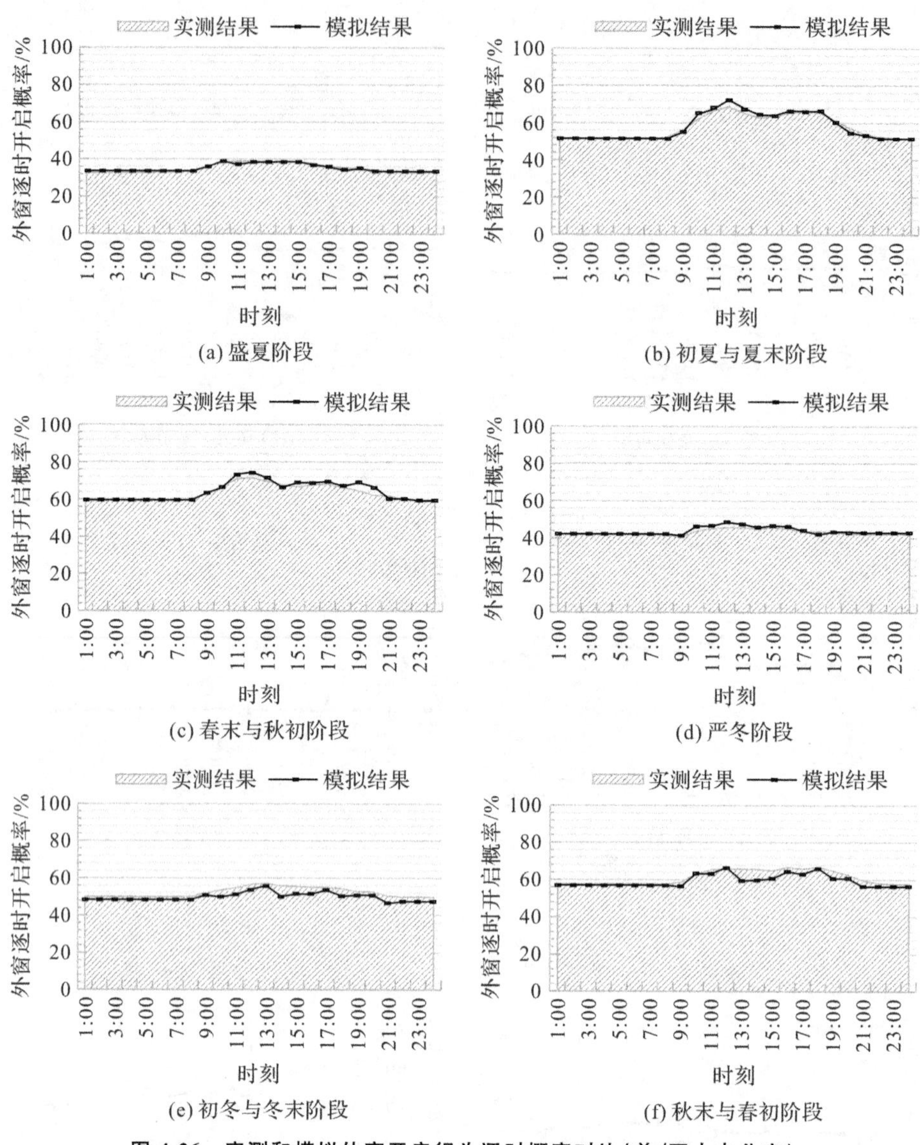

(a) 盛夏阶段

(b) 初夏与夏末阶段

(c) 春末与秋初阶段

(d) 严冬阶段

(e) 初冬与冬末阶段

(f) 秋末与春初阶段

图 4-26　实测和模拟外窗开启行为逐时概率对比(单/双人办公室)

综上所述,通过将本书所提出方法产生的空调通风系统调节行为模拟结果与实测结果相比,大幅度还原了实际调节行为阶段性、多样性和随机性的特征,且误差水平低,证明了调节行为随机预测模型的合理性。在此基础上,使用本书 2.2.2 节所述方法,通过 Python 编程语言的辅助将模拟产生的调节行为随机序列描述为建筑动态能耗模拟软件 EnergyPlus 中通用的 Schedule,能够达到使用实际调节行为预测建筑能耗及室内热环境、并指导建筑优化设计的目的。

4.4　基于空调使用行为模型的调节行为耦合模式拓展

如 3.3 节所述，基于对样本建筑运行过程中使用者调节行为的实测及调研结果，开启空调的发生次数远大于开启外窗的发生次数，而空调开启时长显著小于外窗开启时长，即使用者对控制空调来改变室内热环境具有更高的积极性，但疏于改变外窗开启状态，从而导致空调与外窗同时处于开启状态的情况频繁发生。空调使用与外窗控制行为不合理的耦合方式，可能对室内热环境及空调能耗造成不利的影响。因此，本节提出并讨论空调使用行为与外窗控制行为两者之间的多种耦合方式，并与样本建筑实际调节行为耦合特征进行对比研究，是从调节行为优化的层面上进行空调节能及提升室内环境热舒适性的重要基础。本节在办公建筑调节行为随机预测模型的基础上，基于空调使用行为模型进行了不同外窗控制耦合模式的模型拓展。

首先，本书将样本建筑实际空调使用行为与外窗控制行为的耦合模式设定为默认的 M0 模式。M0 模式下，基于本章建立的调节行为随机预测模型，对空调使用行为及外窗控制行为分别进行独立预测并生成随机序列，随后根据本书 2.2.2 节所述方法，通过编程软件的辅助将实际调节行为描述为 EnergyPlus 模拟所需的时间表(Schedule)。

以空调使用行为作为基准，假设外窗开启行为存在特定的控制逻辑，则外窗控制与空调使用进行耦合的方式可基于两者之间的关系，分为如图 4-27 所示的若干种模式。

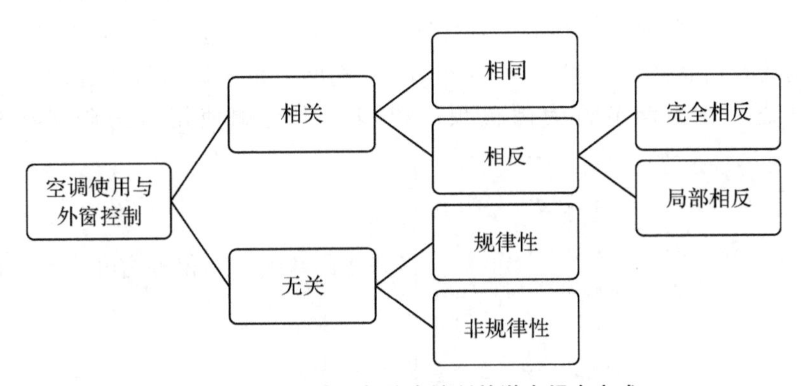

图 4-27　空调使用与外窗控制的潜在耦合方式

外窗控制与空调使用行为无关，即外窗的控制逻辑完全独立于空调使用行为。根据外窗开启行为的特征，又将控制逻辑分为规律性和非规律性。基于样本建筑外窗开启行为的实测结果所获得的M0模式即可认为是与空调使用行为无关的非规律性控制模式，即在每天0:00—24:00期间的指定时段开启外窗，开窗期间空调既有可能为开启状态也有可能为关闭状态。

根据3.3.3节所示样本建筑外窗控制动作的时间相关性，8:00—9:00时段是外窗开启行为发生的高峰时段。另外，国内外学者[150-152]针对建筑开窗的时间分布特征进行的大量研究成果表明，夜间通风是常用且有效的改善室内热环境的手段，并且该手段也在实测结果中有所反映。因此本书设定典型的M1模式和M2模式，分别代表早间定时通风和夜间定时通风，作为典型的与空调使用行为无关的规律性外窗控制模式。其中M1模式为在一天中的8:00—9:00时段定时开启外窗，M2模式为从17:00至次日8:00时段定时开启外窗，将两种模式按照EnergyPlus的语句逻辑分别描述为模拟所需的时间表(Schedule)。

外窗控制与空调使用行为相关，即外窗的控制逻辑是在空调使用行为的基础上建立的。根据两者的相关性，又分为相同与相反两种情况：外窗控制逻辑与空调使用行为相同，即空调与外窗同时为开启或关闭状态；外窗控制逻辑与空调使用行为相反，即空调开启时外窗关闭、空调关闭时外窗开启。由于本书旨在探究建筑空调节能及室内热环境优化策略，而外窗控制逻辑与空调使用行为相同的耦合模式不利于建筑空调节能及室内环境的热舒适性，因此对该耦合模式不予研究。

本书将外窗控制逻辑与空调使用行为相反的耦合方式分为两种典型情况进行讨论：设定完全相反的耦合方式为M3模式，该模式下每天(不包括表4-2所示过渡特征阶段)0:00—24:00期间外窗与空调的开启状态始终保持相反；设定局部相反的耦合方式为M4模式，综合夜间通风的控制方式，该模式下每天(不包括表4-2所示过渡特征阶段)从17:00至次日8:00期间外窗与空调的开启状态保持相反，8:00—17:00期间无论空调是否开启，外窗保持关闭状态。使用调节行为随机预测模型产生空调使用行为随机序列为

$$\begin{pmatrix} x_{1,1} & x_{1,2} & \cdots & x_{1,t} & \cdots & x_{1,24} \\ x_{2,1} & x_{2,2} & \cdots & x_{2,t} & \cdots & x_{2,24} \\ \vdots & \vdots & \vdots & \vdots & \vdots & \vdots \\ x_{D,1} & x_{D,2} & \cdots & x_{D,t} & \cdots & x_{D,24} \\ \vdots & \vdots & \vdots & \vdots & \vdots & \vdots \\ x_{365,1} & x_{365,2} & \cdots & x_{365,t} & \cdots & x_{365,24} \end{pmatrix}$$

，并在此基础上获得外窗开启行为的随

机序列 $\begin{pmatrix} y_{1,1} & y_{1,2} & \cdots & y_{1,t} & \cdots & y_{1,24} \\ y_{2,1} & y_{2,2} & \cdots & y_{2,t} & \cdots & y_{2,24} \\ \vdots & \vdots & \vdots & \vdots & \vdots & \vdots \\ y_{D,1} & y_{D,2} & \cdots & y_{D,t} & \cdots & y_{D,24} \\ \vdots & \vdots & \vdots & \vdots & \vdots & \vdots \\ y_{365,1} & y_{365,2} & \cdots & y_{365,t} & \cdots & y_{365,24} \end{pmatrix}$，其中 $x_{D,t}$ 和 $y_{D,t}$ 分别表示第 D 日的第 t 个小时的空调和外窗的开启状态。在 M3 模式下，对 $t\in\{1,2,\cdots,24\}$，满足当 $x_{D,t}=0$ 时，$y_{D,t}=1$，当 $x_{D,t}=1$ 时，$y_{D,t}=0$。在 M4 模式下，对 $t\in\{9,10,\cdots,17\}$，满足 $y_{D,t}=0$；对 $t\in\{1,2,\cdots,8\}\cup\{18,19,\cdots,24\}$，满足当 $x_{D,t}=0$ 时 $y_{D,t}=1$，当 $x_{D,t}=1$ 时 $y_{D,t}=0$。随后根据本书 2.2.2 节所述方法，通过编程软件的辅助将 M3 模式和 M4 模式的开窗控制序列分别描述为 EnergyPlus 模拟所需的时间表（Schedule）。

上述 5 种典型的空调使用与外窗控制耦合模式的描述与特征如表 4-5 所示。

表 4-5　典型调节行为耦合模式

耦合模式	特征描述
M0 模式	默认模式，根据实测结果获得的样本建筑实际开窗行为模式
M1 模式	早间固定通风：8:00—9:00 期间，无论空调开启与否，固定时段开启外窗
M2 模式	夜间固定通风：17:00—次日 8:00 期间，无论空调开启与否，固定时段开启外窗
M3 模式	0:00—24:00 期间外窗与空调的开启状态始终保持相反
M4 模式	17:00—次日 8:00 期间，外窗与空调开启状态相反；8:00—17:00 期间，无论空调开启与否，外窗始终保持关闭

4.5　本章小结

本章基于循证设计的理论，以样本建筑为研究对象，建立了符合办公建筑使用者实际行为特征的调节行为随机预测模型。

根据实测结果，对样本建筑不同类型房间中使用者的调节行为特征进行分析，探究调节行为与宏观气候变化、室内热环境变化以及时间推移的关系。根据分析结果，气候的阶段性变化与时间变化对使用者调节行为影响显著。

为了完善调节行为随机预测模型的决策单元，本章将全年划分为不同的空调使用特征阶段，分阶段呈现调节行为的时间响应特征。通过 k-means 聚类分析法的应用，根据行为的时间分布特征将调节行为模式分为通用的 6 个类型，随后按房间类型、按阶段提炼不同调节行为模式下的典型时间表及其对应的发生概率。

根据调节行为随机预测模型的决策过程，结合决策单元（调节行为典型时间表及其发生概率），模拟生成不同类型房间的全年空调使用或外窗开启行为随机序列。使用空调、外窗开启时长以及空调、外窗的逐时开启概率作为校核参数，对比模拟结果和实测结果，验证了调节行为随机预测模型的合理性。

由于样本建筑实测结果表明实际建筑运行过程中空调使用行为与外窗控制行为的耦合方式存在不合理的情况，因此在预测空调使用行为的基础上，提出外窗控制行为与之耦合的多种方式，作为从调节行为优化层面进行空调节能及室内热环境优化的重要依据。

第5章　建筑空调能耗及室内环境热舒适性影响因子的重要性分析

探究建筑舒适热环境的低能耗营造策略，需要同时将降低建筑空调能耗及提升室内环境热舒适性作为建筑优化目标。国内外学者的研究结果表明，空调能耗及环境热舒适性不仅受到建筑设计方案的影响，同时也受到建筑内扰以及使用者行为等多方面因素的影响[59,61-62,66-68]。然而，影响因子对优化目标的作用效果难以通过直接控制样本建筑的变量实现，因此需要使用模拟法，利用建筑能耗模拟软件创建案例建筑的模型，通过模型来间接研究案例建筑。为此，首先需要对案例建筑的能耗模拟结果与实测结果进行校核，以保证通过模拟法对案例建筑进行的研究具有实用价值。

不同的影响因子对建筑空调能耗及室内环境热舒适性的作用效果在不同的气候条件、不同使用者行为模式下表现出不同的水平。本章在夏热冬冷气候区办公建筑使用者实际热环境需求以及调节行为特征下，探究案例建筑的各项单一影响因子与优化目标的相关性，以及基于现行公共建筑节能设计标准所能产生的节能优化潜力。

由于单次模拟耗费的CPU运行时长较长，且部分影响因子无法进行连续变化，直接使用EnergyPlus在影响因子营造的多情景工况下的进行模拟并探究建筑空调节能及室内热环境优化策略具有运行成本高、探索空间局限的缺陷。因此，需要在模拟获得数据库的基础上，通过人工神经网络构建空调能耗及室内环境热舒适性快速预测模型来提升执行效率、突破探索的局限性。在该前提下，作为人工神经网络的输入项，影响因子过多会导致预测模型精度降低、难以收敛等缺陷，由于建筑空调能耗及室内环境热舒适性的影响因子中存在部分因子对优化目标的作用效果有限，因此需要对初始影响因子进行重要性分析，从中筛选对优化目标具有显著作用效果的重要影响因子，以此作为构建快速预测模型的决策变量。

5.1　案例建筑能耗模拟校核

本书选取样本建筑A作为案例建筑开展模拟研究，该建筑为高校科研办公建筑，共包括35个单/双人办公室、34个多人办公室和12个非空调功能区域(包括各层走廊、卫生间以及杂物间等)。案例建筑的平面布局如图5-1所示。

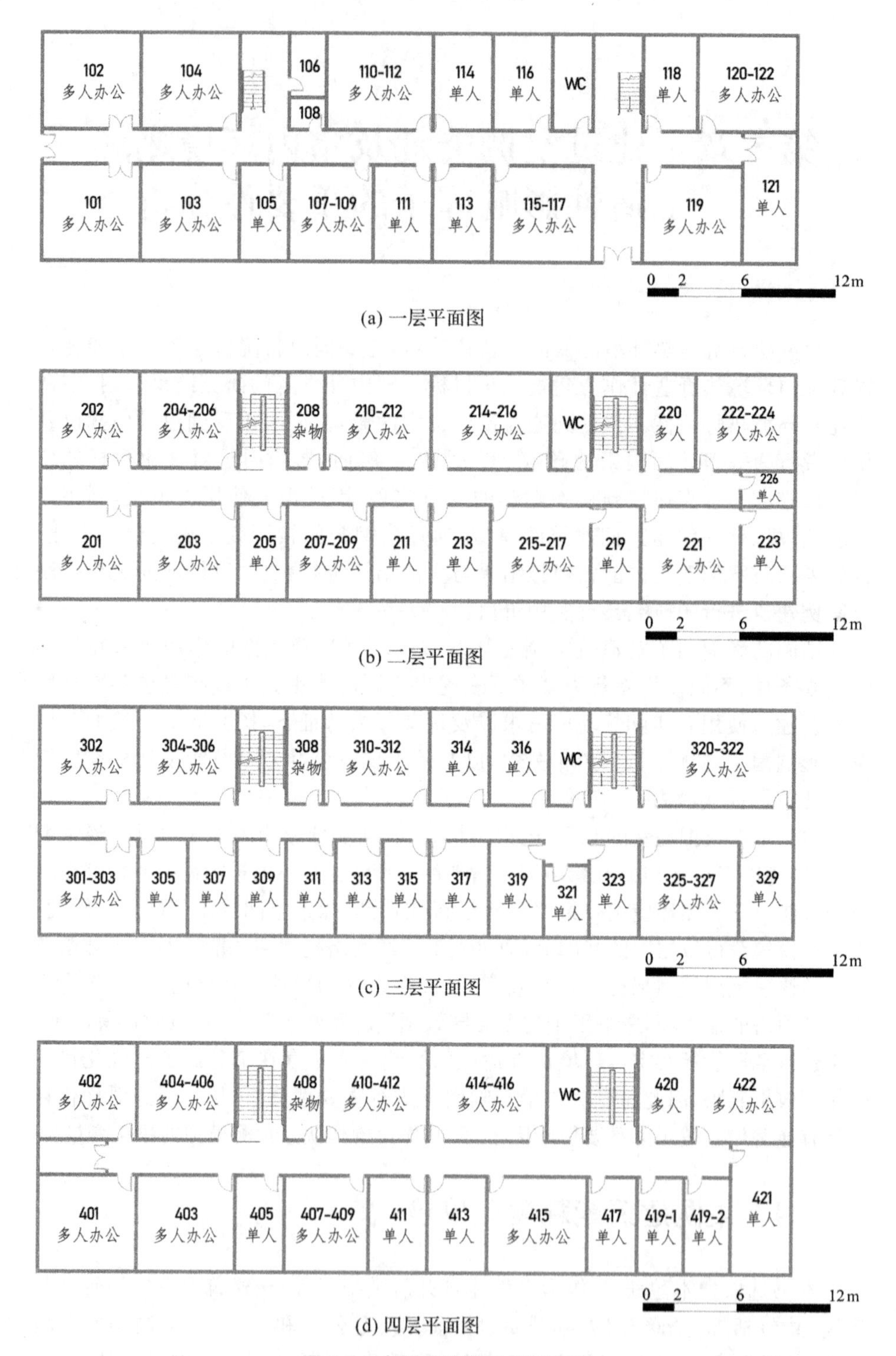

(a) 一层平面图

(b) 二层平面图

(c) 三层平面图

(d) 四层平面图

图 5-1　案例建筑各层平面布局

根据案例建筑的实地调研和建筑图纸的参考，在 DesignBuilder 中进行数字化建模，并录入当前使用模式下的实际工况基本信息。

5.1.1 使用者热适应性及调节行为输入

根据本书 3.2.1 节对样本建筑使用者热感觉评价的研究结果，ASHRAE Standard 55—2017 标准下的 PMV 指标适用于杭州地区办公建筑室内人员的主观热感觉评价。因此，本书使用 EnergyPlus 对案例建筑室内环境热舒适性进行评价时，在"Class List→People→Thermal Comfort Model Type"路径下勾选"AdaptiveASH55"，表示模拟获得的不舒适小时数结果是基于 ASHRAE Standard 55—2017 标准计算的。

根据本书 3.2.2 节图 3-9 对样本建筑使用者服装热阻的典型全年分布特征的总结，将全年服装热阻描述为时间表(Schedule)并命名为"CLO_sched"存储在模拟文件的 Schedule:Compact 目录下。在"Class List→People→Clothing Insulation Schedule Name"路径下将各个房间的服装热阻时间表设定为"CLO_sched"，表示房间室内人员的全年服装热阻变化，时间表在 EnergyPlus 中的表述详见附录四。

基于本书 4.2.2 节对调节行为典型时间表的提炼结果，使用本书 2.1.2 节所述蒙特卡罗决策方法生成调节行为随机序列，并通过本书 2.2.2 节所述"翻译"方法，将序列描述为 EnergyPlus 格式下的时间表(Schedule)。由于案例建筑是通过各个房间的使用者自主控制分体式空调运行及外窗开闭来调节室内热湿环境，每个房间独立作为一个空调分区，并且各房间的使用者调节行为与其他房间无关，即使用的调节行为时间表不同。

因此，需要对案例建筑中每个单/双人办公室和多人办公室的空调供冷行为随机序列进行独立决策并生成时间表，并存储在 Schedule:Compact 目录下。将第 X 个单/双人办公室的空调控制时间表命名为"DAN_Cool_CAS_X"，作为路径"Class List → ZoneHVAC:IdealLoadsAirSystem→Cooling Availability Schedule Name"的输入内容，表示调用该 Schedule 控制供冷空调运行；将第 X 个单/双人办公室的空调供冷设定温度时间表命名为"DAN_Cool_CSP_X"，作为路径"Class List→ThermostatSetpoint:DualSetpoint→Cooling Setpoint Temperature Schedule Name"的输入内容，表示调用该 Schedule 控制空调供冷温度。依此设定方法，时间表 DAN_Cool_CAS_1/2/…/35、DUO_Cool_CAS_1/2/…/34 分别描述了第 1 个至第 35 个单/双人办公室、第 1 个至第 34 个多人办公室的空调供冷控制时间表，DAN_Cool_CSP_1/2/…/35、DUO_Cool_CSP_1/2/…/34 则描述空调供冷设定温度时间表；DAN_Heat_HAS_1/2/…/35、DUO_Heat_HAS_1/2/…/34 分别描述了第 1 个至第 35 个单/双人办公室、第 1 个至第 34 个多人办公室的空调供热控制时间表，DAN_Heat_HSP_1/2/…/35、

DAN_Heat_HSP_1/2/…/34 则描述空调供热设定温度时间表。

同理，对案例建筑中每个单/双人办公室和多人办公室的外窗开启行为随机序列进行分别决策并生成时间表，并存储在 Schedule:Compact 目录下。将第 X 个单/双人办公室的空调控制时间表命名为“DAN_Venti_X”，作为路径“Class List→ZoneVentilation:DesignFlowRate→Schedule Name”的输入内容，表示调用该 Schedule 控制外窗开启。依此设定方法，时间表 DAN_Venti_1/2/…/35、DUO_Venti_1/2/…/34 分别描述了第 1 个至第 35 个单/双人办公室、第 1 个至第 34 个多人办公室的外窗开启时间表。

基于第 4 章的研究结果，本书构建调节行为随机预测模型时，通过划分空调使用特征阶段描述调节行为的环境相关性，通过研究不同特征阶段的调节行为时移特征描述调节行为的事件相关性，即通过预测模型获得的空调使用行为序列间接反映了室内人员的在室情况，空调仅在人员在室时开启。

5.1.2 案例建筑实际工况的参数设定

案例建筑主立面为南北朝向，参考建筑图纸并结合室内热环境实测结果，在模拟软件中定义外墙、屋顶、内墙、楼板、外窗等建筑内外围护结构的构造及其性能，如表 5-1 所示。

表 5-1 案例建筑内外围护结构构造及性能

围护结构	层次构造（外→内）	厚度/mm	传热系数/(W·m^{-2}·K^{-1})	热惰性指标	SHGC
外墙	抗裂砂浆	20	2.42	3.24	—
	蒸压灰砂砖	240			
	水泥石灰砂浆	20			
屋顶	水泥砂浆	20	2.98	2.66	—
	防水层	2			
	细石混凝土找坡层	80			
	钢筋混凝土屋面板	120			
	混合砂浆	15			
内墙	水泥石灰砂浆	20	3.93	1.81	—
	蒸压灰砂砖	115			
	水泥石灰砂浆	20			
楼板	细石混凝土	30	4.09	1.54	—
	钢筋混凝土楼板	120			
	抗裂砂浆	5			
外窗	单层白玻璃	6	5.78	—	0.819

根据本书 3.1.3 节中所述样本建筑 A 的基本信息，设定各立面窗墙比：东立面为 20%、南立面为 40%、西立面为 10%、北立面为 40%，该建筑各立面均无遮阳构造，气密性为 0.7ach。根据实测及调研结果，单/双人办公室和多人办公室的人员密度分别为 $18m^2$/人和 $6m^2$/人；照明功率密度为 $9W/m^2$；设备功率密度为 200W/人；空调夏季供冷设定温度通常为 25℃，冬季使用空调则存在追求过舒适的情况，通常设定为 26℃；外窗控制方案使用基于实测的随机外窗开启行为时间表(即 4.4 节中所述的 M0 模式)。

5.1.3　建筑能耗模拟结果校核

由于实测期间样本房间数量有限、案例建筑无分项能耗统计接口，因此本书根据案例建筑样本多人办公室、单/双人办公室的空调能耗实测结果，通过不同类型房间的单位面积空调能耗推断整栋建筑的总空调能耗，作为案例建筑的实测值。通过实地调研案例建筑中各样本房间空调铭牌信息获得分体式空调作用于不同工况的能效比，由于案例建筑的建成年代早，各房间的分体式空调存在老旧情况，结果显示空调制冷能效比约为 2.68，制热能效比约为 1.8。参照 5.1.2 节所述案例建筑实际工况的参数设定，在 EnergyPlus 中开展模拟并获得随机调节行为下整栋建筑的全年空调供冷负荷与供热负荷，根据实际能效比计算获得空调能耗。对实测和模拟结果进行的误差分析如表5-2 所示。

表 5-2　案例建筑空调能耗模拟结果校核

(a)案例建筑空调实测能耗

房间类型	空调面积/m^2	全年单位面积空调实测能耗/($kW\cdot h\cdot m^{-2}$)	
		供热工况	供冷工况
单/双人办公室	671.51	10.29	26.35
多人办公室	1215.3	59.67	55.38

(b)实测与模拟空调能耗对比

全年空调能耗	供热工况	供冷工况
实测结果/(kW·h)	79429.27	85005.37
模拟结果/(kW·h)	75265.37	87179.47
误差率/%	−5.2	2.6

通过对比实测和模拟获得的案例建筑空调能耗数据，结果表明模拟结果误差率较低，验证了对案例建筑使用 EnergyPlus 进行模拟研究的合理性。

作为对比，基于《公共建筑节能设计标准 GB 50189—2015》[142]的附录B围护结构热工性能的权衡计算中的固定作息时间表、空调设定温度(供冷和供热工况下分别设定为26℃和20℃)，模拟案例建筑在实际围护结构作用下的空调能耗数据。模拟获得固定作息下，供热工况空调能耗为20061.73kWh，误差率为−74.7%；供冷工况空调能耗为73960.09kWh，误差率为−13.0%。固定作息下空调能耗模拟结果与实测结果存在极大的出入，因此不宜在此基础上开展建筑节能优化策略的研究。

5.2 优化目标影响因子的相关性分析

本节使用单一变量法，将每个影响因子作为唯一自变量，其他影响因子参考现行《公共建筑节能设计标准》[142]的热工设计规定以及建筑实际运行特征进行设定，逐项分析各个影响因子与空调能耗及室内环境热舒适性的相关性。使用建筑动态能耗模拟软件 EnergyPlus 以及参数管理工具 jEPlus，根据本书2.2.3节所述动态参数的设定与管理方法，通过模拟获得案例建筑在单参数变化情况下的空调供热及供冷负荷、不舒适小时数。

空调设备的能效比对空调能耗数值产生直接影响，由于案例建筑各个房间配备的分体式空调能效比不一致，使用空调供热及供冷负荷用于评价空调能耗水平，模拟结果中可直接输出整栋建筑的总数据。不舒适小时数用于评价建筑室内环境热舒适性，不舒适小时数越高则室内环境热舒适性越差，模拟结果中是以各个房间的不舒适小时数的形式输出的。为了评价整栋建筑的室内环境热舒适性，使用式(5-1)建筑的空调区域进行综合不舒适小时数计算。

$$T_u = \frac{\sum_{i=1}^{n} S_i \cdot t_i}{\sum_{i=1}^{n} S_i} \tag{5-1}$$

式中，T_u为建筑空调区域的综合不舒适小时数；n为建筑空调区域的房间个数；S_i为第i个房间的面积；t_i为模拟计算所得第i个房间的不舒适小时数。

为了探究案例建筑在现行节能标准下所具有的优化潜力、各影响因子的优化取值阈值，参考现行《公共建筑节能设计标准》中对围护结构热工性能限值的规定，在模拟软件中对案例建筑外墙、屋顶、外窗的构造设置如表5-3所示。建筑外围护结构以外的其他参数则保留案例建筑实际工况下的相应设定。

表 5-3　案例建筑标准工况外围护结构构造及性能

围护结构	层次构造 (外→内)	厚度 /mm	传热系数 /(W·m^{-2}·K^{-1})	热惰性 指标	SHGC
外墙	抗裂砂浆	20	0.800	4.53	—
	挤塑聚苯板保温层	20			
	P 型烧结多孔砖	290			
	水泥石灰砂浆	20			
屋顶	水泥石灰砂浆	20	0.499	3.41	—
	挤塑聚苯板保温层	40			
	防水层	2			
	水泥石灰砂浆	20			
	水泥珍珠岩找坡层	80			
	钢筋混凝土屋面板	120			
	混合砂浆	15			
外窗	A 类高反射玻璃	6	2.588	—	0.24
	空气间层	9			
	A 类高反射玻璃	6			

5.2.1　建筑设计要素的相关性分析

本节中首先对建筑设计阶段所需确定的建筑设计要素进行分析，着重探究建筑朝向，建筑围护结构热工性能、窗墙比、遮阳构件以及气密性等影响因子的优化设计对案例建筑的作用效果。该类因子在建筑设计阶段确定后，在建筑全生命周期中基本不发生改变，因此基于此探究案例建筑优化潜力时，以全年为周期，对空调供冷和供热产生的总负荷及综合不舒适小时数作进行研究。

5.2.1.1　建筑朝向

将建筑朝向作为单一变量，建筑主立面的北向偏转角度@@ORT@@取值范围为[－90,90]，案例建筑空调全年供冷供热负荷及全年综合不舒适小时数与建筑朝向的相关性如图 5-2 所示。

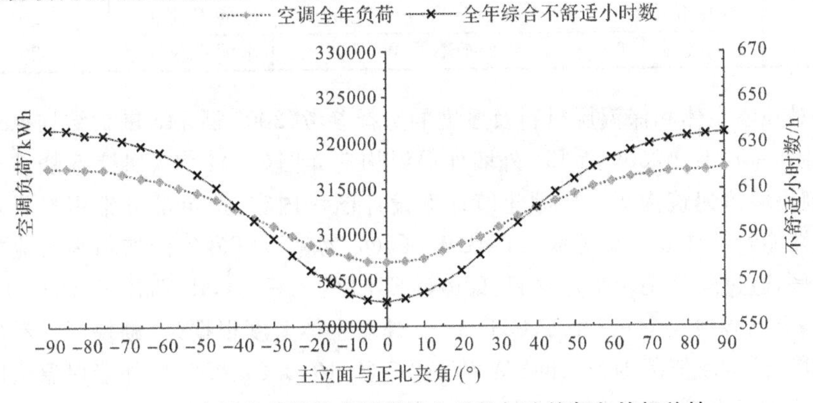

图 5-2　空调负荷及综合不舒适小时数与建筑朝向的相关性

根据图示结果,建筑主立面的朝向与建筑空调能耗及室内环境热舒适性存在显著的相关性,随着主立面从南北朝向转换为东西朝向,全年空调能耗升高且室内不舒适小时数增加。因此,建筑主立面为南北朝向是案例建筑最佳朝向方案,对新建办公建筑而言,[−15,15]是较为合适的朝向选择。

5.2.1.2 外墙热工性能

外墙保温具有多种形式,本书选择常用的自保温(S)、外保温(E)、内保温(I)和内外组合保温(C)构造作为外墙保温构造形式@@EW@@的取值范围,即@@EW@@∈{S,E,I,C}。各外墙保温构造具体参考《2005 浙 J45 围护结构保温构造详图(一)》[153],不同保温构造形式在 Construction 目录下的内容不同,如表 5-4 所示,其中外墙主体和保温层的材料及厚度为变量。

表 5-4 不同外墙保温形式的具体构造

保温形式	Construction 目录下的层次命名		使用材料	厚度 mm
自保温(S)	外表面	MORTAR_W	抗裂砂浆	20
	外墙主体	EW_@@EWT@@_@EWW@@	@@EWT@@	@@EWW@@
	内表面	CEMENT_W	水泥石灰砂浆	20
外保温(E)	外表面	MORTAR_W	抗裂砂浆	20
	保温层	EWI_@@WIT@@_@WIW@@	@@WIT@@	@@WIW@@
	外墙主体	EW_@@EWT@@_@EWW@@	@@EWT@@	@@EWW@@
	内表面	CEMENT_W	水泥石灰砂浆	20
内保温(I)	外表面	MORTAR_W	抗裂砂浆	20
	外墙主体	EW_@@EWT@@_@EWW@@	@@EWT@@	@@EWW@@
	保温层	EWI_@@WIT@@_@WIW@@	@@WIT@@	@@WIW@@
	内表面	CEMENT_W	水泥石灰砂浆	20
内外组合保温(C)	外表面	MORTAR_W	抗裂砂浆	20
	外保温层	EWI_@@WIT@@_@WIW@@	@@WIT@@	@@WIW@@
	外墙主体	EW_@@EWT@@_@EWW@@	@@EWT@@	@@EWW@@
	内保温层	EWI_@@WIT@@_0.02	@@WIT@@	20
	内表面	CEMENT_W	水泥石灰砂浆	20

对外墙主体和保温层材料及厚度的选择参考《2005 浙 J45 围护结构保温构造详图(一)》[153]《2009 浙 J54 外墙外保温构造详图(一)》[154]《14J105 烧结页岩砖、砌块墙体建筑构造》[155]等建筑标准设计图集内容,选定部分常用材料及其物理性能参数如表 5-5 所示,@@EWT@@、@@WIT@@的取值为对应的材料编号,通过编号调用指定材料,即@@EWT@@∈{A,B,C,D,E,F,G,H,I,J,X},@@WIT@@∈{A,B,C,D,E}。外墙主体厚度根据砖、砌块等材料的常见规格,设定取值范围为@@EWW@@∈{0.19,0.24,0.29};外墙保温层厚度根据常见规格,设定取值范围为@@WIW@@∈[0.01,0.06]。

表 5-5　外墙主体及保温材料的物理性能参数

(a)外墙主体材料@@EWT@@

材料类型	编号	干密度/(kg·m^{-3})	导热系数/(W·m^{-1}·K^{-1})	比热容/(J·kg^{-1}·K^{-1})	修正系数
烧结页岩多孔砖、砌块	A	1300	0.54	1050	1
烧结页岩空心砖、砌块(I 型)	B	1100	0.35	1050	1
烧结页岩空心砖、砌块(II 型)	C	900	0.25	1050	1
混凝土多孔砖	D	1450	0.738	1000	1
P 型烧结多孔砖	E	1400	0.58	1000	1
二排孔混凝土空心砌块	F	1100	0.792	1050	1
三排孔混凝土空心砌块	G	1100	0.75	1050	1
蒸压灰砂砖	H	1900	1.1	1050	1
陶粒混凝土砌块	I	2500	0.41	1050	1
蒸压加气混凝土砌块 B07	J	750	0.18	1050	1.25
钢筋混凝土剪力墙	X	2500	1.74	920	1

(b)外墙保温材料@@WIT@@

材料类型	编号	干密度/(kg·m^{-3})	导热系数/(W·m^{-1}·K^{-1})	比热容/(J·kg^{-1}·K^{-1})	修正系数
无机保温砂浆	A	300	0.07	1200	1.2
挤塑聚苯板	B	35	0.03	1380	1.1
硬泡聚氨酯板	C	30	0.025	1380	1.1
膨胀聚苯板	D	20	0.042	1380	1.2
酚醛泡沫板	E	45	0.032	1380	1.15

综合外墙保温构造形式、外墙主体和保温层的材料及厚度的取值范围，通过热工计算获得自保温、外保温、内保温、内外组合保温形式下外墙传热系数的取值范围分别为[0.67,3.29] W/(m^2·K)、[0.27,2.37] W/(m^2·K)、[0.27,2.37] W/(m^2·K)、[0.23,1.51] W/(m^2·K)，热惰性指标的取值范围分别为[2.35,6.74]、[2.41,7.80]、[2.41,7.80]、[2.54,8.16]。不同外墙保温构造形式下，案例建筑空调供冷供热负荷及综合不舒适小时数与取值范围内外墙传热系数、外墙热惰性指标的相关性分别如图 5-3 和图 5-4 所示。

根据图 5-3 所示，外墙传热系数与案例建筑全年空调能耗及综合不舒适小时数都存在显著的线性正相关性。采用不同外墙保温构造形式的建筑空调全年能耗及全年综合不舒适小时数存在差异。相同传热系数下，采用外墙内保温

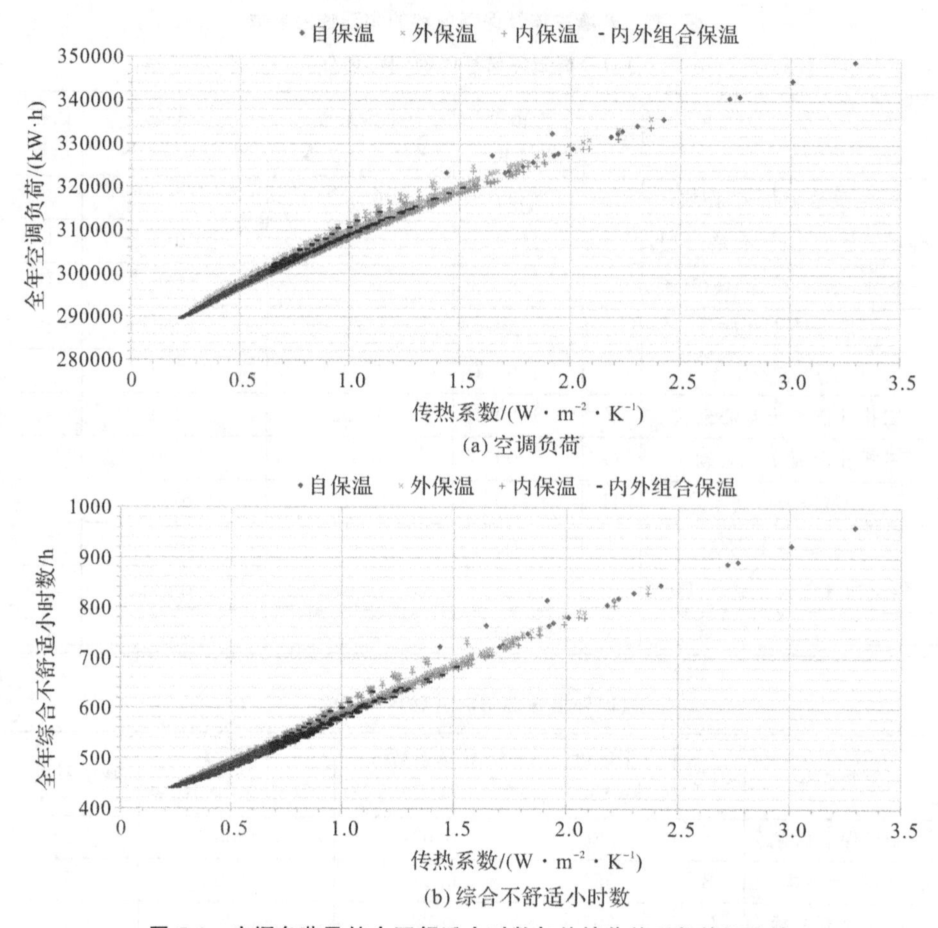

(a) 空调负荷

(b) 综合不舒适小时数

图 5-3　空调负荷及综合不舒适小时数与外墙传热系数的相关性

构造的建筑空调能耗最低，其次为外墙内外组合保温建筑，采用外墙外保温构造的建筑空调能耗最高，略高于外墙自保温建筑；采用外墙内外组合保温构造的建筑全年综合不舒适小时数最低，略低于外墙内保温建筑，采用外墙外保温的全年综合不舒适小时数最高，略高于外墙自保温建筑。然而由于不同外墙保温构造导致案例建筑全年空调能耗及综合不舒适小时数差异较小，实际应用过程中，各类保温构造都具有适宜性。

根据图 5-4 所示结果，外墙热惰性指标的变化对空调能耗及室内环境热舒适性也产生一定程度上的影响，但由于相关性较为复杂，同时热惰性指标受到外墙传热系数的影响，因此在本书所构建的夏热冬冷地区办公建筑随机调节行为模式下，外墙热惰性指标对空调负荷及不舒适小时数的影响能够间接通过外墙传热系数得到反映，使用外墙传热系数代表外墙热工性能即可。

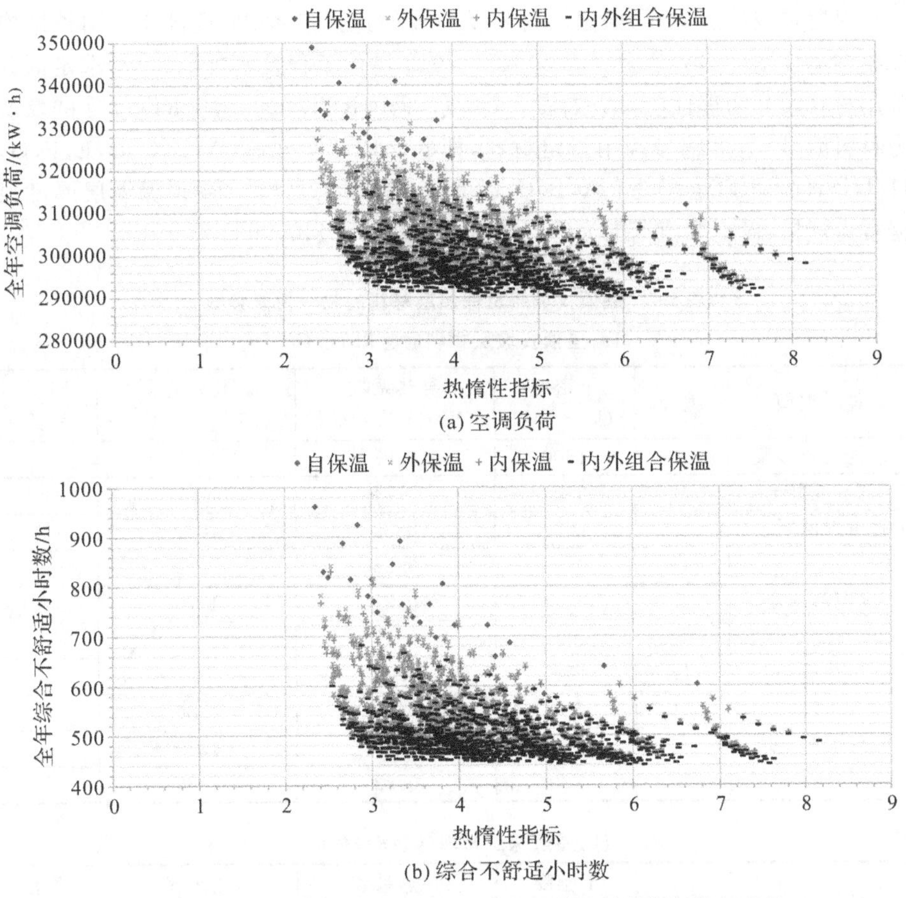

(a) 空调负荷

(b) 综合不舒适小时数

图 5-4　空调负荷及综合不舒适小时数与外墙热惰性指标的相关性

5.2.1.3　屋顶热工性能

屋顶构造的标准形式具体参考《2005 浙 J45 围护结构保温构造详图（一）》[153]，其构造层次及其在 Construction 目录下的内容如表 5-6 所示，其中屋顶找坡层的材料类型、保温层的材料类型及厚度为变量。

表 5-6　屋顶具体构造

Construction 目录下的层次命名		使用材料	厚度/mm
外表面	CEMENT_R	水泥石灰砂浆	20
保温层	ROOFINSU_@@RIT@@_@@RIW@@	@@RIT@@	@@RIW@@
防水层	H2O_P	聚氯乙烯卷材	2
找平层	CEMENT_R	水泥石灰砂浆	20
找坡层	ROOFSLOPE_@@RST@@	@@RST@@	80
结构层	ROOFCON	钢筋混凝土	120
内表面	MORTAR_R	混合砂浆	15

对屋顶找坡层材料、保温层材料及厚度的选择参考《2005 浙 J45 围护结构保温构造详图(一)》[153]及《GB 50345—2012 屋面工程技术规范》[156],选定部分常用材料及其物理性能参数如表 5-7 所示,@@RST@@、@@RIT@@的取值为材料编号,通过编号调用指定材料,即@@RST@@∈{A,B,C,D,E,F,G,H,I,J},@@RIT@@∈{ A,B,C,D,E,F,G,H,I,J,K}。屋顶保温层厚度根据常见规格,设定取值范围为@@RIW@@∈[0.01,0.06]。

表 5-7　屋顶找坡层及保温层材料的物理性能参数

(a)屋顶找坡层材料@@RST@@

材料类型	编号	干密度 /($kg \cdot m^{-3}$)	导热系数 /($W \cdot m^{-1} \cdot K^{-1}$)	比热容 /($J \cdot kg^{-1} \cdot K^{-1}$)	修正系数
水泥石灰砂浆	A	1800	0.93	1050	1
细石混凝土	B	2500	1.74	920	1
轻骨料混凝土	C	1600	0.89	1050	1.1
水泥珍珠岩	D	800	0.26	1170	1
	E	600	0.21	1170	1
	F	400	0.16	1170	1
炉渣	G	1000	0.29	920	1
加气混凝土块	H	500	0.19	1380	1
	I	600	0.2	1380	1
	J	700	0.22	1380	1

(b)屋顶保温材料@@RIT@@

材料类型	编号	干密度 /($kg \cdot m^{-3}$)	导热系数 /($W \cdot m^{-1} \cdot K^{-1}$)	比热容 /($J \cdot kg^{-1} \cdot K^{-1}$)	修正系数
挤塑聚苯板	A	28	0.03	1380	1.1
硬泡聚氨酯板	B	50	0.027	1380	1.2
无机保温砂浆	C	300	0.07	1200	1.2
泡沫混凝土	D	500	0.19	1050	1
加气混凝土	E	500	0.19	1380	1
	F	600	0.2	1380	1
	G	700	0.22	1380	1
泡沫玻璃	H	140	0.058	840	1.1
聚苯乙烯泡沫塑料	I	30	0.042	1380	1
膨胀珍珠岩	J	120	0.07	1170	1
	K	80	0.058	1170	1

综合屋顶找坡层材料、保温层材料及厚度的取值范围,通过热工计算获得屋顶传热系数取值范围为[0.49,2.62] $W/(m^2 \cdot K)$,热惰性指标取值范围为[2.74,4.02]。案例建筑空调供冷供热负荷及综合不舒适小时数与取值范围内

屋顶传热系数、热惰性指标的相关性分别如图 5-5 和图 5-6 所示。

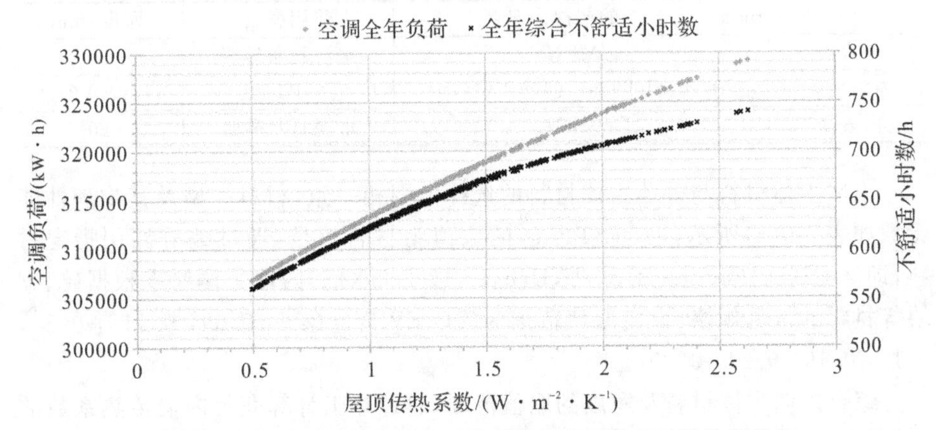

图 5-5　空调负荷及综合不舒适小时数与屋顶传热系数的相关性

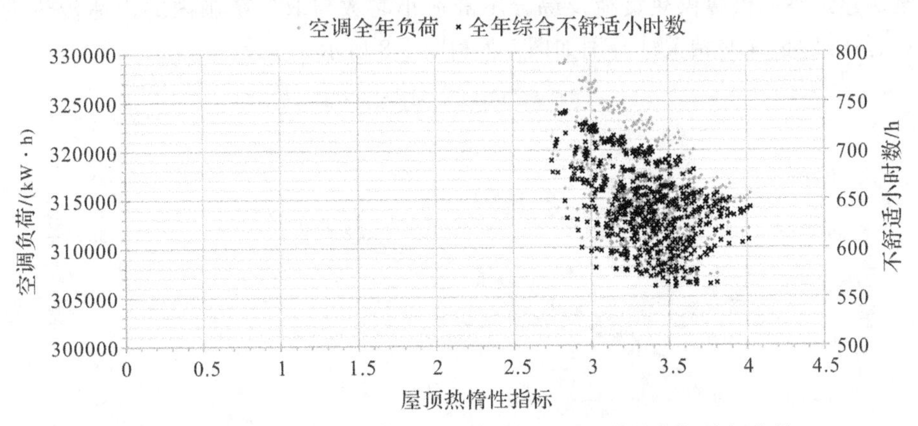

图 5-6　空调负荷及综合不舒适小时数与屋顶热惰性指标的相关性

根据图示结果，屋顶传热系数与案例建筑全年空调能耗及全年综合不舒适小时数呈显著的线性正相关，屋顶传热系数降低，屋顶热惰性指标则呈现上升趋势，从而使案例建筑全年空调能耗越低且全年综合不舒适小时数越小。与外墙同理，屋顶热惰性指标对空调负荷及不舒适小时数的影响能够间接通过屋顶传热系数得到反映，使用屋顶传热系数代表屋顶热工性能即可。

5.2.1.4　内墙热工性能

内墙构造的标准形式具体参考《14J105 烧结页岩砖、砌块墙体建筑构造》[155]，其构造层次及其在 Construction 目录下的内容如表 5-8 所示，其中内墙主体的材料类型及厚度为变量。

表 5-8 内墙具体构造

Construction 目录下的层次命名		使用材料	厚度/mm
外表面	CEMENT	水泥石灰砂浆	20
内墙主体	B_@@BT@@_@@BW@@	@@BT@@	@@BW@@
内表面	CEMENT	水泥石灰砂浆	20

内墙主体材料与外墙主体材料的选择范围相一致，材料类型及其物理性能参数如表 5-5(a)所示，@@BT@@的取值为材料编号，通过编号调用指定材料，即@@BT@@∈{A,B,C,D,E,F,G,H,I,J,X}。内墙主体厚度根据砖、砌块等材料的常见规格，设定取值范围为@@EWW@@∈{0.09，0.115，0.14，0.18，0.19，0.24，0.29}。

综合内墙主体材料及厚度的取值范围，通过热工计算获得内墙传热系数的取值范围为[0.69,4.96] W/(m^2·K)，热惰性指标取值范围为[1.37,6.74]。案例建筑空调供冷供热负荷及综合不舒适小时数与取值范围内的内墙传热系数、热惰性指标的相关性分别如图 5-7 和图 5-8 所示。

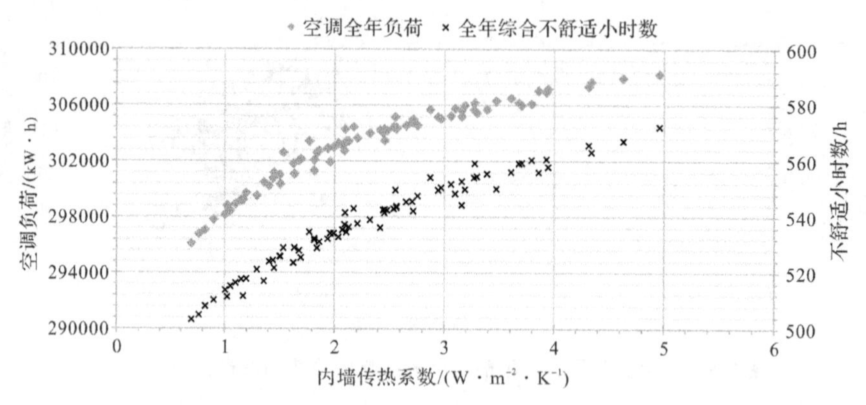

图 5-7 空调负荷及综合不舒适小时数与内墙传热系数的相关性

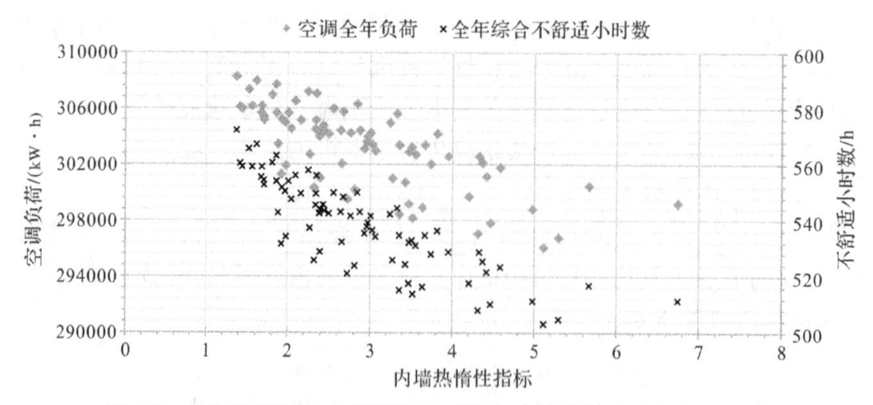

图 5-8 空调负荷及综合不舒适小时数与内墙热惰性指标的相关性

根据图示结果，内墙传热系数与案例建筑全年空调能耗及全年综合不舒适小时数呈显著的正相关；内墙传热系数降低，内墙热惰性指标则呈现上升趋势，从而使案例建筑全年空调能耗越低且全年综合不舒适小时数越小。与外墙同理，内墙热惰性指标对空调负荷及不舒适小时数的影响能够间接通过内墙传热系数得到反映，使用内墙传热系数代表内墙热工性能即可。

尽管相比于外墙、屋顶热工性能对建筑空调能耗及室内热舒适性的影响而言，内墙热工性能单项优化的作用效果较为有限，但在增量成本允许的情况下，优化内墙热工性能仍具有一定的意义。

5.2.1.5 楼板热工性能

楼板构造的标准形式具体参考《2005浙J45围护结构保温构造详图(一)》[153]，其构造层次及其在Construction目录下的内容如表5-9所示，其中楼板找平层的有无、保温材料的类型及厚度为变量。

表5-9 楼板具体构造

Construction目录下的层次命名		使用材料	厚度/mm
上表面	COVERCON	细石混凝土	30
结构层	SLABCON	钢筋混凝土	120
保温层	S_@@ST@@_@@SW@@	@@ST@@	@@SW@@
找平层	MORTAR_L	胶粉聚苯颗粒	@@SL@@
下表面	MORTAR_S	抗裂砂浆	5

对楼板保温层材料及厚度的选择参考《2005浙J45围护结构保温构造详图(一)》[153]，选定部分常用材料及其物理性能参数如表5-10所示，@@ST@@的取值为材料编号，通过编号调用指定材料，即@@ST@@∈{A,B,C}。找平层厚度根据常用构造中找平层的有无，设定取值范围为@@SL@@∈{0.000001,0.015}；楼板保温层厚度根据常见规格、同时考虑无保温层的情况，设定取值范围为@@SW@@∈[0.01,0.04]∪{0.000001}。

表5-10 楼板保温层材料@@ST@@的物理性能参数

材料类型	编号	干密度/$(kg\cdot m^{-3})$	导热系数/$(W\cdot m^{-1}\cdot K^{-1})$	比热容/$(J\cdot kg^{-1}\cdot K^{-1})$	修正系数
胶粉聚苯颗粒保温层	A	230	0.06	1200	1.2
膨胀聚苯板保温层	B	20	0.042	1380	1.2
挤塑聚苯板保温层	C	28	0.03	1380	1.1

综合楼板保温层材料及厚度的取值范围，通过热工计算获得楼板传热系数的取值范围为[0.60,4.09] $W/(m^2\cdot K)$，热惰性指标取值范围为[1.54,2.46]。案例建筑空调供冷供热负荷及综合不舒适小时数随取值范围内楼板传热系数、

热惰性指标变化而变化的关系分别如图 5-9、图 5-10 所示。

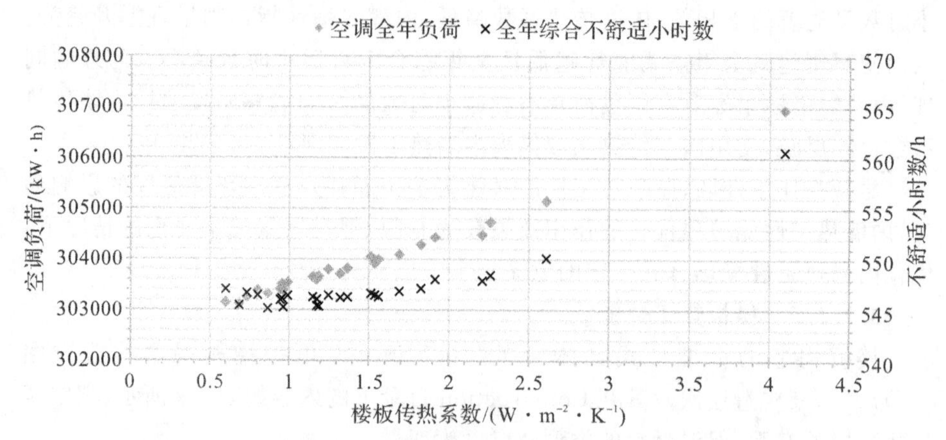

图 5-9 空调负荷及综合不舒适小时数与楼板传热系数的相关性

根据图示结果，楼板传热系数与案例建筑全年空调能耗呈线性正相关。楼板传热系数大于 1.0 W/(m^2·K)时，与全年综合不舒适小时数正相关；小于 1.0 W/(m^2·K)时，则与全年综合不舒适小时数呈负相关的趋势。楼板传热系数约 0.5～1.5 W/(m^2·K)的情况下，案例建筑全年空调能耗及综合不舒适小时数都能保持在较低的水平。

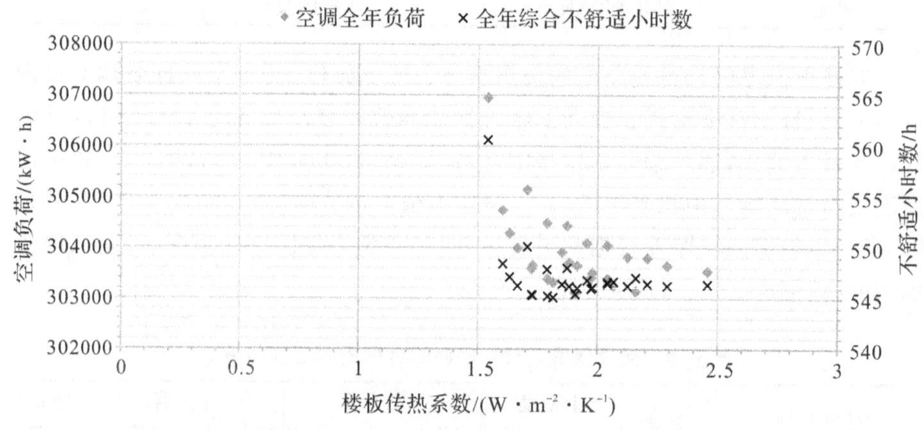

图 5-10 空调负荷及综合不舒适小时数与楼板热惰性指标的相关性

随着楼板传热系数的下降，楼板热惰性指标呈现出上升趋势，从而使案例建筑全年空调能耗和不舒适小时数越低；根据传热系数不同，楼板热惰性指标存在 1.7～2.0 之间的临界值，高于临界值，则全年综合不舒适小时数不会随热惰性指标升高而降低。因此对楼板进行热工性能优化时，将楼板传热系数控制在 1.0±0.5 W/(m^2·K)左右、热惰性指标随之取值在 2±0.3 左右时具有较好的优化效果。与外墙同理，楼板热惰性指标对空调负荷及不舒适小时数的影响能够间接通过楼板传热系数得到反映，使用楼板传热系数代表楼板热工性能即可。

5.2.1.6　外窗热工性能

外窗构造有多种形式，根据《2010 浙 J7 铝合金门窗》[157]对玻璃厚度、空气间层厚度的规定，本书选择常用的单层玻璃外窗(S)和空气间层厚度不同的双层中空玻璃外窗(D06、D09、D012；DD6、DD9、DD12)构造作为外窗构造形式@@GT@@的取值范围，即@@GT@@∈{S，D06，D09，D012，DD6，DD9，DD12}，即其构造层次和 Construction 目录下的内容不同，如表 5-11 所示，其中玻璃的材料类型为变量。

表 5-11　外窗具体构造

构造形式	Construction 目录下的层次命名		使用材料	厚度/mm
单层玻璃外窗(S)	外层玻璃	GM_@@GW@@	@@GW@@	6
中空玻璃外窗—1 (D06)	外层玻璃	GM_@@GW@@	@@GW@@	6
	空气间层	AIR	空气	6
	内层玻璃	GM_A	@@GW@@	6
中空玻璃外窗—2 (D09)	外层玻璃	GM_@@GW@@	@@GW@@	6
	空气间层	AIR	空气	9
	内层玻璃	GM_A	@@GW@@	6
中空玻璃外窗—3 (D012)	外层玻璃	GM_@@GW@@	@@GW@@	6
	空气间层	AIR	空气	12
	内层玻璃	GM_A	@@GW@@	6
中空玻璃外窗—4 (DD6)	外层玻璃	GM_@@GW@@	@@GW@@	6
	空气间层	AIR	空气	6
	内层玻璃	GM_@@GW@@	@@GW@@	6
中空玻璃外窗—5 (DD9)	外层玻璃	GM_@@GW@@	@@GW@@	6
	空气间层	AIR	空气	9
	内层玻璃	GM_@@GW@@	@@GW@@	6
中空玻璃外窗—6 (DD12)	外层玻璃	GM_@@GW@@	@@GW@@	6
	空气间层	AIR	空气	12
	内层玻璃	GM_@@GW@@	@@GW@@	6

对外窗玻璃材料的选择参考《2010 浙 J7 铝合金门窗》[157]，选定的玻璃材料及其热工性能参数如表 5-12 所示，@@GW@@的取值为材料编号，通过编号调用指定材料，即@@GW@@∈{A,B,C,D,E,F,G,H,I,J,K,L}。表中所述的太阳得热系数 SHGC 指外窗自身具有的太阳得热系数，而非考虑外遮阳构造遮阳系数的综合太阳得热系数。

表 5-12 玻璃材料@@GW@@热工性能参数

玻璃材质	编号	太阳透射系数	可见光透射系数	传热系数/(W·m⁻²·K⁻¹)	太阳得热系数 SHGC
普通白玻璃	A	0.775	0.881	5.778	0.819
普通蓝色玻璃	B	0.480	0.570	5.778	0.620
吸收型有色玻璃	C	0.111	0.128	5.778	0.328
吸收型白玻璃	D	0.814	0.847	5.778	0.842
反射型有色玻璃	E	0.099	0.155	5.778	0.306
反射型白玻璃	F	0.694	0.818	5.778	0.733
Low-E 玻璃	G	0.680	0.811	3.779	0.720
A 类高反射玻璃	H	0.160	0.201	4.975	0.321
A 类低反射玻璃	I	0.066	0.080	4.440	0.202
A 类中反射玻璃	J	0.110	0.140	4.664	0.261
D 类反射白玻璃	K	0.431	0.335	5.720	0.506
D 类反射有色玻璃	L	0.301	0.251	5.720	0.467

综合不同外窗构造及玻璃材料的取值范围，通过热工计算获得外窗传热系数的取值范围为[1.563,5.778] W/(m²·K)，外窗 SHGC(太阳得热系数)的取值范围为[0.103,0.842]。案例建筑空调供冷供热负荷及综合不舒适小时数随取值范围内外窗传热系数、外窗 SHGC 变化而变化的关系分别如图 5-11、图 5-12 所示。

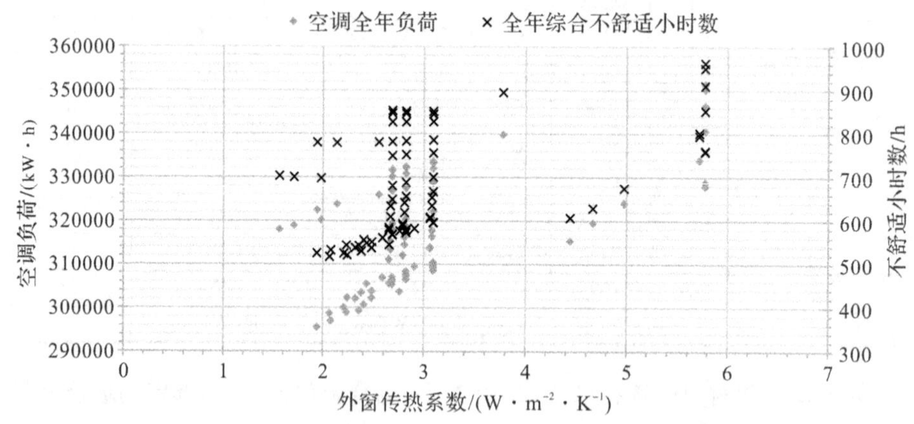

图 5-11 空调负荷及综合不舒适小时数与外窗传热系数的相关性

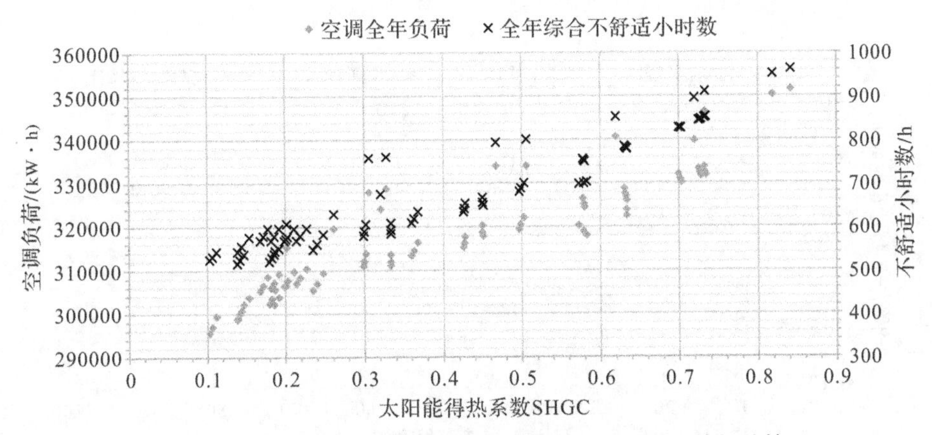

图 5-12　空调负荷及综合不舒适小时数与外窗 SHGC 的相关性

如图所示，外窗传热系数及外窗 SHCG(太阳得热系数)都与案例建筑全年空调能耗及综合不舒适小时数都存在显著的正相关性。图 5-11 表示，具有相同的外窗传热系数的外窗根据玻璃材质的不同具有不同的太阳得热系数(SHGC)，而对应的 SHGC 越小，全年空调能耗水平越低且全年综合不舒适小时数越少。

5.2.1.7　窗墙比

将各立面窗墙比分别作为单一变量，即依次将@@GRE@@、@@GRS@@、@@GRW@@、@@GRN@@的取值范围设定为[0,1]，图 5-13 和图 5-14 分别描述了案例建筑空调供冷供热负荷及综合不舒适小时数随东、南、西、北立面窗墙比变化而变化的关系。

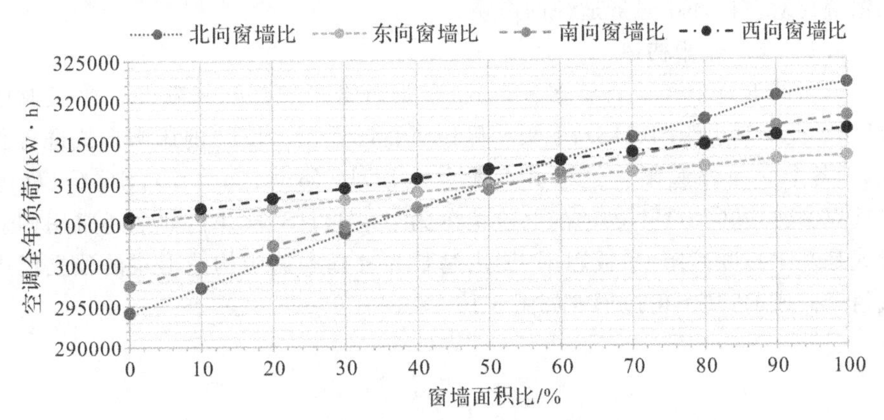

图 5-13　空调负荷与各立面窗墙比的相关性

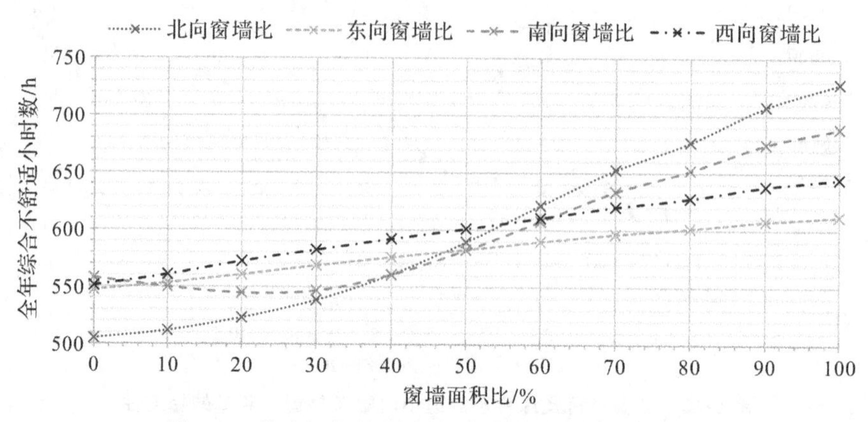

图 5-14　综合不舒适小时数与各立面窗墙比的相关性

根据图 5-13 所示结果，各个朝向的立面窗墙比与案例建筑空调全年能耗存在显著的线性正相关性，按各朝向窗墙比对空调全年能耗的影响程度从大到小排序：北向＞南向＞西向＞东向。根据图 5-14 所示结果，东、西、北立面窗墙比与案例建筑全年综合不舒适小时数也存在显著的线性正相关性；南立面的窗墙比则存在取值范围在 20％～30％之间的临界值，大于临界值则与综合不舒适小时数正相关，小于则负相关。

从改善窗墙比的层面对建筑进行优化设计，东、西立面（非板式建筑主立面）在对自然采光和通风无特殊需求的情况下，窗墙比宜尽可能低；南、北立面（板式建筑主立面）则需要综合考虑自然采光与通风的要求进行设计，尤其是南向窗墙比对室内环境热舒适性的影响。

5.2.1.8　遮阳构造

外窗的外遮阳构造具有多种形式，本书对常用的百叶遮阳（L）、平板遮阳（H）、平板＋侧边遮阳（HS）、平板＋侧边＋百叶遮阳（HSL）的遮阳形式进行研究，即各个立面外遮阳构造形式变量@@SDTE@@、@@SDTS@@、@@SDTW@@、@@SDTN@@的取值范围为{L，H，HS，HSL}，而上述常用构造形式是基于百叶遮阳、平板遮阳、侧边遮阳 3 种基本遮阳构造形式的独立使用或组合而成的，基本构造形式如图 5-15 所示。

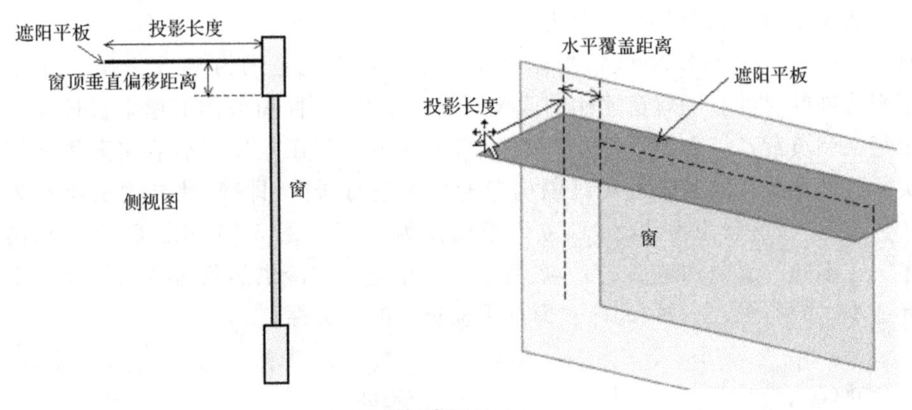

(a) 平板遮阳-H

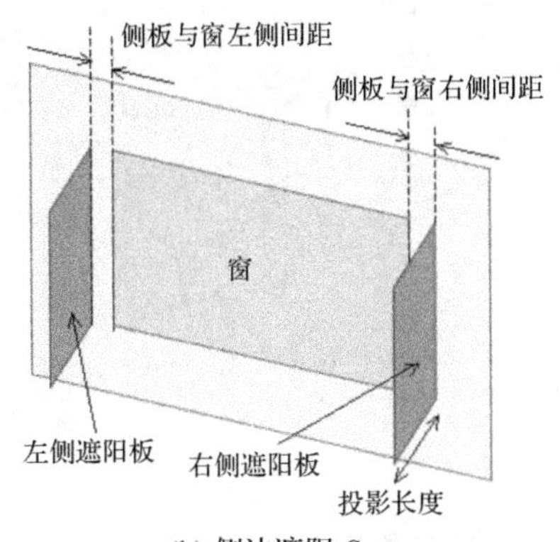

(b) 侧边遮阳-S

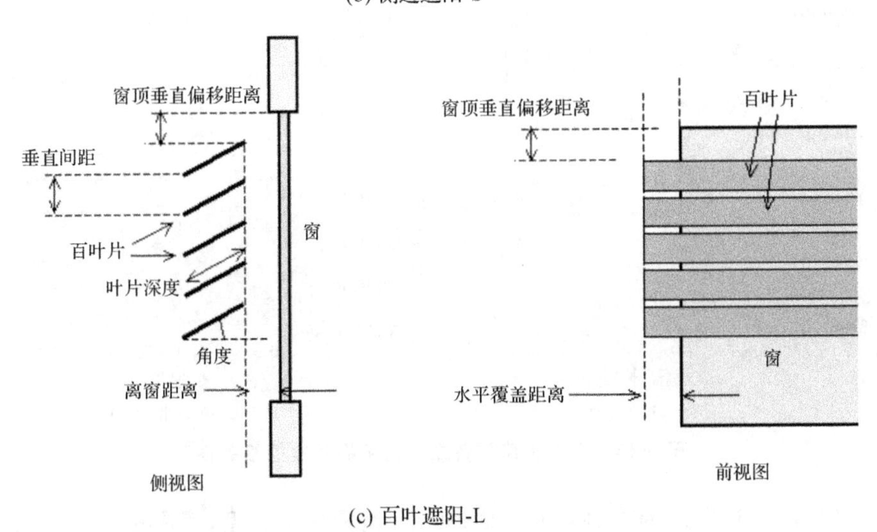

(c) 百叶遮阳-L

图 5-15　常用遮阳构造(来源:DesignBuilder/Help[83])

各立面遮阳板长度分别为变量@@SDLE@@、@@SDLS@@、@@SDLW@@、@@SDLN@@，根据常见规格设定取值范围为[0,1.8]m。由于遮阳构件的尺度会随着窗墙比的改变而发生变化，不同窗墙比下遮阳板长度与全年空调负荷及综合不舒适小时数的相关性可能存在差异。本节在案例建筑实际立面窗墙比的基础上对遮阳构造的影响进行研究，即南、北立面窗墙比为40%，东立面窗墙比为20%，西立面窗墙比为10%。图5-16和图5-17分别描述了在不同的遮阳构造形式下，案例建筑全年空调供冷供热负荷及全年综合不舒适小时数与东、南、西、北向立面遮阳板长度的相关性。

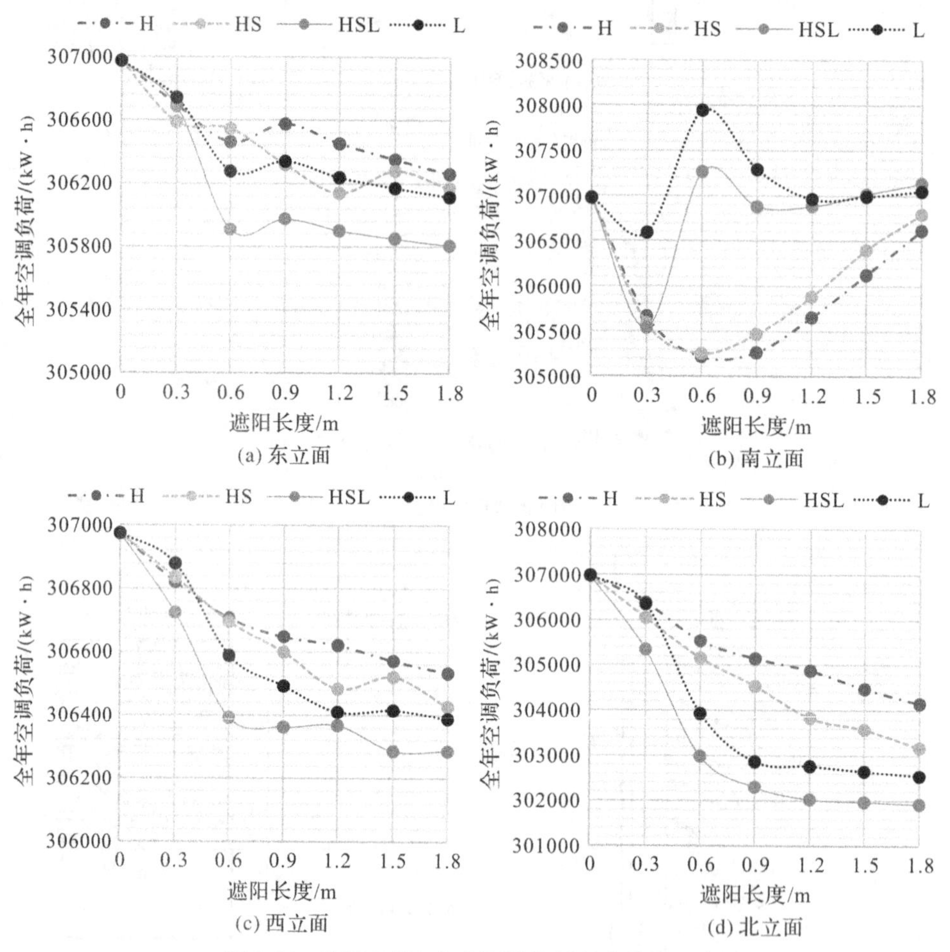

图 5-16　空调负荷与各立面遮阳板长度的相关性

如图5-16所示，对东、西、北立面的所有遮阳构造类型，遮阳板的长度与案例建筑全年空调负荷基本呈负相关的趋势，并且最有利于全年空调节能的遮阳构造形式皆为HSL(平板+侧边+百叶遮阳)。其中对东立面，遮阳板长度为

0.6m时，案例建筑空调负荷达到较低水平，尽管随着遮阳板长度增大空调负荷依然呈降低趋势，但下降幅度十分有限；同理对西、北立面，遮阳板长度大于0.6m时空调负荷下降趋势放缓且下降幅度有限。对南立面，遮阳板长度与空调负荷的相关性更为复杂，最有利于全年空调节能的遮阳构造形式为H(平板遮阳)，略优于HS(平板+侧边遮阳)；遮阳板长度存在某一临界值约等于0.6m，大于临界值则遮阳板长度与全年空调负荷正相关，小于临界值则负相关。

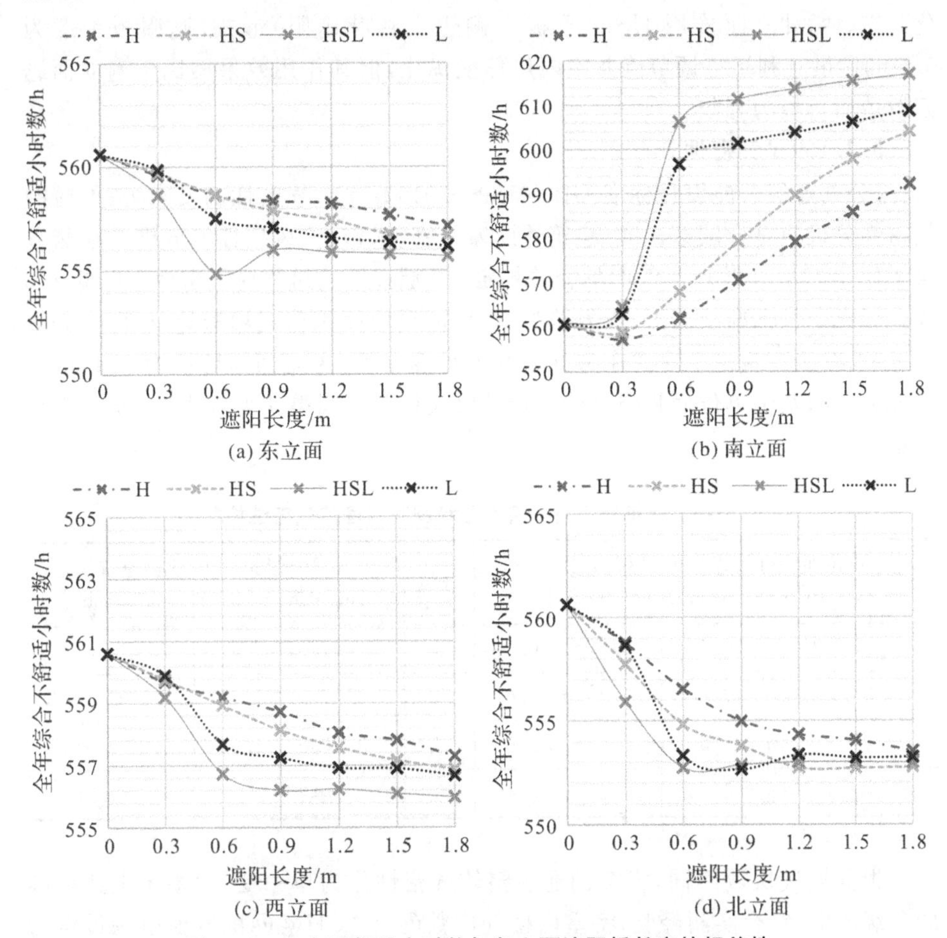

图5-17 综合不舒适小时数与各立面遮阳板长度的相关性

如图5-17所示，对东、西、北立面的所有遮阳构造类型，遮阳板的长度与案例建筑全年综合不舒适小时数基本呈负相关的趋势，并且最有利于室内环境热舒适性的遮阳构造形式皆为HSL(平板+侧边+百叶遮阳)。其中对东立面和北立面，遮阳板长度为0.6m时，案例建筑综合不舒适小时数达到最低；对西立面，遮阳板长度大于0.6m时综合不舒适小时数下降趋势放缓且下降幅度有限。

对南立面,遮阳板长度与案例建筑全年综合不舒适小时数基本呈正相关,最有利于提升室内环境热舒适性的遮阳构造形式为H(平板遮阳),其次为HS(平板+侧边遮阳);遮阳板长度存在某一临界值约等于0.3m,处于临界值时室内环境热舒适性最佳,大于临界值则遮阳板长度与全年综合不舒适小时数正相关,小于临界值则负相关。

从遮阳构造的方面对建筑设计进行优化,应着重关注南立面。南立面采用H(平板遮阳)形式、遮阳板长度为0.6m时,最有利于空调节能及室内热环境优化。东、西、北立面采用HSL(平板+侧边+百叶遮阳)形式、遮阳板长度为0.6m时,最有利于空调节能及室内热环境优化,但其作用效果相比于南立面遮阳改造而言极为有限。

5.2.1.9 气密性

《公共建筑节能设计标准 GB 50189—2015》[142]对气密性的要求为:外窗的气密性分级应符合国家标准《建筑外门窗气密、水密、抗风压性能分级及检测方法 GB/T 7106—2019》[158]中的相关规定,10层以下建筑外窗气密性不应低于6级。标准中将标准状态下、压力差为10Pa的单位面积空气渗透量 q_2 作为分级指标,以案例建筑每个房间作为气密性的计算单元,主立面窗墙比为0.4、房间长度为6m,基于单位面积空气渗透量分级表计算房间整体换气次数,如表5-13所示。

表5-13 建筑外门窗气密性分级及案例建筑气密性换算

分级	单位面积分级指标值 $q_2/(m^3 \cdot m^{-2} \cdot h^{-1})$	案例建筑气密性 q/ach	分级	单位面积分级指标值 $q_2/(m^3 \cdot m^{-2} \cdot h^{-1})$	案例建筑气密性 q/ach
1	$12 \geqslant q_2 > 10.5$	$0.8 \geqslant q > 0.7$	5	$6.0 \geqslant q_2 > 4.5$	$0.4 \geqslant q > 0.3$
2	$10.5 \geqslant q_2 > 9.0$	$0.7 \geqslant q > 0.6$	6	$4.5 \geqslant q_2 > 3.0$	$0.3 \geqslant q > 0.2$
3	$9.0 \geqslant q_2 > 7.5$	$0.6 \geqslant q > 0.5$	7	$3.0 \geqslant q_2 > 1.5$	$0.2 \geqslant q > 0.1$
4	$7.5 \geqslant q_2 > 6.0$	$0.5 \geqslant q > 0.4$	8	$q_2 \leqslant 1.5$	$q \leqslant 0.1$

根据换气次数不同,将案例建筑整体气密性作为单一变量,基于上述标准的分级阈值、结合实测经验,将室内换气次数@@ACH@@的取值范围设定为[0,2],图5-18描述了案例建筑空调供冷供热负荷及综合不舒适小时数与建筑整体气密性的相关性。

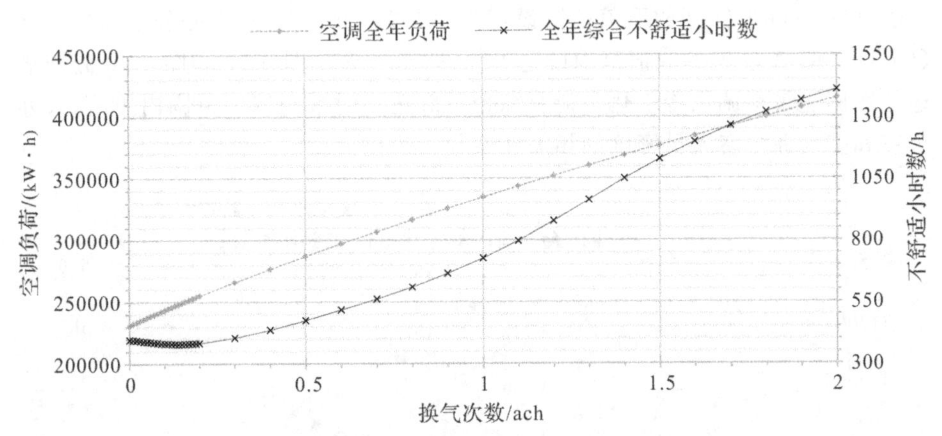

图 5-18　空调负荷及综合不舒适小时数与建筑整体气密性的相关性

根据图示结果，建筑整体气密性与案例建筑空调能耗呈显著的线性正相关。存在取值范围在 0.1～0.2ach 之间的某一临界值，高于临界值则空气渗透系数与案例建筑全年综合不舒适小时数呈正相关，低于临界值则气密性改善对室内环境的热舒适性无显著贡献。

因此，对案例建筑整体气密性进行改善能够达到空调节能及室内热环境优化的目的，但室内换气次数设计值低于 0.2ach 不利于提升室内环境的热舒适性。

5.2.2　建筑内扰要素的相关性分析

本节主要对案例建筑空调能耗及室内环境热舒适性与建筑内扰要素的相关性进行分析，着重探究人员密度、照明功率密度、设备功率密度等影响因子的优化设计对两项优化目标的作用效果。该类因子通常在建筑投入运行阶段后，根据房间功能及室内人员的需求确定，在建筑全生命周期中如果功能或人员发生变动，则存在发生改变的可能性。本节基于该类影响因子探究案例建筑节能优化潜力时，预设案例建筑中各房间的功能类型不变、室内人员的办公区间稳定，以全年为周期，将空调供冷和供热产生的总负荷及全年综合不舒适小时数作为评价基准进行研究。

5.2.2.1　人员密度

现行公共建筑节能设计标准规定了围护结构热工性能的权衡计算中所需要的内扰参数中，办公建筑的人均占有建筑面积为 10 m^2/人。该取值为通用值，未针对人员安排的不同为办公房间提供差异化的参数取值。

将单/双人办公室和多人办公室的人员密度分别作为单一变量，根据对样本办公建筑的现场调研结果，以人均面积作为评价指标，单/双人办公室人员密度@@DANOCC@@的取值范围设定为[12,24] m^2/人,多人办公室人员密度@@DUOOCC@@的取值范围设定为[3,9] m^2/人。图 5-19 和图 5-20 分别描述了案例建筑空调供冷供热负荷及综合不舒适小时数与取值范围内单/双人办公室和多人办公室人员密度的相关性。

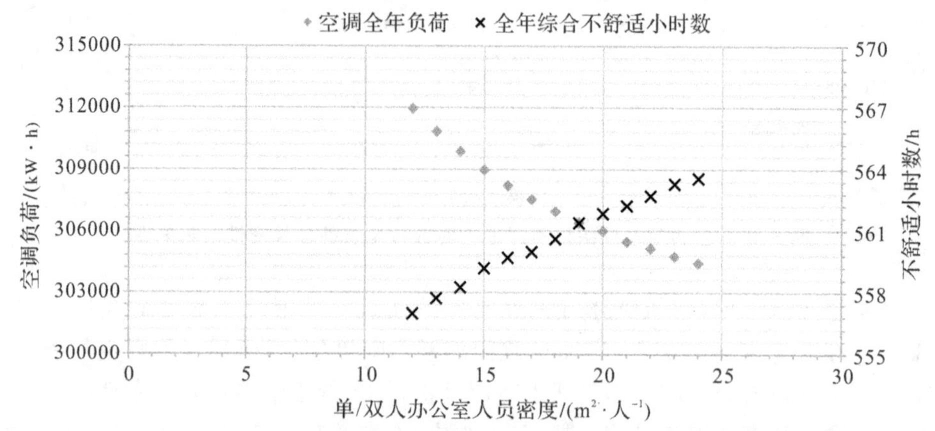

图 5-19 空调负荷及综合不舒适小时数与单/双人办公室人员密度的相关性

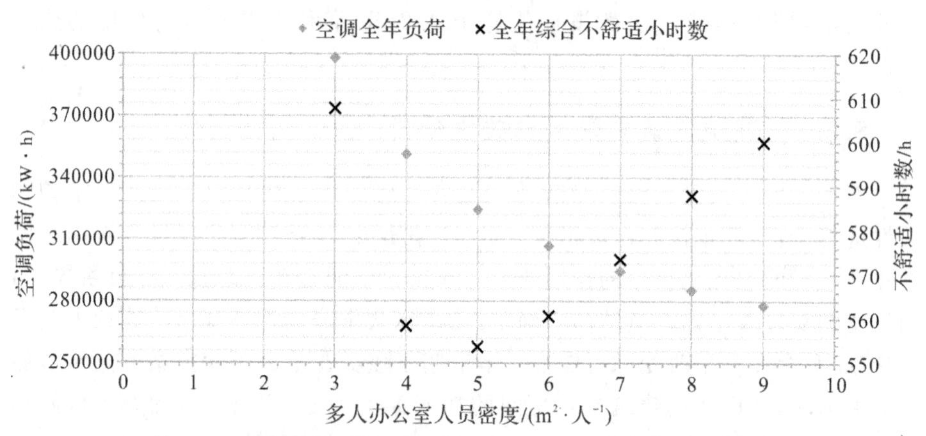

图 5-20 空调负荷及综合不舒适小时数与多人办公室人员密度的相关性

根据图示结果,人均面积与案例建筑全年空调负荷呈负相关。对单/双人办公室,人均面积在取值范围内与案例建筑全年综合不舒适小时数呈正相关;对多人办公室,存在临界值约等于 5m^2/人,等于临界值时,案例建筑室内环境热舒适性最佳,大于临界值则案例建筑全年综合不舒适小时数与人均面积呈正相关,小于临界值则负相关。

5.2.2.2　照明功率密度

现行公共建筑节能设计标准规定了围护结构热工性能的权衡计算中所需要的内扰参数中，办公建筑的照明功率密度值设定为 9W/m²。根据既有建筑的实际运行情况不同，照明功率密度值也有所差异。

将照明功率密度作为单一变量，结合对样本建筑的现场调研结果，将@@LD@@的取值范围设定为[6,18]W/m²，图 5-21 描述了案例建筑空调供冷供热负荷及综合不舒适小时数与取值范围内照明功率密度的相关性。

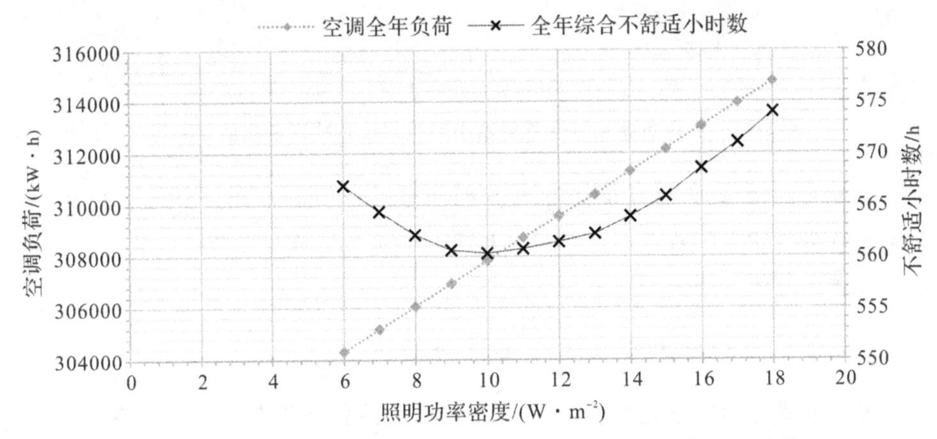

图 5-21　空调负荷及综合不舒适小时数对照明功率密度的相关性

根据图示结果，照明功率密度与案例建筑全年空调负荷呈线性正相关。存在临界值约等于 10W/m²，照明功率密度等于临界值时案例建筑室内环境热舒适性最佳，大于临界值时案例建筑全年综合不舒适小时数与照明功率密度呈正相关，小于临界值时则呈负相关。

5.2.2.3　设备功率密度

现行公共建筑节能设计标准规定了围护结构热工性能的权衡计算中所需要的内扰参数中，办公建筑的设备功率密度值设定为 15 W/m²，该取值为通用值，未针对不同类型的办公房间提供差异化的参数取值，并且取值设定是以房间面积作为计数的基础。

由于对样本建筑的实地调研结果表明办公建筑中室内设备通常与房间内的人员相匹配，因此本书以单位人数的设备功率作为计数方式。将设备功率密度作为单一变量，根据样本建筑室内人员办公形式的不同，将@@ED@@的取值范围设定为[0,300]W/人，图 5-22 描述了案例建筑空调供冷供热负荷及综合不舒适小时数与设备功率密度的相关性。

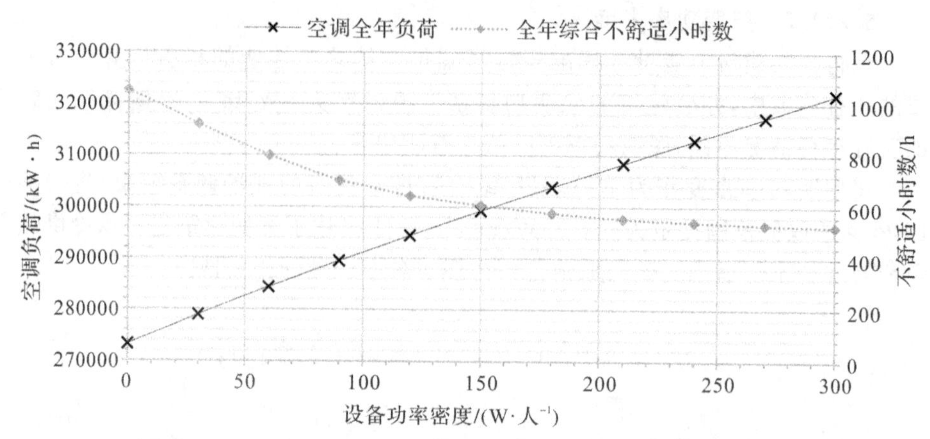

图 5-22 空调负荷及综合不舒适小时数对设备功率密度的相关性

根据图示结果,设备功率密度与案例建筑全年空调负荷呈线性正相关,与案例建筑全年综合不舒适小时数呈负相关。设备功率密度大于 100W/人时,综合不舒适小时数下降的趋势放缓。

5.2.3 调节行为要素的相关性分析

本节主要对案例建筑空调能耗及室内环境热舒适性与建筑内使用者的调节行为要素的相关性进行分析,着重探究人员对空调在不同工况下的设定温度、外窗开启与空调使用行为的耦合方式等影响因子的优化实施对案例建筑的作用效果。该类因子通常在建筑运行阶段中由使用者根据自身的偏好进行确定,在建筑全生命周期内可能会频繁地发生变动。本节基于该类影响因子探究案例建筑优化潜力时,根据本书 4.1 节中确定的空调使用特征阶段,将空调在各个阶段分别产生的供冷、供热负荷及综合不舒适小时数作为评价基准进行研究,为不同气候特征下的案例建筑提供使用者调节行为的优化建议。

5.2.3.1 空调设定温度

使用 EnergyPlus 进行全年空调供冷及供热工况模拟时,必须满足冬季空调供热设定温度低于夏季空调供冷设定温度的要求。而对样本建筑的实测调研结果表明,建筑使用者在冬季空调供热设定温度高于夏季空调供冷设定温度的情况多有发生,因此在进行相关性分析时,分别在空调供冷工况和供热工况下不同的特征阶段对案例建筑进行单独模拟。将空调供热和供冷设定温度分别作为单一变量,根据空调自身温度设定的限制以及实地的调研情况,冬季空调供热设定温度@@HSP@@和夏季空调供冷设定温度@@CSP@@的取值范围均设定为[18,30]。图 5-23 描述了案例建筑在不同空调使用特征阶段的空调供冷供热负荷及综合不舒适小时数与取值范围内空调设定温度的相关性。

根据图 5-23 所示结果，在不同的空调使用特征阶段，空调供冷、供热设定温度对案例建筑空调能耗及室内环境热舒适性的影响存在差异。供冷工况下，空调设定温度与案例建筑空调供冷负荷呈负相关；供热工况下，空调设定温度与案例建筑空调供热负荷呈正相关。在供冷工况的春末与秋初阶段、初夏与夏末阶段以及盛夏阶段，空调设定温度分别为 25℃、24℃和 23℃时，案例建筑综合不舒适小时数最低；在供热工况的秋末与春初阶段、初冬与冬末阶段以及严冬阶段，空调设定温度为 26℃时，案例建筑综合不舒适小时数最低。

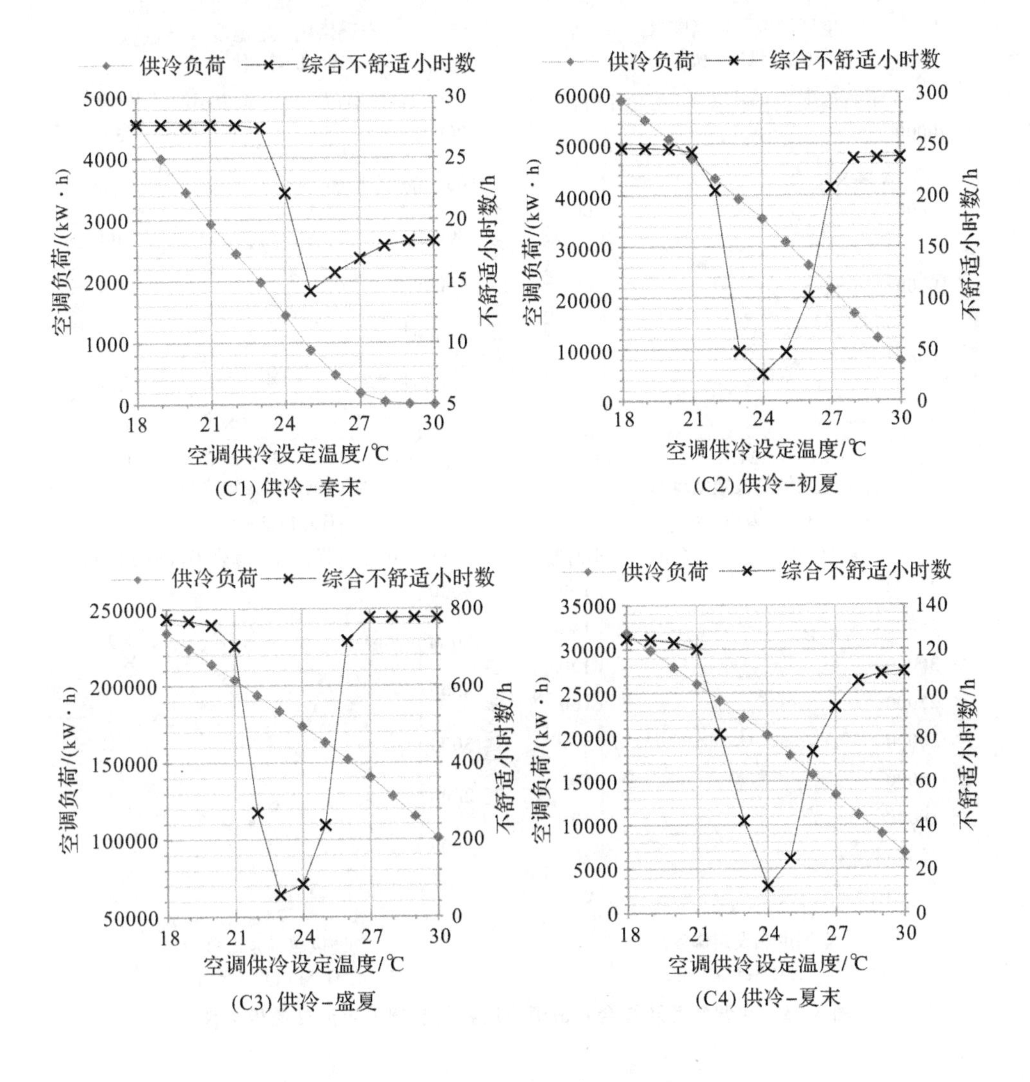

(C1) 供冷-春末

(C2) 供冷-初夏

(C3) 供冷-盛夏

(C4) 供冷-夏末

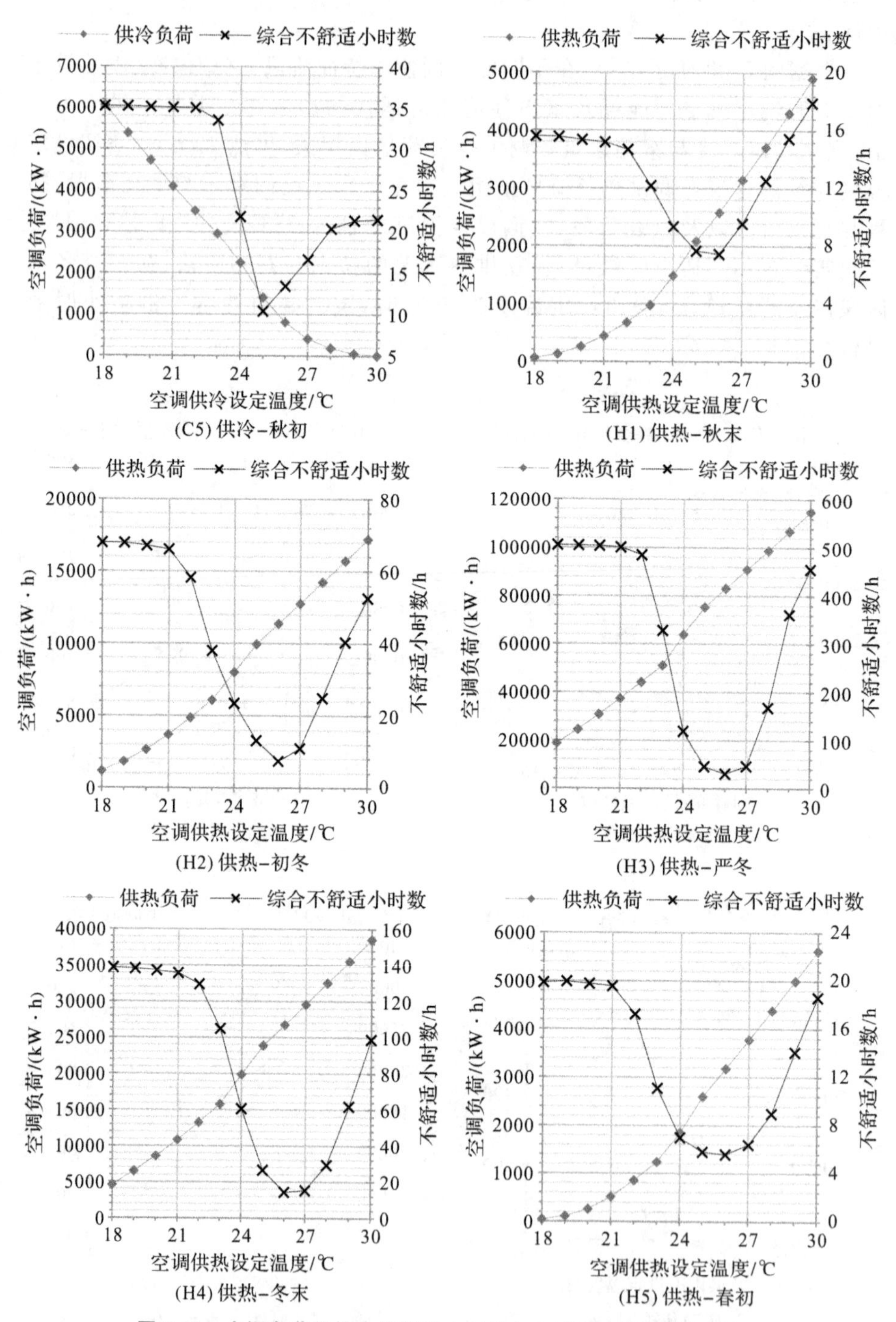

图 5-23　空调负荷及综合不舒适小时数与空调设定温度的相关性

因此，为了改善各气候阶段下室内环境的热舒适性，春末与秋初宜将空调供冷温度设定为 25℃、初夏与夏末宜设定在 23～25℃、盛夏宜设定在 23～24℃；秋末与春初、初冬与冬末、严冬宜将空调供热温度设定在 25～27℃。

5.2.3.2　外窗控制模式

本书 4.4 节主要探讨外窗控制与空调使用耦合的 5 种方式，分别为基于实测结果的默认模式（M0）、8：00—9：00 时段外窗固定开启的早间定时模式（M1）、17：00—8：00 时段外窗固定开启的夜间定时通风模式（M2）、全天外窗开启状态与空调开启状态相反的全天互斥模式（M3）、17：00—8：00 时段外窗开启状态与空调开启状态相反的夜间互斥模式（M4）。将外窗控制模式作为单一变量，即@@NV@@的取值范围设定为{M_0，M_1，M_2，M_3，M_4}，分别指向模拟过程中调用的不同耦合模式，图 5-24、5-25 分别描述了案例建筑在供冷、供热工况下不同空调使用特征阶段的空调负荷及综合不舒适小时数与外窗控制模式的相关性。

如图 5-24 所示，供冷工况下，在各个空调使用特征阶段不同的外窗控制方案的作用效果不同。春末与秋初，外窗控制模式 M2 较有利于室内环境的热舒适性，但由于各种外窗控制模式下案例建筑综合不舒适小时数都处在极低水平，对提升室内环境热舒适性的作用效果有限。初夏与夏末阶段，外窗控制模式 M2 最有利于空调节能，模式 M3 和 M4 也有助于降低空调能耗；外窗控制模式 M1、M3、M4 较有利于室内环境的热舒适性，模式 M2 则导致初夏与夏末阶段综合不舒适小时数最高。盛夏阶段，外窗控制模式 M3 和 M4 较为有利于空调节能的同时也使案例建筑盛夏综合不舒适小时数处在较低的水平。

因此在春末与秋初阶段，案例建筑宜使用夜间定时通风的 M2 模式进行外窗控制，较有利于空调节能，同时对室内环境热舒适性的不利影响可以忽略；在初夏与夏末阶段，宜使用全天互斥的 M3 模式或夜间互斥的 M4 模式进行外窗控制，对空调节能及室内环境热舒适性的提升都有较为显著的作用；在盛夏阶段，同样宜使用全天互斥的 M3 模式或夜间互斥的 M4 模式进行外窗控制，最有利于空调节能的同时也最有利于提升室内环境的热舒适性。

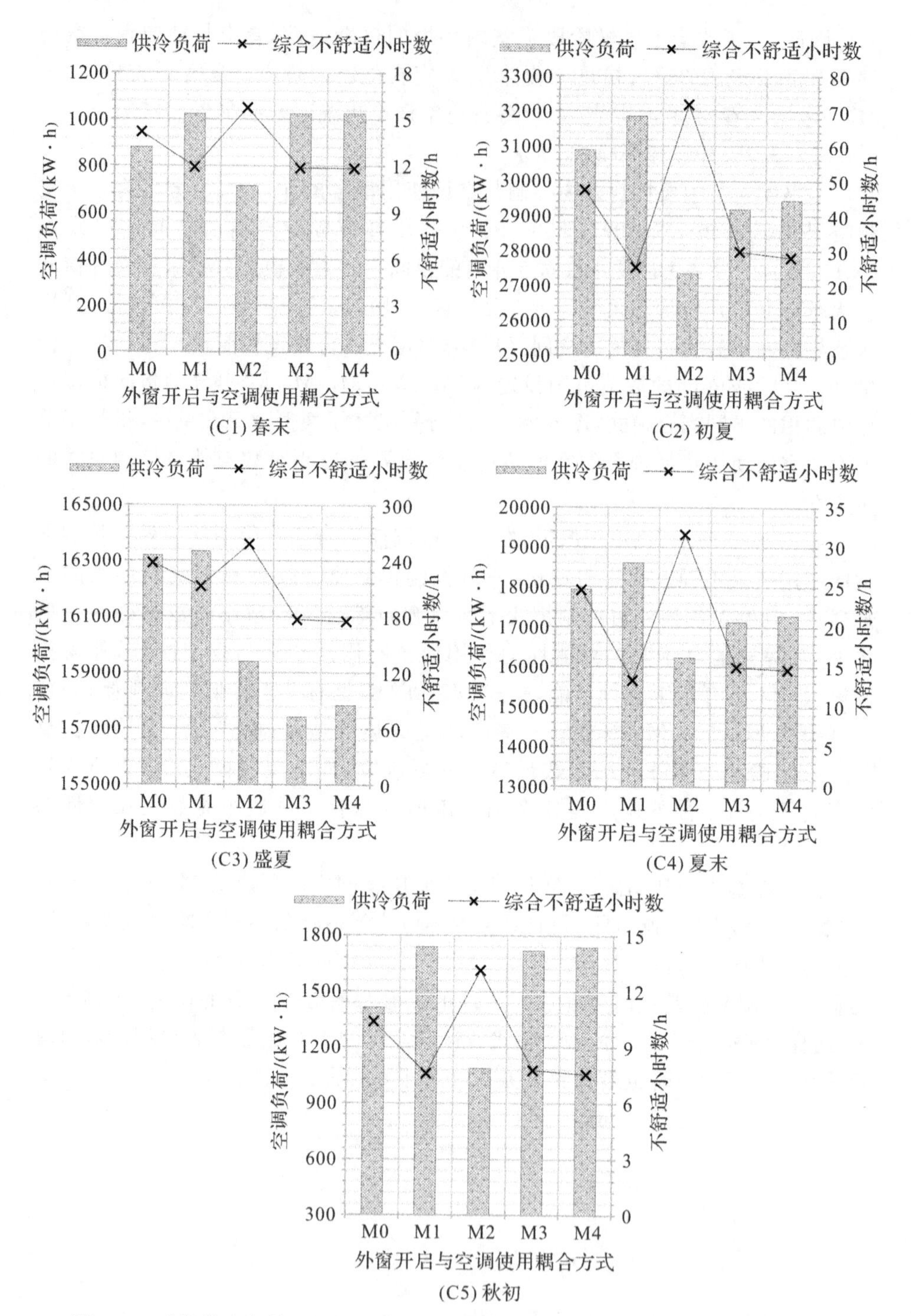

图 5-24　空调供冷负荷及综合不舒适小时数与外窗控制模式的相关性(供冷工况)

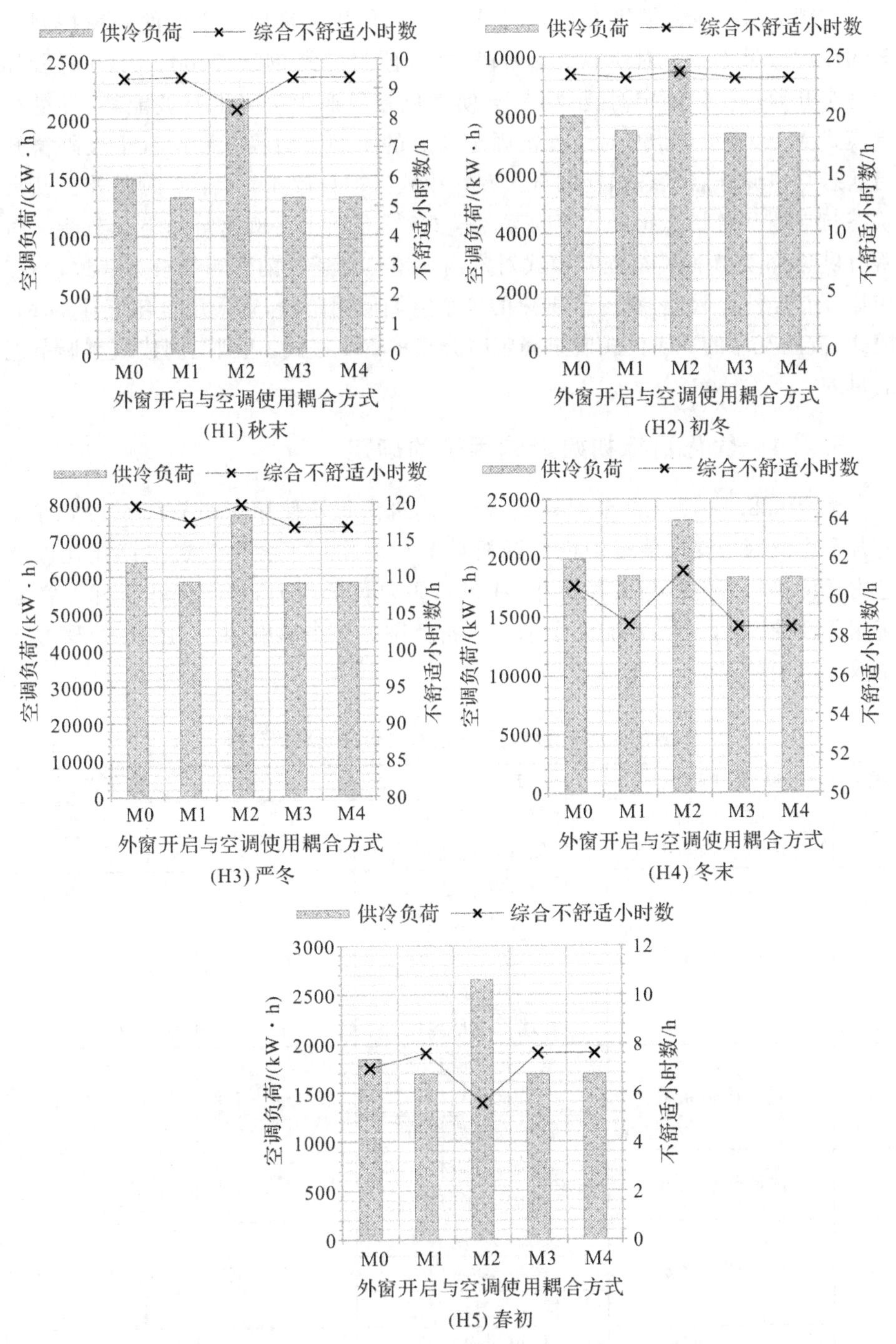

图 5-25　空调供热负荷及综合不舒适小时数与外窗控制模式的相关性(供热工况)

如图 5-25 所示，供热工况下，在各个空调使用特征阶段不同的外窗控制方案的作用效果不同。对所有供热阶段，外窗控制模式 M2(17:00—8:00 时段外窗固定开启进行夜间定时通风)都会使案例建筑产生较高的空调能耗，外窗控制模式 M1(8:00—9:00 时段外窗固定开启的早间定时模式)、M3(全天外窗开启状态与空调开启状态相反的全天互斥模式)、M4(17:00—8:00 时段外窗开启状态与空调开启状态相反的夜间互斥模式)较有利于案例建筑的空调节能。对所有供热阶段，5 种外窗控制模式对室内环境热舒适性的影响都较为一致，不存在显著差异性。因此，在冬季供热的各个空调使用阶段，宜采用全年互斥的 M3 模式、夜间互斥的 M4 模式或早间定时开启的 M1 模式，达到案例建筑空调节能的目的。

5.2.4 优化目标初始影响因子的确定

结合 5.2.1—5.2.3 节对建筑设计、建筑内扰及使用者调节行为三个方面的各个影响因子在取值范围内与随机调节行为作用下案例建筑空调能耗以及室内环境热舒适性的相关性分析，在进行重要性分析时，将与优化目标存在显著相关性的 28 个初始影响因子纳入分析范围。各个影响因子的参数管理方式及取值范围如表 5-14 所示。

表 5-14 初始影响因子的参数管理及取值范围

编号	初始影响因子	动态参数	单位	取值范围
1	建筑朝向	建筑北向偏转角度	°	[−90,90]
2	外墙保温构造形式	外墙保温构造形式	—	{S,E,I,C}
3	外墙传热系数	外墙保温构造形式	$W/(m^2 \cdot K)$	[0.23,3.29]
		外墙主体材料		
		外墙主体厚度		
		外墙保温材料		
		外墙保温层厚度		
4	屋顶传热系数	屋顶找坡层材料	$W/(m^2 \cdot K)$	[0.49,2.62]
		屋顶保温材料		
		屋顶保温层厚度		
5	内墙传热系数	内墙主体材料	$W/(m^2 \cdot K)$	[0.69,4.96]
		内墙主体厚度		
6	楼板传热系数	楼板找平层有无	$W/(m^2 \cdot K)$	[0.60,4.09]
		楼板保温材料		
		楼板保温层厚度		
7	外窗传热系数	外窗层次构造	$W/(m^2 \cdot K)$	[1.563,5.778]
		外窗主体材料		

续表

编号	初始影响因子	动态参数	单位	取值范围
8	外窗 SHGC	外窗层次构造		[0.103,0.842]
		外窗主体材料		
9	东向窗墙比	东向窗墙比	—	[0,1]
10	南向窗墙比	南向窗墙比		
11	西向窗墙比	西向窗墙比		
12	北向窗墙比	北向窗墙比		
13	东向遮阳构造	东向遮阳构造	—	{H,HS,HSL,L}
14	南向遮阳构造	南向遮阳构造		
15	西向遮阳构造	西向遮阳构造		
16	北向遮阳构造	北向遮阳构造		
17	东向遮阳板长度	东向遮阳板长度	m	[0,1.8]
18	南向遮阳板长度	南向遮阳板长度		
19	西向遮阳板长度	西向遮阳板长度		
20	北向遮阳板长度	北向遮阳板长度		
21	气密性	换气次数	ach	[0,2]
22	人员密度—单双人	人员密度—单双人	m^2/人	[12,24]
23	人员密度—多人	人员密度—多人	m^2/人	[3,9]
24	照明功率密度	照明功率密度	W/m^2	[6,18]
25	设备功率密度	设备功率密度	W/人	[0,300]
26	空调供冷设定温度	空调供冷设定温度	℃	[18,30]
27	空调供热设定温度	空调供热设定温度	℃	[18,30]
28	外窗控制方案	外窗控制与空调使用行为耦合	—	{M_0,M_1,M_2,M_3,M_4}

5.3　优化目标影响因子的重要性分析

5.3.1　基于随机调节行为的重要性分析

本节通过 jEPlus 对表 5-14 所列出的初始影响因子进行动态参数管理，并辅助 EnergyPlus 使用 2.4.1 节所述 Sobol 随机序列生产方法对各参数进行组合，将这 28 个初始影响因子作为动态参数，营造出共计 5000 种工况下，分别在空调供冷和供热下产生案例的建筑空调负荷以及全年不舒适小时数。

根据初始影响因子的自变量取值及对应的模拟结果（因变量取值），根据 2.3.1节所述基于随机森林回归的重要性分析方法，使用式(2-4)和式(2-5)对所有初始影响因子进行重要性评分计算。为了便于比较分析，将计算结果进行归一化处理，用 0～1 的数值表示随机调节行为作用下各项影响因子的相对重要性，并绘制图表，如图 5-26 所示。

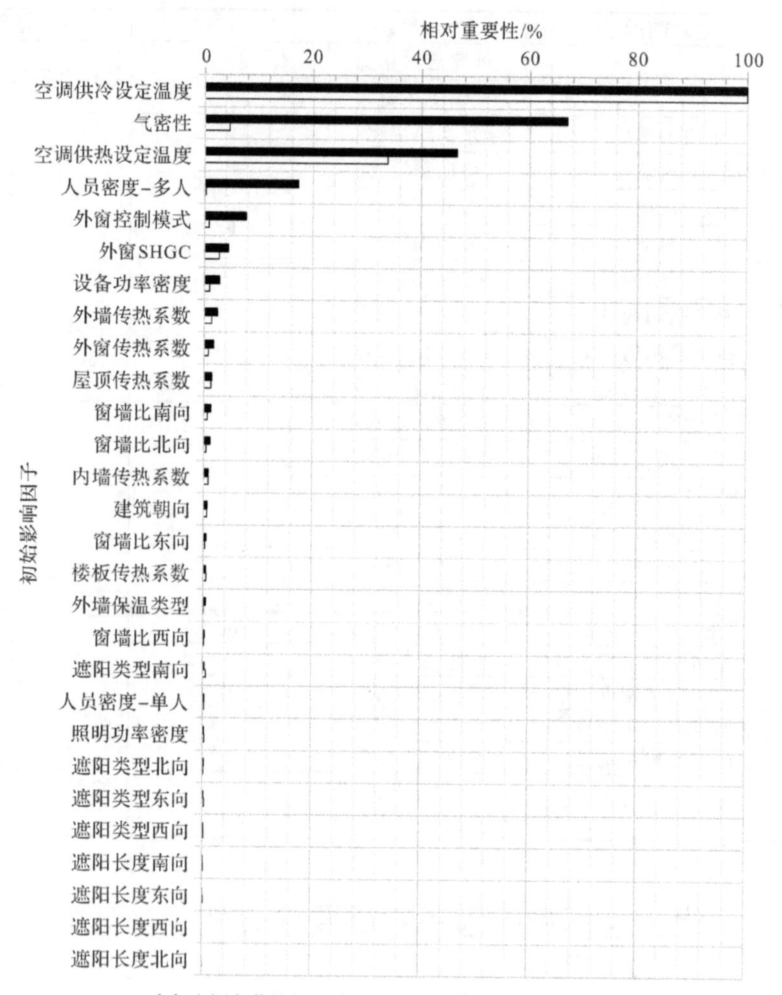

图 5-26 随机调节行为下初始影响因子的相对重要性对比

根据重要性评分结果，在随机调节行为作用下，不同影响因子对全年空调负荷及全年综合不舒适小时数的重要性不同，其中空调供冷设定温度、空调供热设定温度、气密性对空调能耗及室内环境热舒适性都有显著的影响；多人办公室人员密度、外窗控制模式对空调能耗的影响较为显著，对室内环境热舒适性的影响较为有限；外窗的太阳得热系数(SHGC)、设备功率密度、外墙传热系数、外窗传热系数、屋顶传热系数、南向与北向窗墙比、内墙传热系数以及建筑朝向对空调能耗及室内环境热舒适性的相对重要性都在0.5%以上，具有一定程度的影响。

5.3.2 基于固定作息行为的重要性分析

同理，通过该方法计算在固定作息下初始影响因子对案例建筑空调能耗及室内环境热舒适性的相对重要性如图5-27所示，其中，固定作息的设置参考《公共建筑节能设计标准 GB 50189—2015》的附录B围护结构热工性能的权衡计算中的作息表。

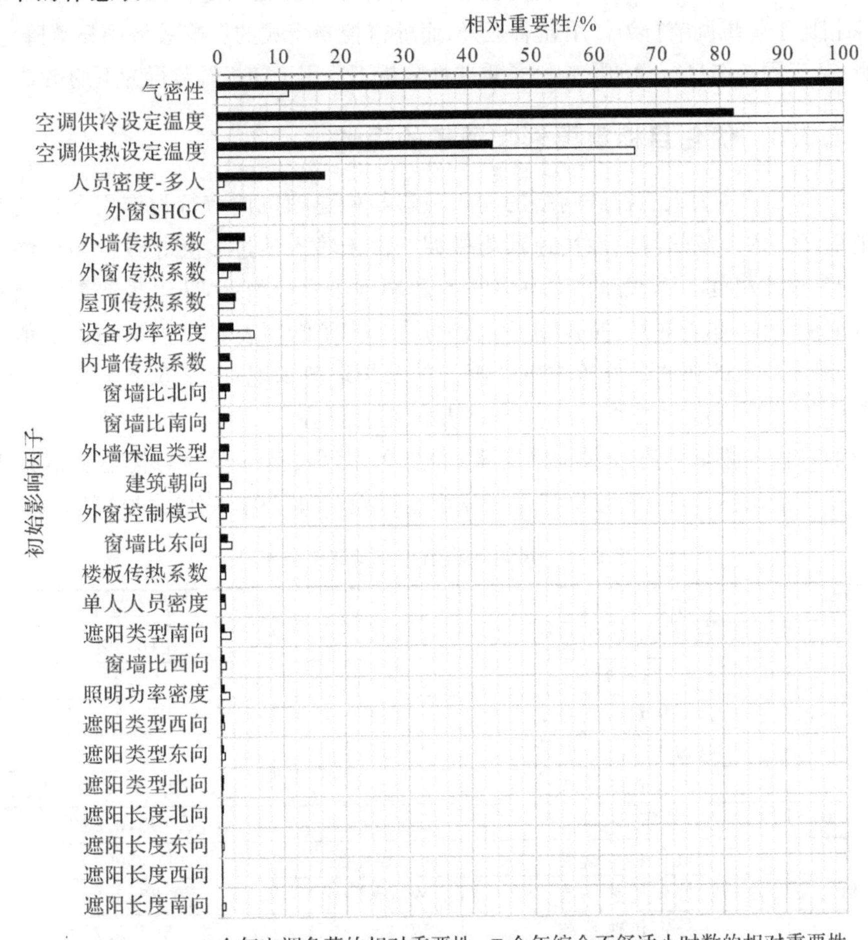

图5-27 固定作息下初始影响因子的相对重要性对比

根据重要性评分结果，在固定作息行为下，不同影响因子对全年空调负荷及全年综合不舒适小时数的重要性不同，其中气密性、空调供冷设定温度、空调供热设定温度对空调能耗及室内环境热舒适性都有显著的影响；多人办公室人员密度对空调能耗的影响较为显著，对室内环境热舒适性的影响较为有限；外窗的太阳得热系数(SHGC)、外墙传热系数、外窗传热系数、屋顶传热系数、设备功率密度、内墙传热系数、南向与北向窗墙比、外墙保温类型、建筑朝向、外窗控制模式、东向与西向窗墙比、楼板传热系数、单/双人办公室人员密度、南向遮阳类型、照明功率密度对空调能耗及室内环境热舒适性的相对重要性都在0.5%以上，具有一定程度的影响。

固定作息下对全年空调负荷及全年综合不舒适小时数的相对重要性高于0.5%的影响因子为21项，显著高于随机调节行为下的14项。此外，固定作息下气密性对空调能耗的影响效果更为显著，外墙保温类型在固定作息行为下的影响效果相比于随机调节行为作用显著提升，而外窗控制模式的影响效果则显著降低。因此，基于固定作息行为的影响因子重要性分析不适用于随机调节行为下的情景。

5.3.3 优化目标重要影响因子的提炼

影响因子作为人工神经网络的输入项参与构建随机调节行为作用下建筑空调能耗及室内环境热舒适性快速预测模型。由于输入项过多会导致神经网络的不稳定、预测精度下降，因此，本书对初始影响因子进行精简，获得重要影响因子及其取值范围，如表5-15所示：其中大部分影响因子沿用表5-15所对应的取值范围，反映5.2节的相关性分析中各个因子的常用取值情况；由于5.2.1节所述建筑朝向与目标变量的相关性分析结果表明自变量在[−90,0]与[0,90]区间时对应的目标变量取值存在对称的关系，因此在作为决策变量参与构建多情景工况目标变量数据库时，为避免结果重复产生误差，仅以[0,90]作为取值范围。

表5-15 重要影响因子及其取值范围

编号	优化影响因子	单位	取值范围
1	空调供冷设定温度	℃	[18,30]
2	气密性	ach	[0,2]
3	空调供热设定温度	℃	[18,30]
4	人员密度—多人办公室	m^2/人	[3,9]
5	外窗控制模式	—	$\{M_0,M_1,M_2,M_3,M_4\}$
6	外窗SHGC	—	[0.103,0.842]
7	设备功率密度	W/人	[0,300]
8	外墙传热系数	$W/(m^2\cdot K)$	[0.23,3.29]
9	外窗传热系数	$W/(m^2\cdot K)$	[1.563,5.778]
10	屋顶传热系数	$W/(m^2\cdot K)$	[0.49,2.62]
11	南向窗墙比	—	[0,1]
12	北向窗墙比	—	[0,1]
13	内墙传热系数	$W/(m^2\cdot K)$	[0.69,4.96]
14	建筑朝向	°	[0,90]

此外，初始影响因子中的非重要影响因子则根据实际建筑设计运行特征以及相关性分析的结果设定为固定值，赋值结果如表5-16所示。东向、西向窗墙

比根据实际建筑设计特征保留固定取值为 20%和 10%；楼板传热系数根据 5.2.1节的相关性研究结果，固定值为优化取值 1.0W/m²·K，有利于两个目标变量的优化；外墙保温类型根据常用构造形式取值为 E(外保温)；南向遮阳类型设定为 H(平板遮阳)，东、西、北向则设定为 HSL(平板＋侧边＋百叶)，遮阳板长度统一设定为 0.6m 时，有利于两个目标变量的优化；单/双人办公室的人员密度则根据建筑实际运行特征保留固定取值为 18m²/人；照明功率密度根据 5.2.2 节的相关性研究结果以及现行公共建筑节能设计标准的推荐取值，设定为 9W/m²。

表 5-16　非重要影响因子及其赋值

编号	非重要影响因子	单位	固定值
1	东向窗墙比	—	20%
2	楼板传热系数	W/(m²·K)	1
3	外墙保温类型	—	E
4	西向窗墙比	—	10%
5	南向遮阳类型	—	H
6	人员密度—单/双人办公室	m²/人	18
7	照明功率密度	W/m²	9
8	北向遮阳类型	—	HSL
9	东向遮阳类型	—	HSL
10	西向遮阳类型	—	HSL
11	南向遮阳长度	m	0.6
12	东向遮阳长度	m	0.6
13	西向遮阳长度	m	0.6
14	北向遮阳长度	m	0.6

基于上述重要性分析的结果，非重要影响因子设定为优化固定取值，以重要影响因子为输入项，参与构建基于人工神经网络的建筑空调能耗及室内环境热舒适性快速预测模型。

5.4　本章小结

本章首先通过运行使用者调节行为随机预测模型，产生案例建筑中各个房间的空调使用及外窗控制行为随机行为序列，并使用参数化的描述方法翻译为建筑动态能耗模拟软件 EnergyPlus 的输入参数。基于使用者的实际随机调节行为模式及建筑设计、运行特征，对案例建筑在典型年供冷、供热工况下的空调能耗进行模拟校核，校核结果表示通过 EnergyPlus 模拟获得的随机调节行为下案例建筑空调能耗预测值与空调能耗实测值误差小，因此能够通过模拟对案例建筑的优化策略展开研究。

为了探究案例建筑在现行节能标准工况下，在单一影响因子作用下所具有的优化潜力，参考现行《公共建筑节能设计标准》中对围护结构热工性能限值的规定，使用单一变量法对建筑设计要素、建筑内扰要素以及调节行为要素中的各个影响因子与空调能耗及室内环境热舒适性的相关性进行研究。尽管大量的影响因子与两项目标变量存在显著的相关性，但过多的影响因子作为输入项参与构建基于人工神经网络的快速预测模型则会导致网络稳定性差、预测精度低等问题。

因此，本节基于初始影响因子所营造的多情景工况下的案例建筑空调能耗及室内环境热舒适性数据库，分别在随机调节行为作用下与固定作息下对初始影响因子进行重要性分析，结果表明不同影响因子作用效果的优先级排序存在显著差异。因此根据随机调节行为作用下的分析结果筛选重要影响因子作为输入项构建精简的快速预测模型，即预测模型的决策变量；非重要影响因子则根据其与目标变量的相关性，在优化取值的阈值范围内或根据案例建筑的实际设计运行特征取固定值，仅作为预测模型的常量。

第6章　空调能耗及室内环境热舒适性快速预测模型构建

本章基于第5章对空调能耗及室内环境热舒适性影响因子的重要性分析结果，以重要影响因子参与构建的多情景工况下的目标变量数据库为数据基础，通过人工神经网络方法实现目标变量快速预测模型的构建及校核工作。空调能耗及室内环境热舒适性快速预测模型能够用于案例建筑的节能优化方案实施效果的快速预测与评估，同时也能够作为多目标遗传算法的适应度函数的构建基础，探究多目标优化问题的最优策略，具有较高的工程应用价值。

6.1　多情景工况下目标变量数据库的获取

基于人工神经网络方法构建案例建筑空调能耗及室内环境热舒适性的快速预测模型，神经网络需要对充足的数据样本展开学习，以求能够准确反映出输入变量与输出变量之间的映射关系。

为获得充足且准确的数据样本，根据2.4.1节所述多情景工况下目标变量数据库的营造方法，本书以第5章分析获得的空调能耗及室内环境热舒适性的重要影响因子为输入变量，根据表5-15所示的各个变量取值范围，使用jEPlus的参数管理将其设定为动态参数，通过Sobol序列方法重新模拟获得5000个记录了输入变量取值的输入向量。使用EnergyPlus对各个输入向量执行模拟并获得相应的输出向量，从而产生一个完整的数据样本。随机选取5000个数据样本中的4000个作为训练样本集，剩余的1000个作为测试样本集。

各个输入变量具有不同的量纲，数值的绝对大小差别很大，由于初始情况下各个变量具有同等重要的地位，神经网络直接使用原始数据样本展开学习，可能使预测模型的误差增大且收敛性下降。因此，需要对原始数据样本进行预处理，使用式(6-1)对数据进行归一化，将数值统一量化为[0,1]区间内的实数。

$$x_i'=\frac{x_i-\min x_i}{\max x_i-\min x_i} \tag{6-1}$$

式中，x_i'为经过预处理后的第 i 个输入变量的取值；x_i 为未经处理时第 i 个输入变量的原始取值；$\max x_i$ 和 $\min x_i$ 分别为所有数据样本中第 i 个输入变量取值的最大值和最小值。

6.2 神经网络结构及参数设置

本书第 5 章对建筑设计要素、建筑内扰要素、使用者行为要素三大方面中提取的共计 28 项影响因子进行了重要性分析。根据重要性评分的计算结果，将其中的 14 项影响因子作为重要影响因子，作为参与构建案例建筑空调能耗及室内环境热舒适性快速预测模型的输入变量；其余 14 项则为非重要影响因子，根据相关性分析的结果取值为优化的固定值，不作为变量。

输入变量中同时包括了提取自建筑设计要素、建筑内扰要素、使用者行为要素的重要影响因子，其中建筑设计要素在建筑全生命周期中通常不发生改变，建筑内扰要素在建筑功能及人员构成不变的情况下也通常不发生改变，而使用者行为要素受室内人员主观能动性的影响，在全年不同阶段频繁发生变化，即在全年不同的特征阶段，提取自使用者行为要素的重要影响因子的最优取值并不相同。在使用者行为影响因子的作用下，直接构建以全年为周期的预测模型，获得的预测结果是使用者调节行为全年保持固定的情况下的空调能耗及室内环境热舒适性，并不符合实际建筑的运行特征。因此，基于本书 4.1 节对空调使用特征阶段的划分，本节分别以春末与秋初、初夏与夏末、盛夏、秋末与春初、初冬与冬末、严冬共计 6 个不同的空调使用特征阶段对应的日期为执行预测的周期，构建各个特征阶段对应的目标变量快速预测模型。在预测案例建筑的全年空调能耗及室内环境热舒适性时，输入变量中提取自建筑设计要素和建筑内扰要素的影响因子在 6 个模型中取值同步、提取自使用者行为要素的影响因子在 6 个模型中各自在取值范围内独立取值，各个模型根据相应输入变量的取值预测获得输出变量后，将结果累加即获得全年的预测结果。

根据 BP 神经网络的结构形式，每个特征阶段的预测模型包含输入层、隐含层和输出层三个层次，本书构建的预测模型具有 13 个输入层节点和 2 个输出层节点，分别对应了不同的决策变量与目标变量，模型示意图如图 6-1 所示。输入变量中外墙传热系数、屋顶传热系数、内墙传热系数、外窗传热系数、外窗 SHGC、南向窗墙比、北向窗墙比、气密性、主立面朝向为建筑设计要素，设备功率密度、多人办公室人员密度为建筑内扰要素，空调使用与外窗控制相耦合的通风模式、空调制冷/制冷设定温度为调节行为要素。

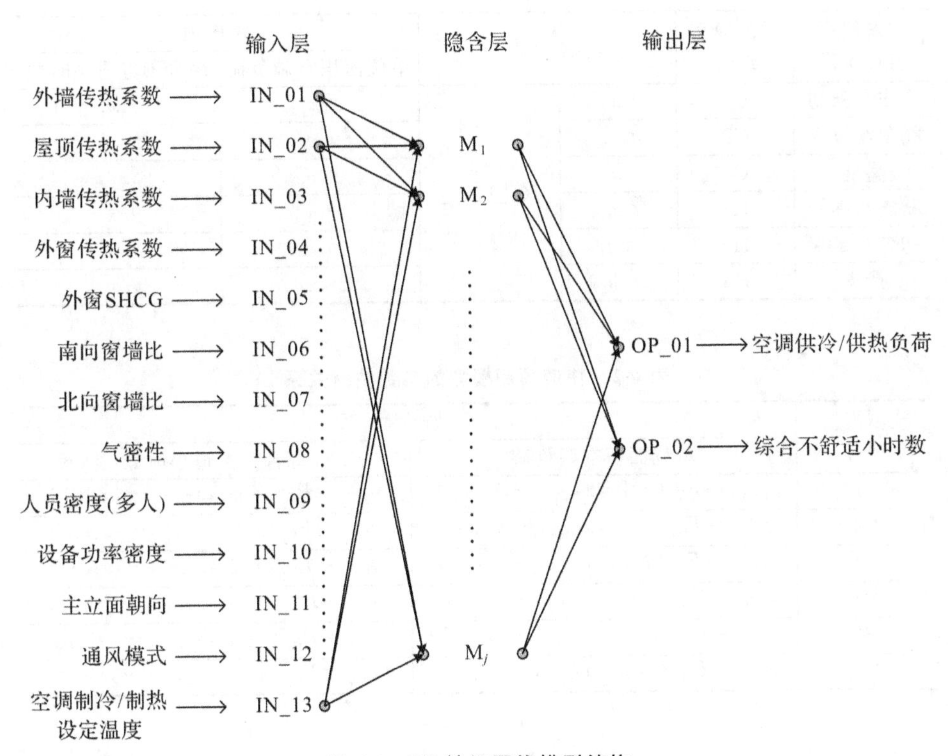

图 6-1 BP 神经网络模型结构

隐含层单元数的确定较为复杂，迄今为止不存在一个计算公式能够用于直接输出理想的隐含层单元数。然而，隐含层单元数对模型的精度以及运算效率都存在显著的影响，因此通过合理的方法来确定最佳隐含层单元数是构建基于神经网络的预测模型的重要环节。

隐含层单元数的参考值 n_1 可表示为[159]：

$$n_1=\sqrt{n+m}+a \tag{6-2}$$

式中，n 为输入单元数；m 为输出单元数；a 为取值在[1,10]之间的常数。

根据式(6-2)计算隐含层单元数参考值的边界值，从最小单元数 $\min n_1$ 开始试算，逐步增加到最大单元数 $\max n_1$，比较每次训练完成后测试集的相对误差结果，由此来选择最佳的隐含层单元数。

基于神经网络，针对不同空调使用特征阶段构建快速预测模型，最终获得不同阶段的快速预测模型的编号以及输入输出项信息，如表 6-1 所示，输入项与输出项之间对应的函数映射关系如表 6-2 所示。

表 6-1　快速预测模型的基本信息

空调使用特征阶段	预测模型编号	输入项		输出项	
				单位面积空调负荷	综合不舒适小时数
春末与秋初	C1	x_{i,C_1}	$i\in[1,13]$	y_{1,C_1}	y_{2,C_1}
初夏与夏末	C2	x_{i,C_2}		y_{1,C_2}	y_{2,C_2}
盛夏	C3	x_{i,C_3}		y_{1,C_3}	y_{2,C_3}
秋末与春初	H1	x_{i,H_1}		y_{1,H_1}	y_{2,H_1}
初冬与冬末	H2	x_{i,H_2}		y_{1,H_2}	y_{2,H_2}
严冬	H3	x_{i,H_3}		y_{1,H_3}	y_{2,H_3}

表 6-2　快速预测模型的函数映射关系

预测模型编号	函数映射关系	
	单位面积空调负荷	综合不舒适小时数
C1	$y_{1,C_1}=F_{C_1}(x_{1,C_1},x_{2,C_1},\cdots,x_{13,C_1})$	$y_{2,C_1}=P_{C_1}(x_{1,C_1},x_{2,C_1},\cdots,x_{13,C_1})$
C2	$y_{1,C_2}=F_{C_2}(x_{1,C_2},x_{2,C_2},\cdots,x_{13,C_2})$	$y_{1,C_2}=P_{C_2}(x_{1,C_2},x_{2,C_2},\cdots,x_{13,C_2})$
C3	$y_{1,C_3}=F_{C_3}(x_{1,C_3},x_{2,C_3},\cdots,x_{13,C_3})$	$y_{1,C_3}=P_{C_3}(x_{1,C_3},x_{2,C_3},\cdots,x_{13,C_3})$
H1	$y_{1,H_1}=F_{H_1}(x_{1,H_1},x_{2,H_1},\cdots,x_{13,H_1})$	$y_{2,H_1}=P_{H_1}(x_{1,H_1},x_{2,H_1},\cdots,x_{13,H_1})$
H2	$y_{1,H_2}=F_{H_2}(x_{1,H_2},x_{2,H_2},\cdots,x_{13,H_2})$	$y_{2,H_2}=P_{H_2}(x_{1,H_2},x_{2,H_2},\cdots,x_{13,H_2})$
H3	$y_{1,H_3}=F_{H_3}(x_{1,H_3},x_{2,H_3},\cdots,x_{13,H_3})$	$y_{2,H_3}=P_{H_3}(x_{1,H_3},x_{2,H_3},\cdots,x_{13,H_3})$

6.3　不同工况下目标变量快速预测模型的预测结果校核分析

根据本书 2.4 节所述基于人工神经网络的建筑空调能耗及室内环境热舒适性快速预测模型的构建方法，本节对每个空调使用特征阶段建立了案例建筑目标变量快速预测模型。

本节首先使用 BP 神经网络构建预测模型，使用 Java 作为程序语言编写平台，将 BP 神经网络的误差精度设定为 1×10^{-5}，使用 Adam 优化器[160,161]作为训练函数，最大迭代次数为 2000 次。BP 神经网络的训练误差目标为均方误差 mse＜0.001，或者在进行连续 10 次迭代后 mse 下降的幅度低于 0.1%。

随后使用 GA-BP 神经网络构建预测模型。遗传算法 GA 的参数设定中，最大迭代次数为 1000 次，种群大小为 10，交叉概率为 0.4，变异概率为 0.1，在此基础上获得优化的权值和阈值，作为 BP 神经网络的初始权值和阈值参与模型训练。BP 神经网络的最大迭代次数为 1000 次，其他的参数设定维持不变。

6.3.1　春末与秋初工况预测模型校核

分别使用 BP 神经网络和 GA-BP 神经网络训练春末与秋初阶段的 C1 预测模型，经过试算，最佳隐含层单元数为 13。如图 6-2 所示，当 BP 网络迭代次数为 1900 时，mse 下降的幅度低于 0.1%，函数收敛，训练结束；经过 GA 算法优化，BP 网络迭代次数为 1000 时，mse 下降幅度低于 0.1%，函数收敛，训练结束。分别通过调用完成训练的 BP 神经网络和 GA-BP 神经网络，对测试集的数据样本展开预测，并根据预测结果与实际模拟结果的线性拟合情况绘制图表，如图6-3和图 6-4 所示。

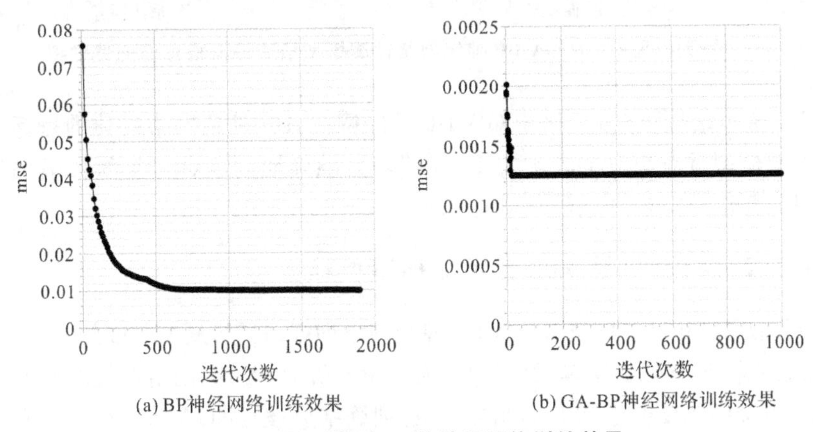

(a) BP神经网络训练效果　(b) GA-BP神经网络训练效果

图 6-2　预测模型 C1 的神经网络训练效果

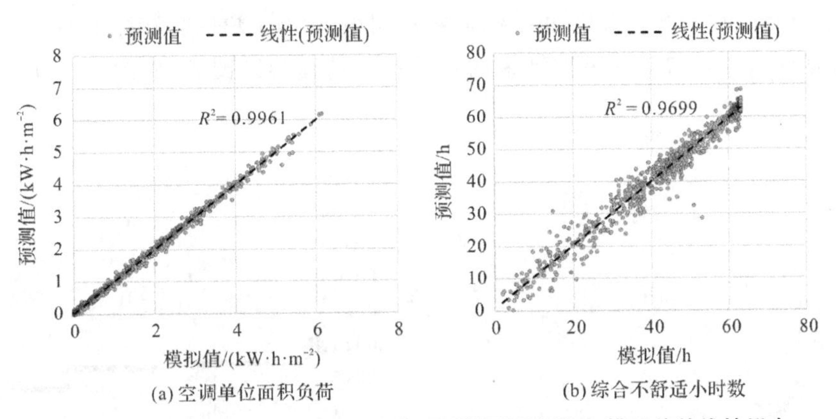

(a) 空调单位面积负荷　(b) 综合不舒适小时数

图 6-3　预测模型 C1 的 BP 神经网络预测模型预测值与模拟值的线性拟合

根据预测与模拟结果的对比分析，BP 神经网络构建预测模型 C1 进行空调负荷预测的平均相对误差为 4.1%，进行综合不舒适小时数预测的平均相对误差为 6.9%；GA-BP 神经网络构建预测模型 C1 进行空调负荷预测的平均相对误差为 5.8%，进行综合不舒适小时数预测的平均相对误差为 9.0%。由图 6-3

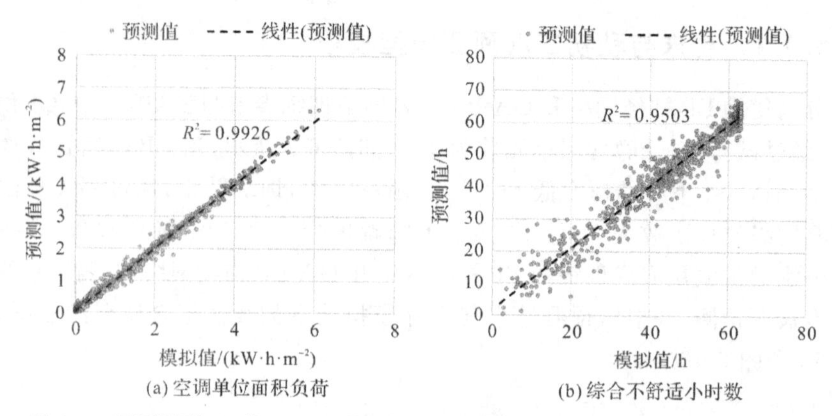

(a) 空调单位面积负荷　　(b) 综合不舒适小时数

图 6-4　预测模型 C1 的 GA-BP 神经网络预测模型预测值与模拟值的线性拟合

和图 6-4 所示结果可知，相比于 GA-BP 神经网络，BP 神经网络构建的目标变量快速预测模型具有更高的预测精度，能够较为准确地预测春末与秋初案例建筑的空调能耗以及室内环境的热舒适水平。

6.3.2　初夏与夏末工况预测模型校核

分别使用 BP 神经网络和 GA-BP 神经网络训练初夏与夏末阶段的 C2 预测模型，经过试算，最佳隐含层单元数为 9。如图 6-5 所示，当 BP 网络迭代次数为 1000 时，mse 下降的幅度低于 0.1%，函数收敛，训练结束；经过 GA 算法优化，BP 网络迭代次数为 1000 时，mse 下降幅度低于 0.1%，函数收敛，训练结束。分别通过调用完成训练的 BP 神经网络和 GA-BP 神经网络，对测试集的数据样本展开预测，并根据预测结果与实际模拟结果的线性拟合情况绘制图表，如图 6-6 和图 6-7 所示。

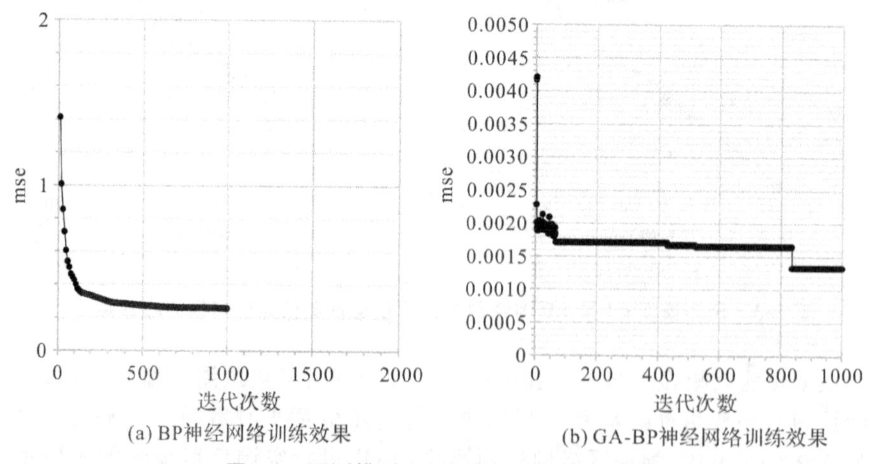

(a) BP神经网络训练效果　　(b) GA-BP神经网络训练效果

图 6-5　预测模型 C2 的神经网络训练效果

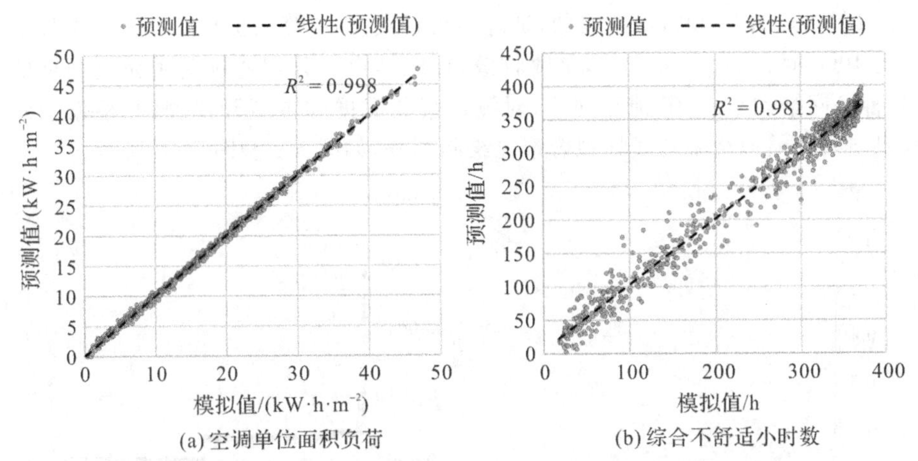

(a) 空调单位面积负荷　　(b) 综合不舒适小时数

图 6-6　预测模型 C2 的 BP 神经网络预测模型预测值与模拟值的线性拟合

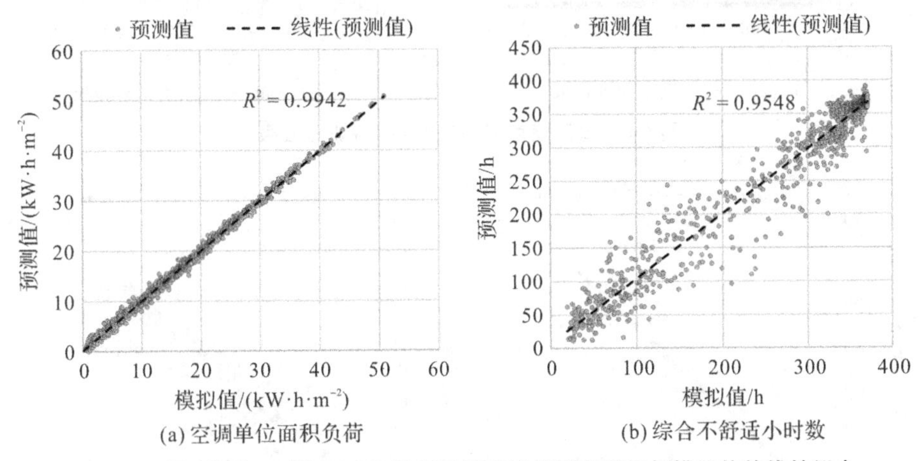

(a) 空调单位面积负荷　　(b) 综合不舒适小时数

图 6-7　预测模型 C2 的 GA-BP 神经网络预测模型预测值与模拟值的线性拟合

根据预测与模拟结果的对比分析，BP 神经网络预测模型 C2 进行空调负荷预测的平均相对误差为 3.1%，进行综合不舒适小时数预测的平均相对误差为 8.1%；GA-BP 神经网络构建预测模型 C2 进行空调负荷预测的平均相对误差为 6.4%，进行综合不舒适小时数预测的平均相对误差为 12.0%。由图 6-6 和图 6-7 所示结果可知，相比于 GA-BP 神经网络，BP 神经网络构建的目标变量快速预测模型具有更高的预测精度，能够较为准确地预测初夏与夏末案例建筑的空调能耗以及室内环境的热舒适水平。

6.3.3　盛夏工况预测模型校核

分别使用 BP 神经网络和 GA-BP 神经网络训练盛夏阶段的 C3 预测模型，经过试算，最佳隐含层单元数为 11。如图 6-8 所示，当 BP 网络迭代次数为

2000 时，mse 为 0.006，函数收敛，训练结束；经过 GA 算法优化，BP 网络迭代次数为 1000 时，mse 为 0.0005，函数收敛，训练结束。分别通过调用完成训练的 BP 神经网络和 GA-BP 神经网络，对测试集的数据样本展开预测，并根据预测结果与实际模拟结果的线性拟合情况绘制图表，如图 6-9 和图 6-10 所示。

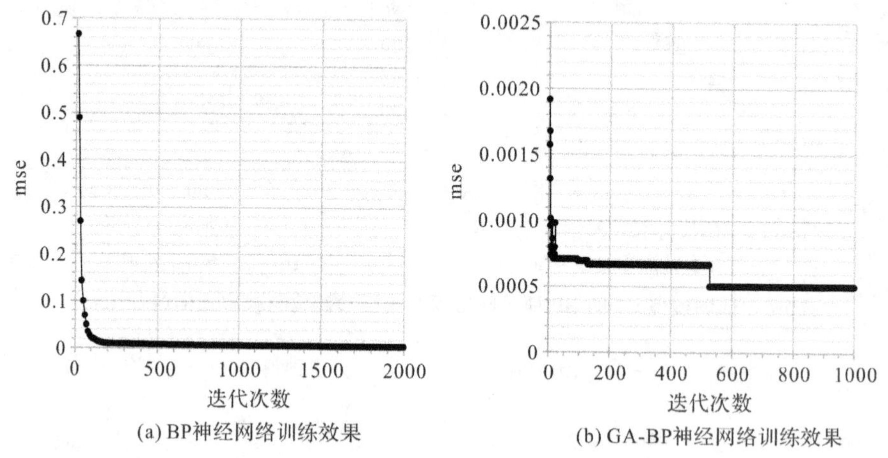

图 6-8 预测模型 C3 的神经网络训练效果

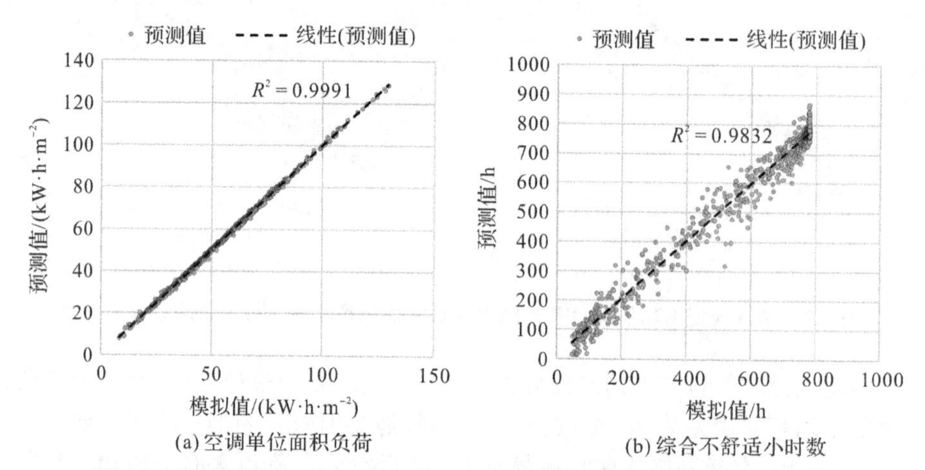

图 6-9 预测模型 C3 的 BP 神经网络预测模型预测值与模拟值的线性拟合

根据预测与模拟结果的对比分析，BP 神经网络预测模型 C3 进行空调负荷预测的平均相对误差为 1.1%，进行综合不舒适小时数预测的平均相对误差为 7.9%；GA-BP 神经网络构建预测模型 C3 进行空调负荷预测的平均相对误差为 2.5%，进行综合不舒适小时数预测的平均相对误差为 10.1%。由图 6-9 和图 6-10 所示结果可知，相比于 GA-BP 神经网络，BP 神经网络构建的目标变量快速预测模型具有更高的预测精度，能够较为准确地预测盛夏案例建筑的空调能耗以及室内环境的热舒适水平。

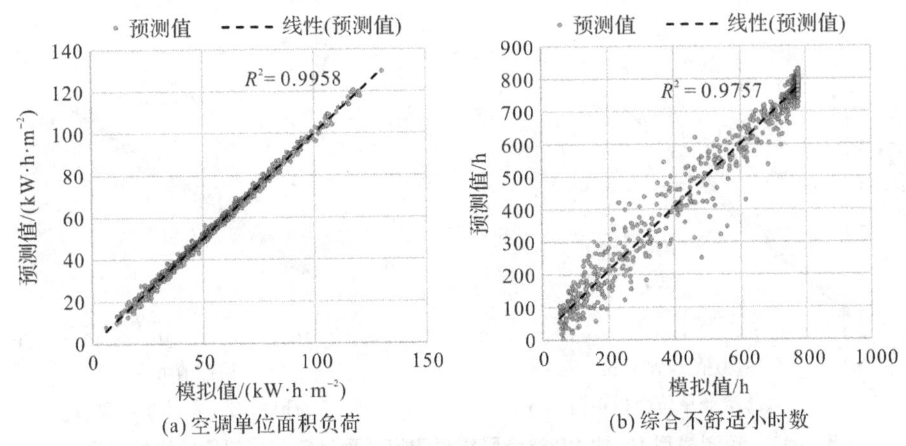

(a) 空调单位面积负荷　　(b) 综合不舒适小时数

图 6-10　预测模型 C3 的 GA-BP 神经网络预测模型预测值与模拟值的线性拟合

6.3.4　秋末与春初工况预测模型校核

分别使用 BP 神经网络和 GA-BP 神经网络训练秋末与春初阶段的 H1 预测模型，经过试算，最佳隐含层单元数为 10。如图 6-11 所示，当 BP 网络迭代次数为 1610 时，mse＜0.001，函数收敛，训练结束；过 GA 算法优化，BP 网络迭代次数为 1000 时，mse＜0.001，函数收敛，训练结束。分别通过调用完成训练的 BP 神经网络和 GA-BP 神经网络，对测试集的数据样本展开预测，并根据预测结果与实际模拟结果的线性拟合情况绘制图表，如图 6-12 和图 6-13 所示。

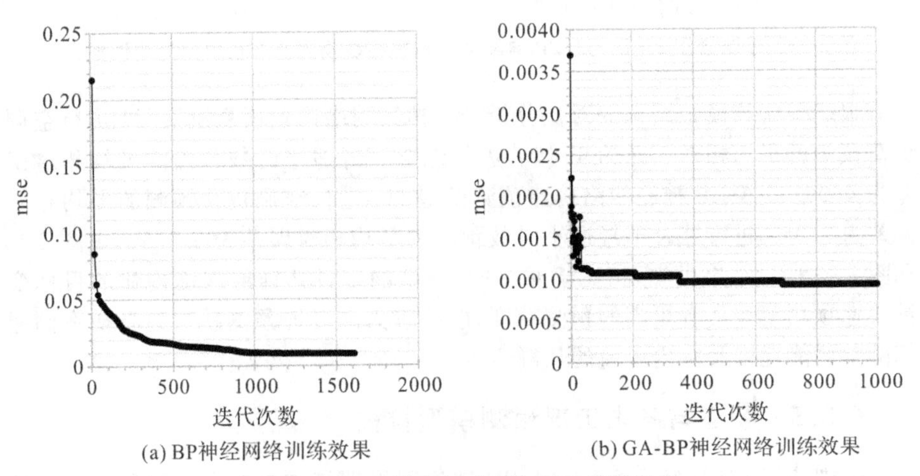

(a) BP神经网络训练效果　　(b) GA-BP神经网络训练效果

图 6-11　预测模型 H1 的神经网络训练效果

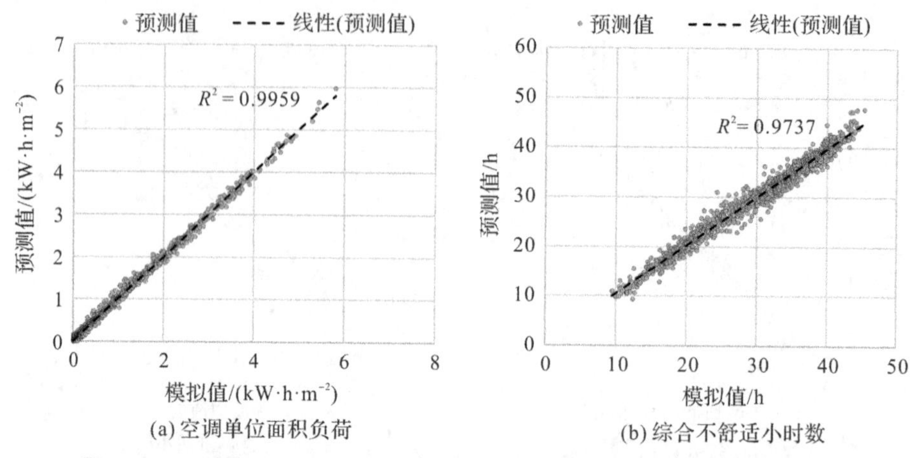

(a) 空调单位面积负荷　　(b) 综合不舒适小时数

图 6-12　预测模型 H1 的 BP 神经网络预测模型预测值与模拟值的线性拟合

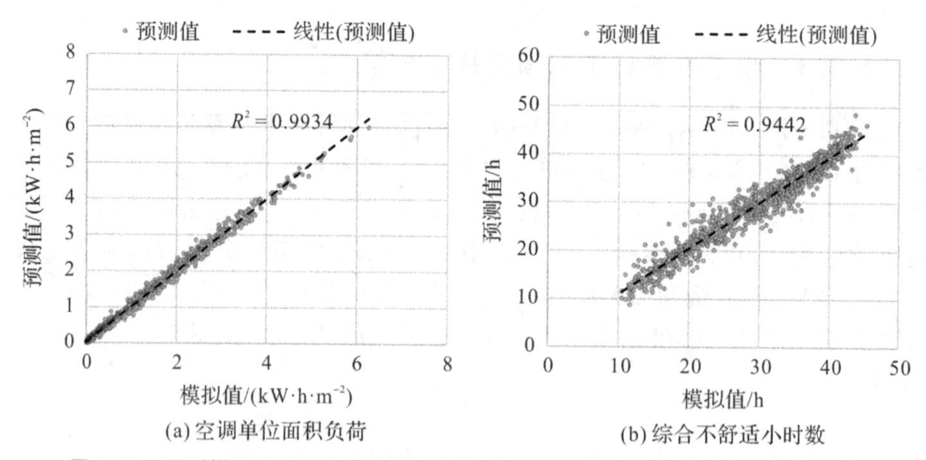

(a) 空调单位面积负荷　　(b) 综合不舒适小时数

图 6-13　预测模型 H1 的 GA-BP 神经网络预测模型预测值与模拟值的线性拟合

根据预测与模拟结果的对比分析，BP 神经网络构建预测模型 H1 进行空调负荷预测的平均相对误差为 4.4%，进行综合不舒适小时数预测的平均相对误差为 4.0%；GA-BP 神经网络构建预测模型 H1 进行空调负荷预测的平均相对误差为 5.9%，进行综合不舒适小时数预测的平均相对误差为 6.1%。由图 6-12 和图 6-13 所示结果可知，相比于 GA-BP 神经网络，BP 神经网络构建的目标变量快速预测模型具有更高的预测精度，能够较为准确地预测秋末与春初案例建筑的空调能耗以及室内环境的热舒适水平。

6.3.5　初冬与冬末工况预测模型校核

分别使用 BP 神经网络和 GA-BP 神经网络训练初冬与冬末阶段的 H2 预测模型，经过试算，最佳隐含层单元数为 11。如图 6-14 所示，当 BP 网络迭代次数为 1000 时，mse 下降的幅度低于 0.1%，函数收敛，训练结束；经过 GA 算法优化，BP 网络迭代次数为 1000 时，mse<0.001，函数收敛，训练结束。分别通过调用完成训练的 BP 神经网络和 GA-BP 神经网络，对测试集的数据样本展开预测，并根据预测结果与实际模拟结果的线性拟合情况绘制图表，如图 6-15 和图6-16 所示。

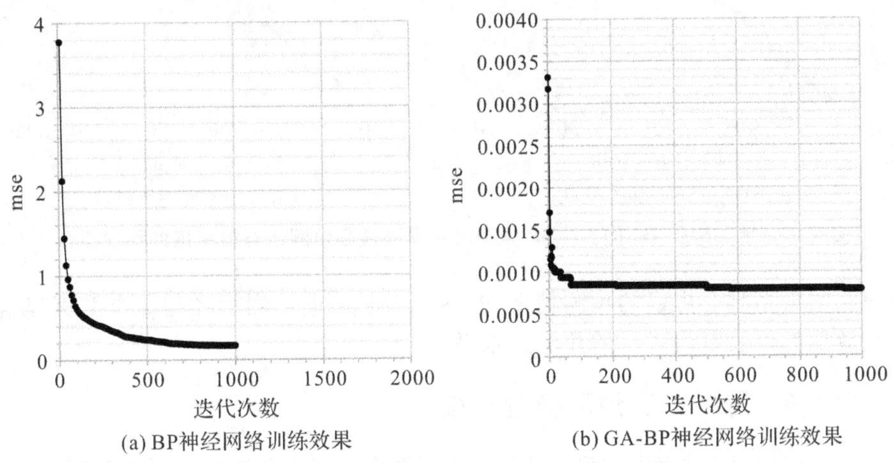

图 6-14　预测模型 H2 的神经网络训练效果

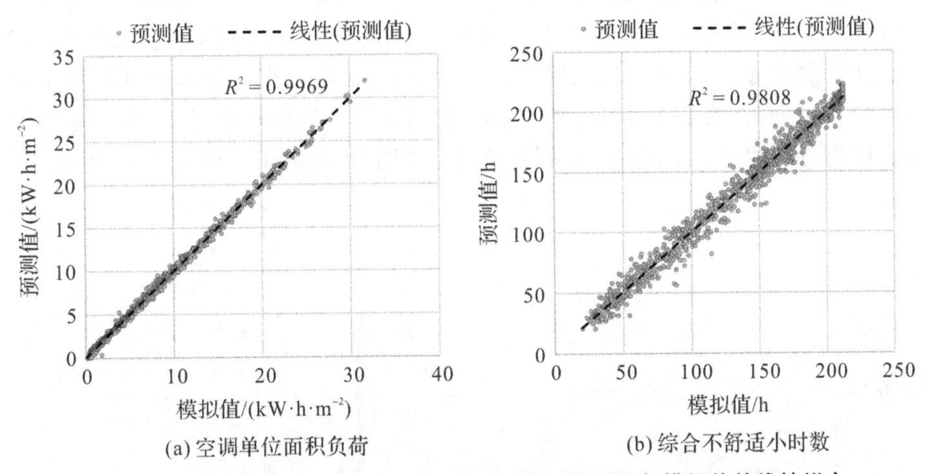

图 6-15　预测模型 H2 的 BP 神经网络预测模型预测值与模拟值的线性拟合

根据预测与模拟结果的对比分析，BP 神经网络构建预测模型 H2 进行空调负荷预测的平均相对误差为 4.3%，进行综合不舒适小时数预测的平均相对误差为 6.1%；GA-BP 神经网络构建预测模型 H2 进行空调负荷预测的平均相对误差为 6.8%，进行综合不舒适小时数预测的平均相对误差为 9.9%。由图 6-15 和图 6-16 所示结果可知，相比于 GA-BP 神经网络，BP 神经网络构建的目标变量

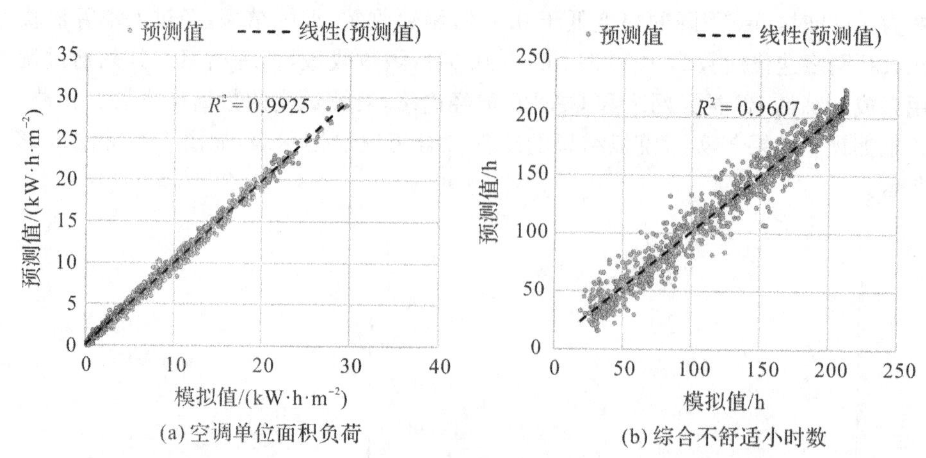

(a) 空调单位面积负荷　　(b) 综合不舒适小时数

图 6-16　预测模型 H2 的 GA-BP 神经网络预测模型预测值与模拟值的线性拟合

快速预测模型具有更高的预测精度，能够较为准确地预测初冬与冬末案例建筑的空调能耗以及室内环境的热舒适水平。

6.3.6　严冬工况预测模型校核

分别使用 BP 神经网络和 GA-BP 神经网络训练严冬阶段的 H3 预测模型，经过试算，最佳隐含层单元数为 10。如图 6-17 所示，当 BP 网络迭代次数为 1850 时，mse 下降的幅度低于 0.1%，函数收敛，训练结束；经过 GA 算法优化，BP 网络迭代次数为 1000 时，mse<0.001，函数收敛，训练结束。分别通过调用完成训练的 BP 神经网络和 GA-BP 神经网络，对测试集的数据样本展开预测，并根据预测结果与实际模拟结果的线性拟合情况绘制图表，如图 6-18 和图 6-19 所示。

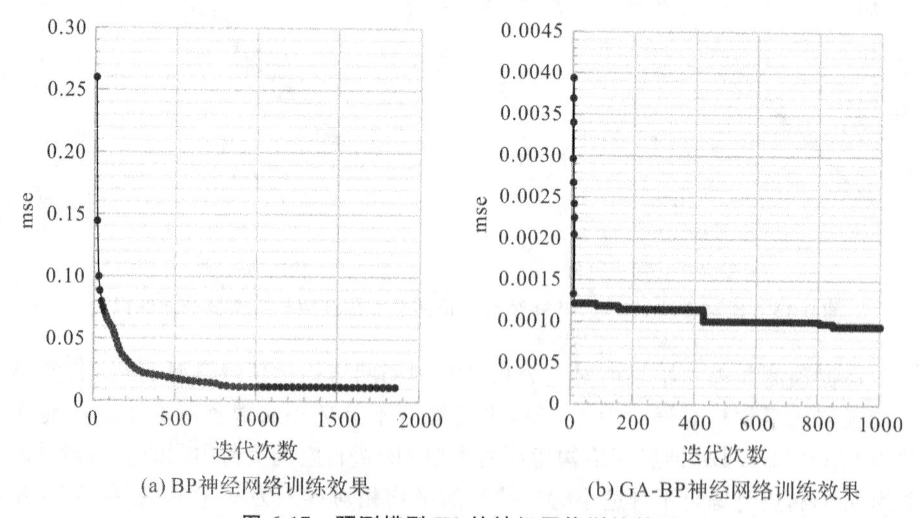

(a) BP 神经网络训练效果　　(b) GA-BP 神经网络训练效果

图 6-17　预测模型 H3 的神经网络训练效果

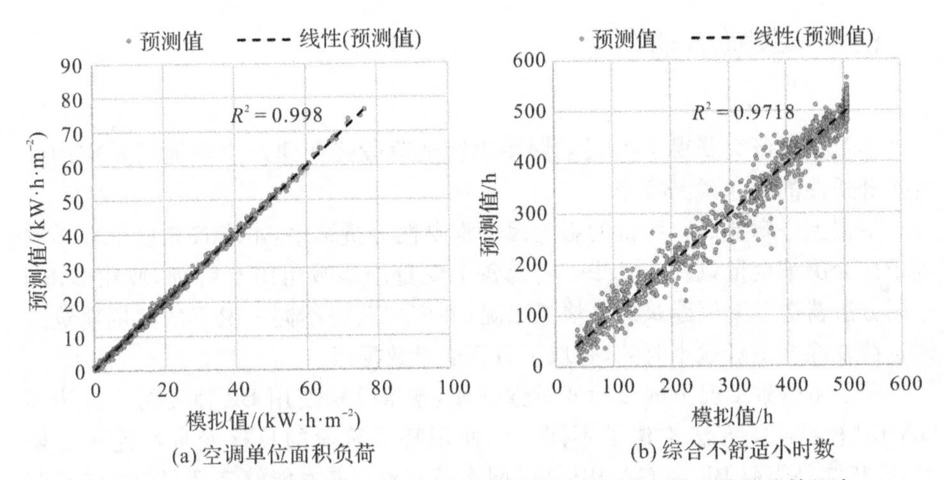

(a) 空调单位面积负荷　　(b) 综合不舒适小时数

图 6-18　预测模型 H3 的 BP 神经网络预测模型预测值与模拟值的线性拟合

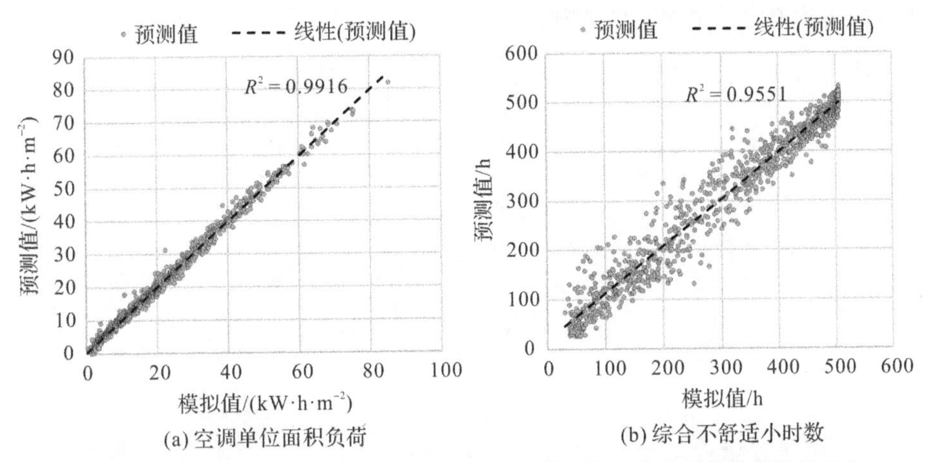

(a) 空调单位面积负荷　　(b) 综合不舒适小时数

图 6-19　预测模型 H3 的 GA-BP 神经网络预测模型预测值与模拟值的线性拟合

根据预测与模拟结果的对比分析，BP 神经网络构建预测模型 H3 进行空调负荷预测的平均相对误差为 4.0%，进行综合不舒适小时数预测的平均相对误差为 9.7%；GA-BP 神经网络构建预测模型 H3 进行空调负荷预测的平均相对误差为 8.7%，进行综合不舒适小时数预测的平均相对误差为 13.9%。由图 6-18 和图 6-19 所示结果可知，相比于 GA-BP 神经网络，BP 神经网络构建的目标变量快速预测模型具有更高的预测精度，能够较为准确地预测严冬案例建筑的空调能耗以及室内环境的热舒适水平。

6.4 本章小结

本章主要研究获得了不同空调使用特征阶段案例建筑空调能耗及室内环境热舒适性的快速预测模型。

根据上一章节研究所得的影响因子重要性分析结果，本章首先以重要影响因子作为决策变量，通过 jEPlus 实现各个变量的参数组织与管理，使用 Sobol 序列方法营造了案例建筑的多情景工况，并模拟获得不同工况下的案例建筑空调负荷及综合不舒适小时数，获取了目标变量数据库。

基于多情景工况下的目标变量数据库，本章分别使用 BP 神经网络方法和 GA-BP 神经网络方法构建了不同空调使用特征阶段的目标变量快速预测模型，校核结果表明 BP 和 GA-BP 神经网络预测模型基本能够满足案例建筑空调能耗及室内环境热舒适水平的准确预测，但相比于 GA-BP 神经网络，BP 网络训练获得的预测模型具有更高的预测精度，为后续多目标遗传算法所需适应度函数的构建奠定了更坚实的基础。

第 7 章　建筑空调节能及热环境优化策略探究

本书的研究目的是以尽可能低的空调能耗营造出尽可能舒适的室内热环境，对应的问题即以建筑空调负荷与不舒适小时数为优化目标的多目标优化的最小化问题。本章以第 5 章研究获得的快速预测模型为基础，根据本书 2.5 节所述研究方法构建评价目标变量的适应度函数，基于 NSGA-II 多目标遗传算法进行算法工具开发和应用执行，探究适用于案例建筑的空调节能及室内热环境优化策略。

本书以案例建筑为研究对象，分别从建筑方案设计阶段的被动优化策略、建筑运行阶段的行为优化策略以及兼顾两个阶段的整合优化策略三个方面，展开对空调节能及热环境优化策略的求解，为该类型办公建筑的多目标优化提供具体策略，并将求解方法和应用案例作为探究建筑空调节能及室内热环境优化策略的参考依据。

7.1　多目标优化策略的决策模型

7.1.1　适应度函数的构建

适应度函数是多目标遗传算法中评价目标变量的基础，基于本书第 5 章所得的不同空调使用特征阶段的建筑空调能耗及室内环境热舒适性快速预测模型进行求解。本书所探究的优化策略应在不同工况下具有实用性和可行性，因此以一年为周期衡量优化策略的作用效果，使案例建筑全年的空调负荷及综合不舒适小时数都处于尽可能低的水平，即适应度函数为全年不同空调使用阶段的空调负荷之和与综合不舒适小时数之和。

案例建筑的优化策略是由各个决策变量的优化取值构成的，决策变量对应了人工神经网络预测模型中的输入项。其中，建筑设计要素在建筑的全生命周期通常不发生改变，建筑内扰要素在建筑的功能一定的情况下也通常不发生改变，使用者调节行为则随着气候的变化在不同的空调使用特征阶段发生改变。这意味着与建筑设计要素、建筑内扰要素相关的决策变量在各个空调使用特征阶段的快速预测模型中保持一致的取值，而与使用者调节行为要素相关的决策变量则在各个特征阶段在各自的取值范围内独立取值。

综上所述，结合表6-1、表6-2所述快速预测模型的基本信息与函数映射关系，NSGA-II算法用于本书目标变量评价的适应度函数为：

$$\begin{cases} y_1 = y_{1,H_1} + y_{1,H_2} + y_{1,H_3} + y_{1,C_1} + y_{1,C_2} + y_{1,C_3} \\ y_2 = y_{2,H_1} + y_{2,H_2} + y_{2,H_3} + y_{2,C_1} + y_{2,C_2} + y_{2,C_3} \end{cases}$$

其中，y_1、y_2 分别表示案例建筑全年空调供冷及供热负荷总和、案例建筑全年综合不舒适小时数的总和；第1～11项输入项对应的影响因子提取自建筑设计要素与建筑内扰要素，其取值在不同空调使用特征阶段的快速预测模型中保持一致，即 $\forall i \in [1,11]$，$x_{i,H_1} = x_{i,H_2} = x_{i,H_3} = x_{i,C_1} = x_{i,C_2} = x_{i,C_3}$；第12、13项输入项对应的影响因子提取自调节行为要素，在不同空调使用特征阶段的预测模型中，各自在取值范围内独立取值。

7.1.2 决策变量的取值范围

多目标优化问题中，决策变量的取值范围表示了优化策略的探索空间。本章以案例建筑的节能优化改造为例，进行具体的多目标优化策略研究，因此需要根据案例建筑的实际特征固定若干变量，并搜索其他决策变量的最优组合。本章选取样本建筑A为案例建筑，开展夏热冬冷地区办公建筑空调节能及室内热环境优化策略探究，从既有建筑的围护结构节能改造、自主运行管理为出发点展开优化，因此默认案例建筑地理位置、平面布局、建筑规模、功能空间分布以及窗墙比等因素保持不变，即固定了建筑主立面朝向为0°、南北向窗墙比为0.4。由于本案例建筑多目标优化策略研究中不将建筑内扰要素的优化作为改造目标，因此，参考现行《公共建筑节能设计标准 GB 50189—2015》[142]附录提供的围护结构权衡计算中对建筑内扰要素的典型赋值，将办公室人员密度设定为10m²/人，设备功率密度设定为150W/人。

建筑朝向、南北向窗墙比以外的其他建筑设计要素相关的决策变量取值范围，则根据案例建筑实际特征、20世纪80年代夏热冬冷地区典型基准公共建筑特征确定上限值，根据现行《近零能耗建筑技术标准 GB/T 51350—2019》(以下简称《近零》标准)[162]中对夏热冬冷地区公共建筑围护结构热工性能的规定确定下限值。部分现行节能技术标准及规范未涉及的部分参数则根据当前常用的技术措施定义取值范围。

根据20世纪80年代夏热冬冷地区典型基准公共建筑的围护结构热工性能，外墙、屋顶、外窗的传热系数分别为2.00W/(m²·K)、1.50W/(m²·K)、6.40W/(m²·K)，在《近零》标准中相应的限值定义则为0.15～0.40W/(m²·K)、0.15～0.35W/(m²·K)、≤2.2W/(m²·K)，结合案例建筑的实际热工性能、历年常用围护结构构造及材料，将外墙、屋顶、外窗的传热系数这三个决策变量的取值范围分别定义为[0.15,2.50]W/(m^2·K)、[0.15,3.00]W/(m^2·K)、[2.20,6.40]W/(m^2·K)。

根据《建筑外门窗气密、水密、抗风压性能分级及检测方法 GB/T 7106—2019》[158]中对建筑门窗气密性能的分级，结合案例建筑主立面的窗墙比(0.4)以及房间标准深度(6m)，将分级表换算为换气次数的形式，如表 7-1 所示。《近零》标准中对建筑门窗气密性能的等级要求为不低于 8 级，因此，将决策变量气密性的取值范围定义为[0.1,0.8]ach。

表 7-1　建筑外门窗气密性能分级表

分级	1	2	3	4
单位面积分级指标值 q_1/(m^3·m^{-2}·h^{-1})	$10.5<q_1\leqslant 12$	$9.0<q_1\leqslant 10.5$	$7.5<q_1\leqslant 9.0$	$6.0<q_1\leqslant 7.5$
换气次数指标值 q/ach	$0.7<q_1\leqslant 0.8$	$0.6<q_1\leqslant 0.7$	$0.5<q_1\leqslant 0.6$	$0.4<q_1\leqslant 0.5$
分级	5	6	7	8
单位面积分级指标值 q_1/(m^3·m^{-2}·h^{-1})	$4.5<q_1\leqslant 6.0$	$3.0<q_1\leqslant 4.5$	$1.5<q_1\leqslant 3.0$	$q_1\leqslant 1.5$
换气次数指标值 q/ach	$0.3<q_1\leqslant 0.4$	$0.2<q_1\leqslant 0.3$	$0.1<q_1\leqslant 0.2$	$q_1\leqslant 0.1$

根据《近零》标准中的具体描述，夏热冬冷地区公共建筑太阳得热系数满足夏季≤0.15、冬季≥0.40，标准中所规定的太阳得热系数(SHGC)为包括遮阳(不含内遮阳)的综合太阳得热系数，即为外窗本身的太阳得热系数与外遮阳构建的遮阳系数的乘积。经过重要性分析后，外遮阳构件作为非重要影响因子，不作为决策变量参与到目标变量预测过程中，而是以固定优化值的形式作为常量，通过在模拟中改变外窗玻璃的材质来实现外窗本身 SHGC 的变化。因此，本研究中作为决策变量的外窗 SHGC 指代外窗本身具有的太阳得热系数，其取值范围定义为[0.15,1.00]。

由于现行《公共建筑节能设计标准 GB 50189—2015》[142]以及《近零》标准[162]中对夏热冬冷地区内墙热工性能都无限值要求，本书参考《近零》标准中对严寒寒冷地区内墙传热系数的最低限值要求 1.00W/(m^2·K)，结合常用围护结构构造及材料特征，将内墙传热系数的取值范围定义为[1.00,5.00]W/(m^2·K)。

由于现行节能技术标准及规范同样未涉及对调节行为措施的规定与限制，本书通过对样本建筑的实地调研结合常见的空调性能，定义空调供冷/供热设定温度的取值范围为[18,30]℃；通过 4.4 节对外窗控制与空调使用耦合关系的总结，定义自然通风模式的取值范围为{M_0,M_1,M_2,M_3,M_4}，各个取值分别对应了不同的外窗控制模式。

综上所述，探究案例建筑空调节能及室内热环境优化策略所需的决策变量取值范围如表 7-2 所示。

表 7-2　决策变量及其取值范围

变量名称	编号	单位	取值范围
外墙传热系数	IN_01	W/(m^2·K)	[0.15,2.50]
屋顶传热系数	IN_02	W/(m^2·K)	[0.15,3.00]
内墙传热系数	IN_03	W/(m^2·K)	[1.00,5.00]
外窗传热系数	IN_04	W/(m^2·K)	[2.20,6.40]
外窗 SHGC	IN_05	—	[0.15,1.00]
南向窗墙比	IN_06	—	{0.4}
北向窗墙比	IN_07	—	{0.4}
气密性	IN_08	ach	[0.1,0.8]
人员密度—多人	IN_09	m^2/人	{10}
设备功率密度	IN_10	W/人	{150}
主立面朝向	IN_11	°	{0}
通风模式	IN_12	—	{M_0,M_1,M_2,M_3,M_4}
空调设定温度	IN_13	℃	供冷:[18,30]
		℃	供热:[18,30]

根据具体研究内容的不同，可在上表所示的取值范围的基础上，对决策变量进行控制，即可在不同的条件限制下探究案例建筑的优化策略。

7.1.3　优化目标参考值的获取

在不定义具体优化目标的情况下，通常不具备充分的理由对执行 NSGA-II 算法所获得的各个 pareto 解进行适应性排序；在定义了具体的优化目标的情况下，在全函数空间中符合要求的解不仅仅局限于 pareto 最优解。例如定义某参考点 A 的坐标为(a,b)，定义优化目标为支配参考点 A，即同时满足单位面积空调负荷小于 a、不舒适百分比小于 b。

为了更直观地展示建筑空调节能及室内热环境优化策略的研究案例应用，本书根据现行《公共建筑节能设计标准 GB 50189—2015》[142] 以及《近零能耗建筑技术标准 GB/T 51350—2019》[162] 中对夏热冬冷地区公共建筑围护结构热工性能的限制规定，分别参考标准中典型的 8:00—17:00 时段固定作息模式以及本书建立的夏热冬冷地区办公建筑调节行为随机预测模型，基于 EnergyPlus 模拟定义了 4 个典型参考点 B_1、B_2、B_3、B_4，参考点的具体信息如表 7-3 所示；并分别定义支配参考点 B_1、B_2、B_3、B_4 为参考优化目标。

表7-3　优化目标参考点的基本信息

参考点	围护结构	调节行为	单位面积空调负荷 kWh/m²	不舒适小时数占比
B_1	GB 50189—2015 限值	随机模型	59.326	84.82%
B_2		固定作息	75.536	80.65%
B_3	《近零》低标准限值	随机模型	44.366	70.93%
B_4		固定作息	55.942	63.00%

模拟输出的结果中，表征室内环境热舒适性的不舒适小时数是根据人员在室时间确定的，分别基于调节行为预测模型以及固定作息定义调节行为Schedule进行模拟时，由于对应的人员在室时长不一致，模拟获得的不舒适小时数不能直接进行比较。为此，使用不舒适小时数占在室时长的百分比表示室内环境热舒适性，不同调节行为模式下的模拟结果也可直接进行对比。

根据本书3.2.1节对杭州地区人员热感觉评价的研究，本书认为ASHRAE Standard 55—2017标准下的PMV指标适用于杭州地区办公建筑室内人员的主观热感觉评价，并将[－0.5,0.5]作为反映热舒适的PMV区间，作为模拟软件EnergyPlus的输入参数参与模拟。因此，基于现行《公共建筑节能设计标准GB 50189—2015》附录B，当模拟过程中将供冷和供热工况下的空调设定温度分别设为26℃和18℃时，模拟获得的不舒适小时数较高，导致参考点B1、B2、B3、B4对应的不舒适小时数占比较高。

7.2　基于NSGA-II的决策模型算法实现

本书以Java为平台，以建筑空调节能及室内环境热舒适性提升为优化目标，开发了基于NSGA-II的建筑空调能耗及室内环境热舒适性多目标优化策略决策模型。该决策模型通过面向用户的交互界面，能够实现以下功能：

7.2.1　目标变量评价

该功能以本书7.1.1节构建的适应度函数为目标变量评价基础，通过自定义决策变量的取值，求解案例建筑全年空调单位面积负荷以及综合不舒适小时数，交互方式如图7-1所示。

```
#计算参考点坐标
data_x<-c(
            0, 1, 0, 0, 0, #H1_IN_12-通风模式|A|D|E|M|N|-秋末春初
            0, 1, 0, 0, 0, #H2_IN_12-通风模式|A|D|E|M|N|-初冬冬末
            0, 1, 0, 0, 0, #H3_IN_12-通风模式|A|D|E|M|N|-严冬
            0, 1, 0, 0, 0, #C1_IN_12-通风模式|A|D|E|M|N|-春末秋初
            0, 1, 0, 0, 0, #C2_IN_12-通风模式|A|D|E|M|N|-初夏夏末
            0, 1, 0, 0, 0, #C3_IN_12-通风模式|A|D|E|M|N|-盛夏
            2.0, #IN_01-外墙传热系数
            1.5, #IN_02-屋顶传热系数
            2.0, #IN_03-内墙传热系数
            6.4, #IN_04-外窗传热系数
            0.9, #IN_05-外窗SHGC
            0.4, #IN_06-窗墙比南向
            0.4, #IN_07-窗墙比北向
            0.8, #IN_08-气密性
            10, #IN_09-人员密度
            150, #IN_10-设备功率密度
            0, #IN_11-主立面朝向
            20, #H1_IN_13-空调设定温度-秋末春初
            20, #H2_IN_13-空调设定温度-初冬冬末
            20, #H3_IN_13-空调设定温度-严冬
            26, #C1_IN_13-空调设定温度-春末秋初
            26, #C2_IN_13-空调设定温度-初夏夏末
            26) #C3_IN_13-空调设定温度-盛夏

Predict_6NeuralNet(data_x)
```

图 7-1　目标变量评价的交互方式

根据上图，目标变量的评价过程符合 7.1 节定义适应度函数的自变量赋值特征：决策变量 IN_01～IN_11 在所有空调使用特征阶段一致取值，决策变量 IN_12、IN_13 在各个空调使用特征阶段内独立取值。此外，决策变量中表示自然通风模式的变量 IN_13 为分类变量（哑变量），通过将选定的通风模式对应的值定义为 1，将其他通风模式对应的值设定为 0 来决策所应用的通风模式。

7.2.2　决策变量取值范围控制

建筑空调能耗及室内环境热舒适性多目标优化策略决策模型需要在决策变量的取值范围内通过 NSGA-II 算法求解优化策略。该体系默认的决策变量取值范围如 7.1.2 节中表 7-2 所示。根据优化策略求解条件的不同，该体系在实际应用过程中可根据用户的实际需求对决策变量的取值范围进行修改，交互方式如图 7-2 所示。

根据上图，分别定义各个决策变量的上限值和下限值。在需要固定部分决策变量取值的情况下，上限值和下限值不宜设定为相同，而应将两者设定为极其相近的不同取值。

7.2.3　目标变量值域控制

根据 7.1.3 节的研究内容，在确定具体优化目标的情况下，通过控制目标变量的值域，可以实现探究符合优化目标的优化策略，具体的交互方式如图 7-3 所示。

```
#根据给定条件，计算NsgaII解集
#IN输入参数的值域控制
#值域—下限值
IN_minvalue<-c(
            0, 0, 0, 0, 0, #H1_IN_12-通风模式|A|D|E|M|N|-秋末春初
            0, 0, 0, 0, 0, #H2_IN_12-通风模式|A|D|E|M|N|-初冬冬末
            0, 0, 0, 0, 0, #H3_IN_12-通风模式|A|D|E|M|N|-严冬
            0, 0, 0, 0, 0, #C1_IN_12-通风模式|A|D|E|M|N|-春末秋初
            0, 0, 0, 0, 0, #C2_IN_12-通风模式|A|D|E|M|N|-初夏夏末
            0, 0, 0, 0, 0, #C3_IN_12-通风模式|A|D|E|M|N|-盛夏
            0.15, #IN_01-外墙传热系数
            0.15, #IN_02-屋顶传热系数
            1.0, #IN_03-内墙传热系数
            2.2, #IN_04-外窗传热系数
            0.15, #IN_05-外窗SHGC
            0.39999, #IN_06-窗墙比南向
            0.39999, #IN_07-窗墙比北向
            0.79999, #IN_08-气密性
            9.99999, #IN_09-人员密度-多人
            149.99999, #IN_10-设备功率密度
            -0.000001, #IN_11-主立面朝向
            18, #H1_IN_13-空调设定温度-秋末春初
            18, #H2_IN_13-空调设定温度-初冬冬末
            18, #H3_IN_13-空调设定温度-严冬
            18, #C1_IN_13-空调设定温度-春末秋初
            18, #C2_IN_13-空调设定温度-初夏夏末
            18) #C3_IN_13-空调设定温度-盛夏
#值域—上限值
IN_maxvalue<-c(
            1, 1, 1, 1, 1, #H1_IN_12-通风模式|A|D|E|M|N|-秋末春初
            1, 1, 1, 1, 1, #H2_IN_12-通风模式|A|D|E|M|N|-初冬冬末
            1, 1, 1, 1, 1, #H3_IN_12-通风模式|A|D|E|M|N|-严冬
            1, 1, 1, 1, 1, #C1_IN_12-通风模式|A|D|E|M|N|-春末秋初
            1, 1, 1, 1, 1, #C2_IN_12-通风模式|A|D|E|M|N|-初夏夏末
            1, 1, 1, 1, 1, #C3_IN_12-通风模式|A|D|E|M|N|-盛夏
            2.5, #IN_01-外墙传热系数
            3.0, #IN_02-屋顶传热系数
            5.0, #IN_03-内墙传热系数
            6.4, #IN_04-外窗传热系数
            1.0, #IN_05-外窗SHGC
            0.4, #IN_06-窗墙比南向
            0.4, #IN_07-窗墙比北向
            0.8, #IN_08-气密性
            10, #IN_09-人员密度-多人
            150, #IN_10-设备功率密度
            0, #IN_11-主立面朝向
            30, #H1_IN_13-空调设定温度-秋末春初
            30, #H2_IN_13-空调设定温度-初冬冬末
            30, #H3_IN_13-空调设定温度-严冬
            30, #C1_IN_13-空调设定温度-春末秋初
            30, #C2_IN_13-空调设定温度-初夏夏末
            30) #C3_IN_13-空调设定温度-盛夏
```

图 7-2　决策变量取值范围控制的交互方式

```
#OUT输出参数的值域控制
max_OP1<-100 #OP_01-空调负荷上限值
min_OP1<-0 #OP_02-空调负荷下限值
max_OP2<-1700 #OP_02-综合不舒适小时数上限值
min_OP2<-0 #OP_02-综合不舒适小时数上限值
```

图 7-3　目标变量值域控制的交互方式

根据上图，分别定义所输出的两个目标变量的上限值与下限值。以 7.1.3 节模拟获得的参考点 B1 为例，全年单位面积空调负荷为 59.326kWh/m²，不舒适小时数百分比为 84.82%，人员平均全年在室时长为 1976.84 小时，对应 B1 的综合全年不舒适小时数为 1676.78 小时。以支配参考点 B1 为优化目标，即图 7-3 中所示值域控制上限限值更改为 max_OP1＜－59.326，max_OP2＜－1676.78。

7.2.4 遗传算法参数配置

执行 NSGA-II 多目标遗传算法，需要定义的控制参数主要包括迭代次数、种群大小、交叉概率、变异概率。参数配置的交互方式如图 7-4 所示。

```
#NSGAII参数配置
NsgaII_generations=1 #迭代次数
NsgaII_popsize=100 #种群大小
NsgaII_cprob=0.8 #交叉率
NsgaII_mprob=0.1 #变异率


NsgaII_6NeuralNet(IN_minvalue, IN_maxvalue,
                  max_OP1, min_OP1, max_OP2, min_OP2,
                  NsgaII_generations, NsgaII_popsize, NsgaII_cprob, NsgaII_mprob)
```

图 7-4 遗传算法参数配置的交互方式

在应用多目标遗传算法 NSGA-II 进行求解时，随着迭代次数的增加，种群不断向 pareto 边界靠近，最终所获得的 pareto 解集通常是全函数空间的最优解。而迭代次数为 1、种群大小为 N 时，即相当于在函数空间通过随机抽样获得了 N 个解。换言之，根据迭代次数的不同，即可通过 NSGA-II 算法在全函数空间中获得不同的解集。图 7-5 描述了决策变量根据表 7-2 定义取值范围时，在不同的迭代次数情况下执行 NSGA-II 算法，大小为 100 的种群在函数空间所对应的目标变量取值分布。

因此，通过改变种群大小和迭代次数，多次执行 NSGA-II 算法可获得目标变量在全函数空间不同的分布情况。综合不同迭代次数下的目标变量分布情况，即可分析获得决策变量在取值范围所能营造的目标变量优化潜力。

7.3 被动调控——建筑方案设计的优化策略

对公共建筑在方案设计阶段的建筑围护结构热工性能优化，目前《公共建筑节能设计标准 GB 50289—2015》《近零能耗建筑技术标准 GB/T 51350—2019》等技术规范从节能措施出发，根据目标节能效果的不同，对围护结构热工

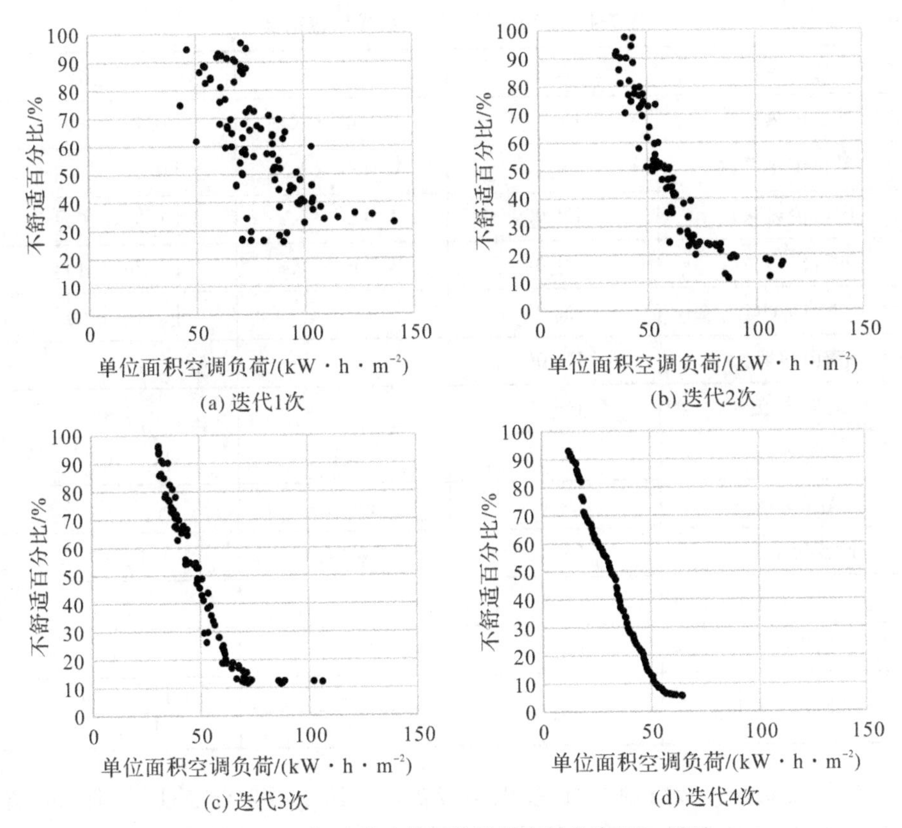

图 7-5　不同迭代次数下的目标变量分布($N=100$)

性能做出了不同的限值规定。然而,上述现行标准主要以建筑节能为主要目标指导建筑设计,并未从室内环境热舒适性优化的角度探讨被动调控策略所产生的作用效果。

本节从被动策略调控的角度探讨建筑空调节能及室内热环境优化策略,因此仅以建筑设计要素相关的决策变量为自变量,调节行为要素相关的决策变量则设为固定值。参考《公共建筑节能设计标准 GB 50189—2015》的附录 B 围护结构热工性能的权衡计算中的室内温度,空调设定温度在供冷和供热工况下分别设定为 26℃和 20℃。根据实际建筑的外窗控制特征,将通风模式设定为 M0 模式。以探究被动优化策略为前提,决策变量的取值范围定义如表 7-4 所示。

表 7-4　被动调控的决策变量取值范围

变量名称	编号	单位	取值范围
外墙传热系数	IN_01	W/(m²·K)	[0.15,2.50]
屋顶传热系数	IN_02	W/(m²·K)	[0.15,3.00]
内墙传热系数	IN_03	W/(m²·K)	[1.00,5.00]
外窗传热系数	IN_04	W/(m²·K)	[2.20,6.40]
外窗 SHGC	IN_05	—	[0.15,1.00]
南向窗墙比	IN_06	—	{0.4}
北向窗墙比	IN_07	—	{0.4}
气密性	IN_08	ach	[0.1,0.8]
人员密度—多人	IN_09	m²/人	{10}
设备功率密度	IN_10	W/人	{150}
主立面朝向	IN_11	°	{0}
通风模式	IN_12	—	{M_0}
空调设定温度	IN_13	℃	供冷:{26}
		℃	供热:{20}

进行被动优化策略调控时，仅以决策变量中的 6 项为自变量，分别是外墙传热系数、屋顶传热系数、内墙传热系数、外窗传热系数、外窗 SHGC 以及气密性。通过配置不同的种群大小以及迭代次数，多次执行基于 NSGA-II 的建筑空调能耗及室内环境热舒适性多目标优化策略决策模型，获得被动优化策略调控下目标变量的优化潜力，如图 7-6 所示。

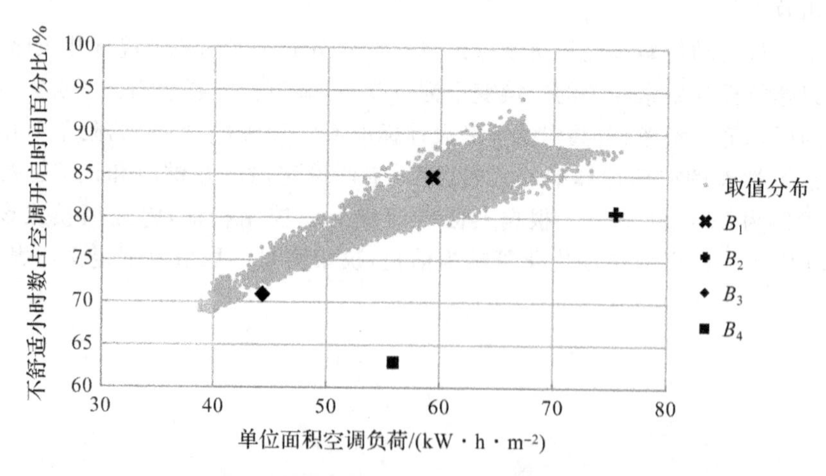

图 7-6　被动策略调控下目标变量的优化潜力

设置迭代次数为300，通过NSGA-II算法获得pareto解集。结果表明，最有利于空调节能的被动调控策略使单位面积空调负荷低至38.83kW·h/m^2，最有利于室内环境热舒适性的被动调控策略使不舒适小时数占比低至68.80%。在上述设计要素相关决策变量的作用下，被动调控策略对空调节能具有显著的贡献，对室内热环境优化的作用效果则较为有限。

根据本书5.3节对影响因子的重要性评分计算结果，单独提取建筑设计要素相关的决策变量重要性评分及其排序，如图7-7所示。

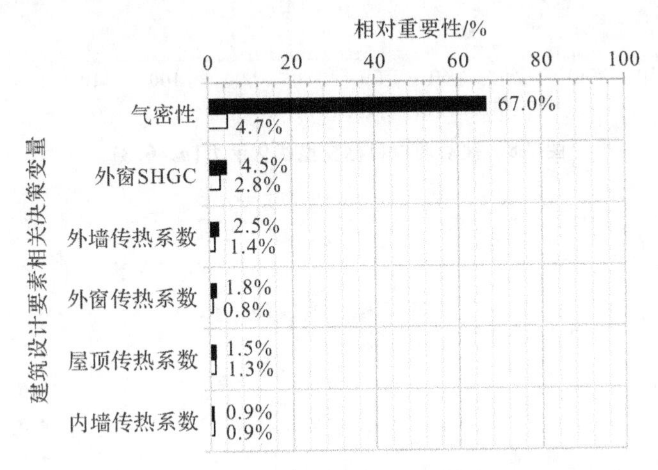

图7-7　建筑设计要素相关决策变量的相对重要性对比

对比结果表明气密性是其中作用效果最为显著的决策变量，因此，在进行被动优化调控策略探究时，宜根据气密性(IN_08)的取值范围进行设定并多次执行算法，并将获得的结果与表7-3所示优化参考点B_1、B_2、B_3、B_4进行对比，以支配参考点为优化目标探究被动调控优化策略。本书使用每小时的换气次数q对建筑气密性进行评价。

(1)$q>0.7$

每小时换气次数q满足$q>0.8$和$0.7<q\leqslant 0.8$的情况下，案例建筑目标变量的优化潜力分别如图7-8和7-9所示。

每小时换气次数q大于0.7ach时，决策变量取值范围内被动调控策略的优化潜力无法支配任一参考点，无法达到优化目标，即在决策模型中基于各个参考点的坐标控制目标变量值域时，取值范围内都无解。

(2)$0.6<q\leqslant 0.7$

每小时换气次数q满足$0.6<q\leqslant 0.7$的情况下，案例建筑目标变量的优化潜力如图7-10所示。

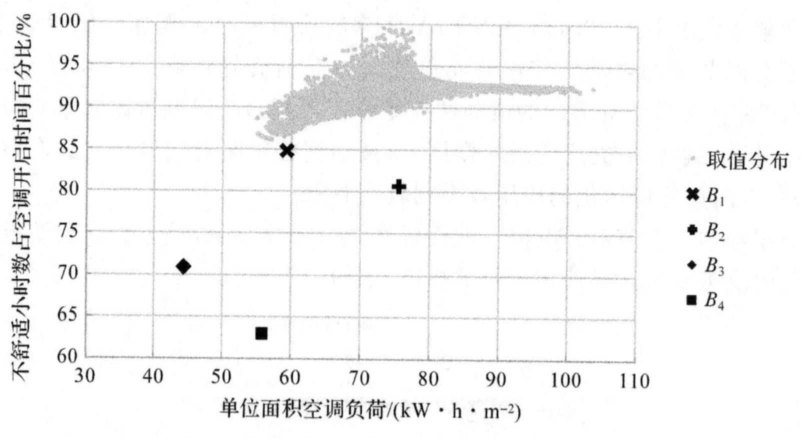

图 7-8　被动调控目标变量优化潜力($q>0.8$)

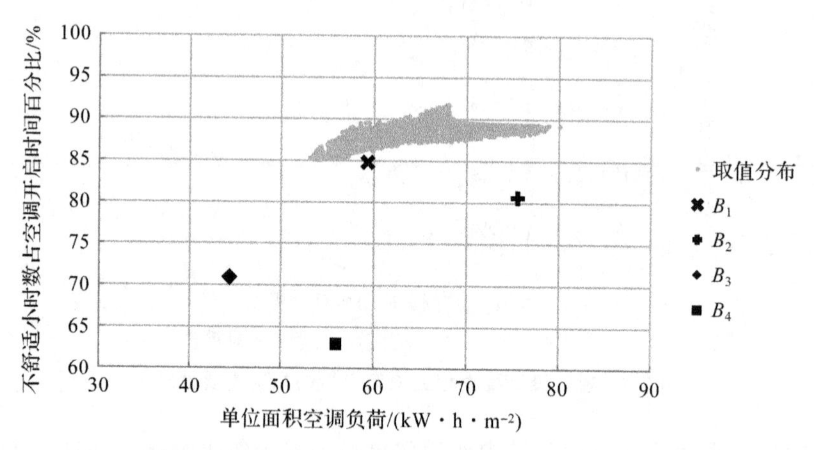

图 7-9　被动调控目标变量优化潜力($0.7<q\leqslant0.8$)

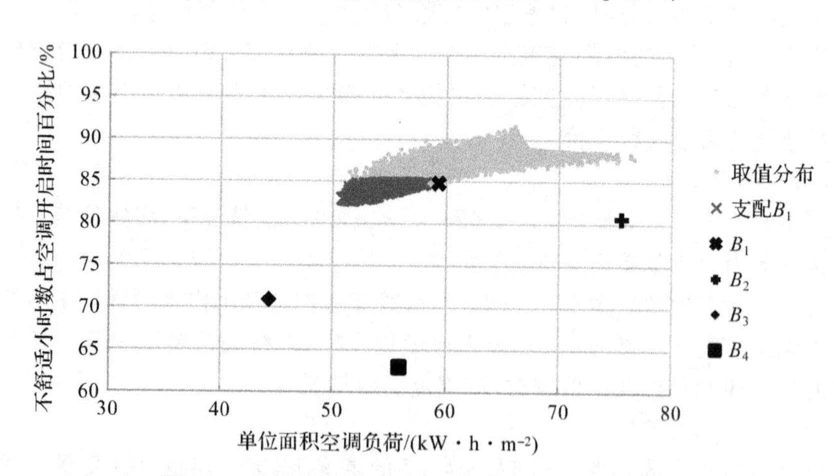

图 7-10　被动调控目标变量优化潜力($0.6<q\leqslant0.7$)

每小时换气次数 q 满足 $0.6<q\leq 0.7$ 时，决策变量取值范围内被动调控策略的优化潜力仅能达到支配参考点 B_1 的优化目标，即在基于 B_1 进行目标变量值域控制的前提下，在不同的迭代次数下多次运行算法，能够获得符合优化目标的解集。分析解集中各个决策变量的取值分布情况，并对比现行《公共建筑节能设计标准 GB 50189—2015》的围护结构热工性能限值，结合决策模型的预测模块，求得支配 B_1 的必要条件和充分条件，如表 7-5 所示。

表 7-5　被动调控实现支配 B_1 目标的必要条件和充分条件（$0.6<q\leq 0.7$）

优化选项	单位	GB 50189—2015 性能限值	案例建筑实际性能	支配 B_1 的必要条件	支配 B_1 的充分条件
气密性 q	ach	≤0.3	0.70	$0.60<q<0.68$	$0.60<q\leq 0.62$
外窗 SHGC	—	≤0.4	0.819	<0.78	≤0.32
外墙传热系数	$W/(m^2\cdot K)$	≤0.8	2.42	<0.98	≤0.38
外窗传热系数	$W/(m^2\cdot K)$	≤2.6	5.78	≤6.40	≤2.54
屋顶传热系数	$W/(m^2\cdot K)$	≤0.5	2.98	<2.24	≤0.38
内墙传热系数	$W/(m^2\cdot K)$	/	3.93	≤5.00	≤2.34

$0.6<q\leq 0.7$ 时被动调控策略支配 B_1 的单项必要条件表明，在案例建筑实际性能的基础上，外窗与内墙传热系数以外所有的围护结构热工性能都必须进行优化，并且外窗与内墙传热系数无法同时保持不变。此外，在该气密性水平下，在其余围护结构热工性能都满足 GB 50189—2015 的最低限值要求的情况下，仍然无法达到支配 B_1 的优化目标。在该气密性水平下，所有单项共同满足充分条件时，即可达到支配 B_1 的优化目标，为此，所有其他围护结构的热工性能都优于 GB 50189—2015 的最低限值要求。

（3）$0.5<q\leq 0.6$

每小时换气次数 q 满足 $0.5<q\leq 0.6$ 的情况下，案例建筑目标变量的优化潜力如图 7-11 所示。

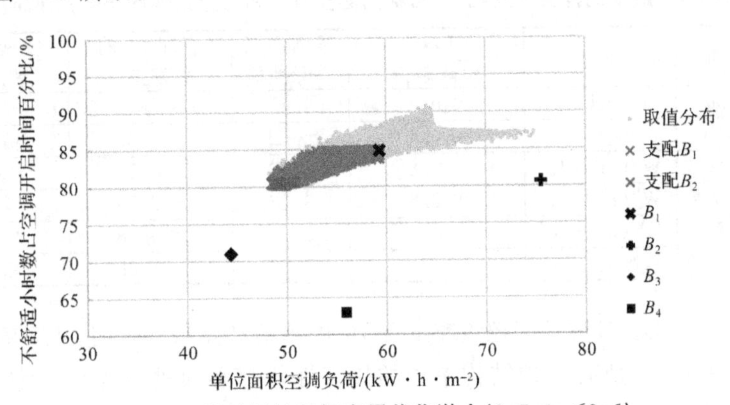

图 7-11　被动调控目标变量优化潜力（$0.5<q\leq 0.6$）

每小时换气次数 q 满足 $0.5<q\leqslant0.6$ 时，决策变量取值范围内被动调控策略的优化潜力能达到支配参考点 B_1 和 B_2 的优化目标，即分别在基于 B_1 和 B_2 进行目标变量值域控制的前提下，在不同的迭代次数下多次运行算法，能够获得符合优化目标的解集。分析解集中各个决策变量的取值分布情况，并对比现行《公共建筑节能设计标准 GB 50189—2015》的围护结构热工性能限值，结合决策模型的预测模块，求得支配 B_1 与 B_2 的必要条件和充分条件，分别如表 7-6 和表 7-7 所示。

表 7-6　被动调控实现支配 B_1 目标的必要条件和充分条件（$0.5<q\leqslant0.6$）

优化选项	单位	GB 50189—2015 性能限值	案例建筑实际性能	支配 B_1 的必要条件	支配 B_1 的充分条件
气密性 q	ach	≤0.3	0.70	$0.50<q\leqslant0.60$	$0.50<q\leqslant0.56$
外窗 SHGC	—	≤0.4	0.819	<0.92	≤0.38
外墙传热系数	W/(m²·K)	≤0.8	2.42	<2.19	≤0.64
外窗传热系数	W/(m²·K)	≤2.6	5.78	≤6.40	≤2.56
屋顶传热系数	W/(m²·K)	≤0.5	2.98	≤3.00	≤0.46
内墙传热系数	W/(m²·K)	/	3.93	≤5.00	≤3.64

$0.5<q\leqslant0.6$ 时被动调控策略支配 B_1 的单项必要条件表明，在案例建筑实际性能的基础上，必须进行优化的围护结构单项为气密性与外墙传热系数，然而其余 4 项围护结构热工性能无法同时保持不变，最多仅能使其中的 2 项同时保持不变。在该气密性水平下，所有单项共同满足充分条件时，即可达到支配 B_1 的优化目标，为此，所有其他围护结构的热工性能都小幅度优于 GB 50189—2015 的最低限值要求。然而，由于充分条件不唯一，通过进一步分析模拟工况数据发现，当内墙传热系数与气密性基于取值范围的下限值取值时，其他围护结构的热工性能都满足 GB 50189—2015 的最低限值要求的情况下，亦可达到支配 B_1 的优化目标。

表 7-7　被动调控实现支配 B_2 目标的必要条件和充分条件（$0.5<q\leqslant0.6$）

优化选项	单位	GB 50189—2015 性能限值	案例建筑实际性能	支配 B_2 的必要条件	支配 B_2 的充分条件
气密性/q	ach	≤0.3	0.70	$0.50<q<0.52$	$0.50<q<0.51$
外窗 SHGC	—	≤0.4	0.819	<0.35	≤0.27
外墙传热系数	W/(m²·K)	≤0.8	2.42	<0.24	≤0.18
外窗传热系数	W/(m²·K)	≤2.6	5.78	<2.58	≤2.32
屋顶传热系数	W/(m²·K)	≤0.5	2.98	<0.38	≤0.18
内墙传热系数	W/(m²·K)	/	3.93	<1.68	≤1.15

$0.5<q\leqslant0.6$ 时被动调控策略支配 B_2 的单项必要条件表明，在案例建筑实际性能的基础上，所有围护结构单项的热工性能都必须进行优化。此外，在该气密性分级下，在其余围护结构热工性能都满足 GB 50189—2015 的最低限值

要求的情况下，无法达到支配 B_2 的优化目标。在该气密性水平下，所有单项共同满足充分条件时，即可达到支配 B_2 的优化目标，为此，所有其他围护结构的热工性能都大幅度优于 GB 50189—2015 的最低限值要求。

(4) $0.4<q\leqslant0.5$

每小时换气次数 q 满足 $0.4<q\leqslant0.5$ 的情况下，案例建筑目标变量的优化潜力如图 7-12 所示。

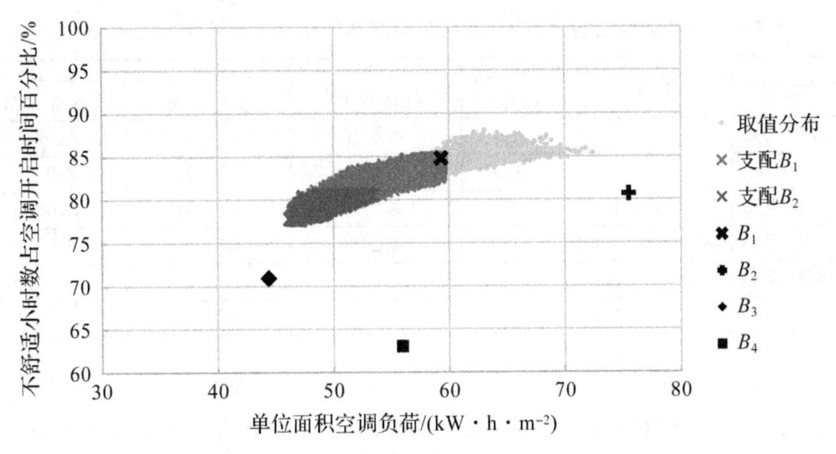

图 7-12　被动调控目标变量优化潜力（$0.4<q\leqslant0.5$）

每小时换气次数 q 满足 $0.4<q\leqslant0.5$ 时，决策变量取值范围内被动调控策略的优化潜力能达到支配参考点 B_1 和 B_2 的优化目标，即分别在基于 B_1 和 B_2 进行目标变量值域控制的前提下，在不同的迭代次数下多次运行算法，能够获得符合优化目标的解集。分析解集中各个决策变量的取值分布情况，并对比现行《公共建筑节能设计标准 GB 50189—2015》的围护结构热工性能限值，结合决策模型的预测模块，求得支配 B_1 与 B_2 的必要条件和充分条件，分别如表 7-8 和表 7-9 所示。

表 7-8　被动调控实现支配 B_1 目标的必要条件和充分条件（$0.4<q\leqslant0.5$）

优化选项	单位	案例建筑实际性能	GB 50189—2015 性能限值	支配 B_1 的必要条件	支配 B_1 的充分条件
气密性 q	ach	0.70	≤0.3	$0.40<q\leqslant0.50$	$0.40<q\leqslant0.48$
外窗 SHGC	—	0.819	≤0.4	≤1.00	≤0.44
外墙传热系数	W/(m²・K)	2.42	≤0.8	<2.70	≤0.93
外窗传热系数	W/(m²・K)	5.78	≤2.6	≤6.40	≤2.70
屋顶传热系数	W/(m²・K)	2.98	≤0.5	≤3.00	≤0.57
内墙传热系数	W/(m²・K)	3.93	/	≤5.00	≤4.32

0.4< q ≤0.5 时被动调控策略支配 B_1 的单项必要条件表明，在案例建筑实际性能的基础上，必须进行优化的围护结构单项为气密性，然而其余 5 项围护结构热工性能无法同时保持不变，最多仅能使其中的 2 项同时保持不变。在该气密性水平下，所有单项共同满足充分条件时，案例建筑即可达到支配 B_1 的优化目标，为此，所有其他围护结构的热工性能水平相比于 GB 50189—2015 的最低限值要求都可小幅度降低要求。

表 7-9　被动调控实现支配 B_2 目标的必要条件和充分条件(0.4< q ≤0.5)

优化选项	单位	案例建筑实际性能	GB 50189—2015 性能限值	支配 B_2 的必要条件	支配 B_2 的充分条件
气密性 q	ach	0.70	≤0.3	0.40< q ≤0.50	0.40< q <0.43
外窗 SHGC	—	0.819	≤0.4	<0.76	≤0.31
外墙传热系数	W/(m^2 · K)	2.42	≤0.8	<1.52	≤0.36
外窗传热系数	W/(m^2 · K)	5.78	≤2.6	≤6.40	≤2.49
屋顶传热系数	W/(m^2 · K)	2.98	≤0.5	<2.52	≤0.38
内墙传热系数	W/(m^2 · K)	3.93	/	≤5.00	≤2.53

0.4< q ≤0.5 时被动调控策略支配 B_2 的单项必要条件表明，在案例建筑实际性能的基础上，外窗与内墙传热系数以外所有的围护结构热工性能都必须进行优化，且外窗与内墙传热系数无法同时保持不变。此外，在该气密性水平下，在其余围护结构热工性能都满足 GB 50189—2015 的最低限值要求的情况下，仍然无法达到支配 B_2 的优化目标。在该气密性水平下，所有单项共同满足充分条件时，即可达到支配 B_2 的优化目标，为此，所有其他围护结构的热工性能都显著优于 GB 50189—2015 的最低限值要求。

(5)0.3< q ≤0.4

每小时换气次数 q 满足 0.3< q ≤0.4 的情况下，案例建筑目标变量的优化潜力如图 7-13 所示。

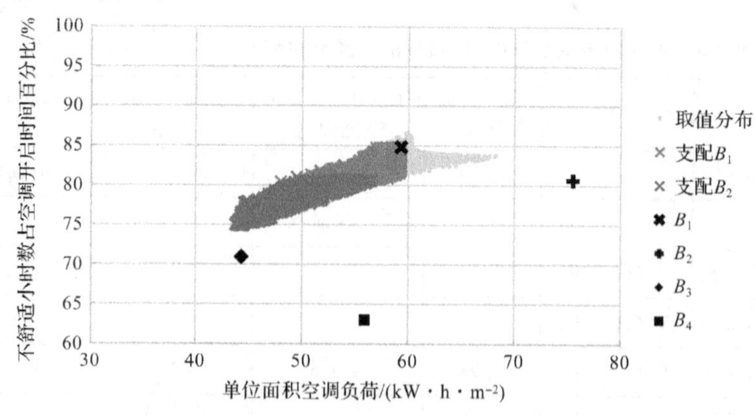

图 7-13　被动调控目标变量优化潜力(0.3< q ≤0.4)

每小时换气次数 q 满足 $0.3<q\leqslant 0.4$ 时，决策变量取值范围内被动调控策略的优化潜力能达到支配参考点 B_1 和 B_2 的优化目标，即分别在基于 B_1 和 B_2 进行目标变量值域控制的前提下，在不同的迭代次数下多次运行算法，能够获得符合优化目标的解集。分析解集中各个决策变量的取值分布情况，并对比现行《公共建筑节能设计标准 GB 50189—2015》的围护结构热工性能限值，结合决策模型的预测模块，求得支配 B_1 与 B_2 的必要条件和充分条件，分别如表 7-10 和 7-11 所示。

表 7-10　被动调控实现支配 B_1 目标的必要条件和充分条件（$0.3<q\leqslant 0.4$）

优化选项	单位	案例建筑实际性能	GB 50189—2015 性能限值	支配 B_1 的必要条件	支配 B_1 的充分条件
气密性 q	ach	0.70	≤0.3	$0.30<q\leqslant 0.40$	$0.30<q\leqslant 0.38$
外窗 SHGC	—	0.819	≤0.4	≤1.00	≤0.50
外墙传热系数	W/(m² · K)	2.42	≤0.8	≤2.50	≤1.15
外窗传热系数	W/(m² · K)	5.78	≤2.6	≤6.40	≤2.88
屋顶传热系数	W/(m² · K)	2.98	≤0.5	≤3.00	≤0.67
内墙传热系数	W/(m² · K)	3.93	/	≤5.00	≤4.39

$0.3<q\leqslant 0.4$ 时被动调控策略支配 B_1 的单项必要条件表明，在案例建筑实际性能的基础上，必须进行优化的围护结构单项为气密性，然而其余 5 项围护结构热工性能无法同时保持不变，最多仅能使其中的 3 项同时保持不变。在该气密性水平下，所有单项共同满足充分条件时，案例建筑即可达到支配 B_1 的优化目标，所有其他围护结构的热工性能水平相比于 GB 50189—2015 的最低限值要求都可降低要求。

表 7-11　被动调控实现支配 B_2 目标的必要条件和充分条件（$0.3<q\leqslant 0.4$）

优化选项	单位	案例建筑实际性能	GB 50189—2015 性能限值	支配 B_2 的必要条件	支配 B_2 的充分条件
气密性 q	ach	0.70	≤0.3	$0.30<q\leqslant 0.40$	$0.30<q\leqslant 0.35$
外窗 SHGC	—	0.819	≤0.4	≤1.00	≤0.37
外墙传热系数	W/(m² · K)	2.42	≤0.8	≤2.50	≤0.66
外窗传热系数	W/(m² · K)	5.78	≤2.6	≤6.40	≤2.56
屋顶传热系数	W/(m² · K)	2.98	≤0.5	≤3.00	≤0.46
内墙传热系数	W/(m² · K)	3.93	/	≤5.00	≤3.60

$0.3<q\leqslant 0.4$ 时被动调控策略支配 B_2 的单项必要条件表明，在案例建筑实际性能的基础上，必须进行优化的围护结构单项为气密性，且其余 5 项围护结构热工性能无法同时保持不变，最多仅能使其中的 2 项同时保持不变。在该气密性水平下，所有单项共同满足充分条件时，即可达到支配 B_2 的优化目标，为此，所有其他围护结构的热工性能都小幅度优于 GB 50189—2015 的最低限值

要求。然而，由于充分条件不唯一，通过进一步分析模拟工况数据发现，当内墙传热系数与气密性基于取值范围的下限值取值时，其他围护结构的热工性能都满足 GB 50189—2015 的最低限值要求的情况下，亦可达到支配 B_2 的优化目标。

(6)$0.2<q\leqslant0.3$

每小时换气次数 q 满足 $0.2<q\leqslant0.3$ 的情况下，案例建筑目标变量的优化潜力如图 7-14 所示。

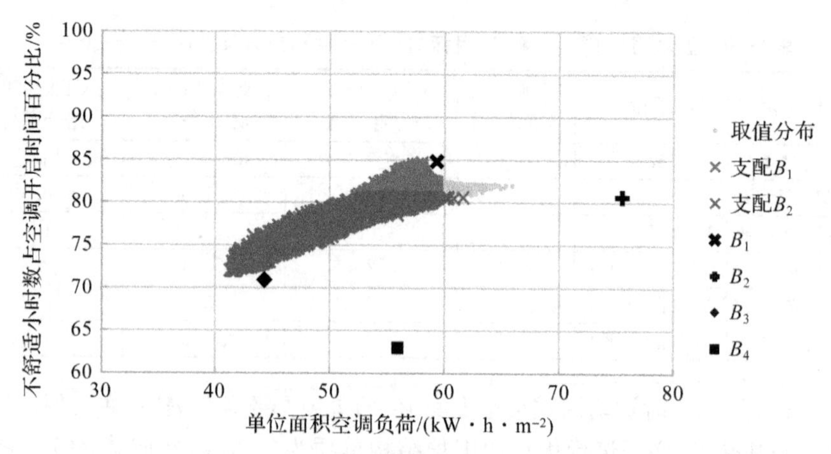

图 7-14　被动调控目标变量优化潜力($0.2<q\leqslant0.3$)

每小时换气次数 q 满足 $0.2<q\leqslant0.3$ 时，决策变量取值范围内被动调控策略的优化潜力能达到支配参考点 B_1 和 B_2 的优化目标，即分别在基于 B_1 和 B_2 进行目标变量值域控制的前提下，在不同的迭代次数下多次运行算法，能够获得符合优化目标的解集。分析解集中各个决策变量的取值分布情况，并对比现行《公共建筑节能设计标准 GB 50189—2015》的围护结构热工性能限值，结合决策模型的预测模块，求得支配 B_1 与 B_2 的必要条件和充分条件，分别如表 7-12 和 7-13 所示。

表 7-12　被动调控实现支配 B_1 目标的必要条件和充分条件($0.2<q\leqslant0.3$)

优化选项	单位	案例建筑实际性能	GB 50189—2015 性能限值	支配 B_1 的必要条件	支配 B_1 的充分条件
气密性 q	ach	0.70	≤0.3	$0.20<q\leqslant0.30$	$0.20<q\leqslant0.28$
外窗 SHGC	—	0.819	≤0.4	≤1.00	≤0.57
外墙传热系数	$W/(m^2\cdot K)$	2.42	≤0.8	≤2.50	≤1.34
外窗传热系数	$W/(m^2\cdot K)$	5.78	≤2.6	≤6.40	≤3.06
屋顶传热系数	$W/(m^2\cdot K)$	2.98	≤0.5	≤3.00	≤0.82
内墙传热系数	$W/(m^2\cdot K)$	3.93	/	≤5.00	≤4.43

$0.2<q\leqslant 0.3$ 时被动调控策略支配 B_1 的单项必要条件表明，在案例建筑实际性能的基础上，必须进行优化的围护结构单项为气密性，然而其余 5 项围护结构热工性能无法同时保持不变，最多仅能使其中的 3 项同时保持不变。在该气密性水平下，所有单项共同满足充分条件时，案例建筑即可达到支配 B_1 的优化目标，所有其他围护结构的热工性能水平相比于 GB 50189—2015 和 GB 50189—2005 的最低限值要求都可降低要求。

表 7-13　被动调控实现支配 B_2 目标的必要条件和充分条件（$0.2<q\leqslant 0.3$）

优化选项	单位	案例建筑实际性能	GB 50189—2015 性能限值	支配 B_2 的必要条件	支配 B_2 的充分条件
气密性 q	ach	0.70	≤0.3	$0.20<q\leqslant 0.30$	$0.20<q\leqslant 0.27$
外窗 SHGC	—	0.819	≤0.4	≤1.00	≤0.45
外墙传热系数	W/(m² · K)	2.42	≤0.8	≤2.50	≤1.01
外窗传热系数	W/(m² · K)	5.78	≤2.6	≤6.40	≤2.74
屋顶传热系数	W/(m² · K)	2.98	≤0.5	≤3.00	≤0.59
内墙传热系数	W/(m² · K)	3.93	/	≤5.00	≤4.07

$0.2<q\leqslant 0.3$ 时被动调控策略支配 B_2 的单项必要条件表明，在案例建筑实际性能的基础上，必须进行优化的围护结构单项为气密性，且其余 5 项围护结构热工性能无法同时保持不变，最多仅能使其中的 2 项同时保持不变。在该气密性水平下，所有单项共同满足充分条件时，案例建筑即可达到支配 B_2 的优化目标，为此，所有其他围护结构的热工性能水平相比于 GB 50189—2015 的最低限值要求都可降低要求。

(7) $0.1<q\leqslant 0.2$

每小时换气次数 q 满足 $0.1<q\leqslant 0.2$ 的情况下，案例建筑目标变量的优化潜力分别如图 7-15 所示。

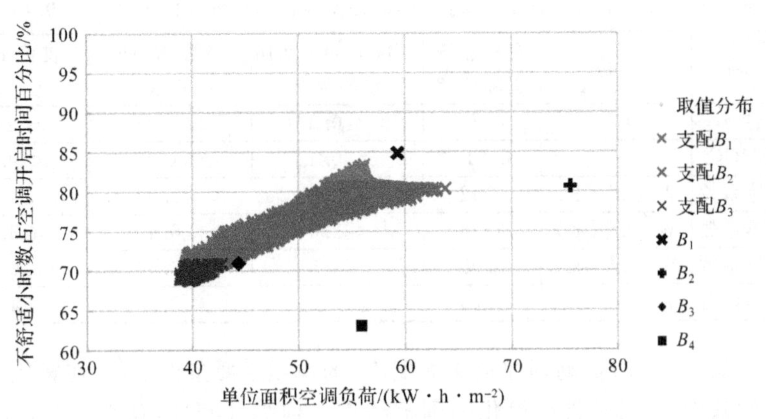

图 7-15　被动调控目标变量优化潜力（$0.1<q\leqslant 0.2$）

每小时换气次数 q 满足 $0.1<q\leqslant 0.2$ 时,决策变量取值范围内被动调控策略的优化潜力能达到支配参考点 B_1、B_2 和 B_3 的优化目标,即分别在基于 B_1、B_2 和 B_3 进行目标变量值域控制的前提下,在不同的迭代次数下多次运行算法,能够获得符合优化目标的解集。分析解集中各个决策变量的取值分布情况,并对比现行《公共建筑节能设计标准 GB 50189—2015》、《近零能耗建筑技术标准 GB/T 51350—2019》的围护结构热工性能限值,结合决策模型的预测模块,求得支配 B_1、B_2 和 B_3 的必要条件和充分条件,分别如表 7-14、7-15 和 7-16 所示。

表 7-14　被动调控实现支配 B_1 目标的必要条件和充分条件($0.1<q\leqslant 0.2$)

优化选项	单位	案例建筑实际性能	GB 50189—2015 性能限值	支配 B_1 的必要条件	支配 B_1 的充分条件
气密性 q	ach	0.70	≤0.3	$0.10<q\leqslant 0.20$	$0.10<q\leqslant 0.18$
外窗 SHGC	—	0.819	≤0.4	≤1.00	≤0.65
外墙传热系数	W/(m² · K)	2.42	≤0.8	≤2.50	≤1.47
外窗传热系数	W/(m² · K)	5.78	≤2.6	≤6.40	≤3.29
屋顶传热系数	W/(m² · K)	2.98	≤0.5	≤3.00	≤0.96
内墙传热系数	W/(m² · K)	3.93	/	≤5.00	≤4.40

$0.1<q\leqslant 0.2$ 时被动调控策略支配 B_1 的单项必要条件表明,在案例建筑实际性能的基础上,必须进行优化的围护结构单项为气密性,然而其余 5 项围护结构热工性能无法同时保持不变,最多仅能使其中的 4 项同时保持不变。在该气密性水平下,所有单项共同满足充分条件时,案例建筑即可达到支配 B_1 的优化目标,由表 7-15 所示,所有其他围护结构的热工性能水平相比于 GB 50189—2015 和 GB 50189—2005 的最低限值要求都可显著降低要求。

表 7-15　被动调控实现支配 B_2 目标的必要条件和充分条件($0.1<q\leqslant 0.2$)

优化选项	单位	案例建筑实际性能	GB 50189—2015 性能限值	支配 B_2 的必要条件	支配 B_2 的充分条件
气密性 q	ach	0.70	≤0.3	$0.10<q\leqslant 0.20$	$0.10<q\leqslant 0.17$
外窗 SHGC	—	0.819	≤0.4	≤1.00	≤0.57
外墙传热系数	W/(m² · K)	2.42	≤0.8	≤2.50	≤1.24
外窗传热系数	W/(m² · K)	5.78	≤2.6	≤6.40	≤3.06
屋顶传热系数	W/(m² · K)	2.98	≤0.5	≤3.00	≤0.82
内墙传热系数	W/(m² · K)	3.93	/	≤5.00	≤4.00

$0.1<q\leqslant 0.2$ 时被动调控策略支配 B_2 的单项必要条件表明,在案例建筑实际性能的基础上,必须进行优化的围护结构单项为气密性,且其余 5 项围护结构热工性能无法同时保持不变,最多仅能使其中的 3 项同时保持不变。在该气

密性水平下，所有单项共同满足充分条件时，案例建筑即可达到支配 B_2 的优化目标，为此，所有其他围护结构的热工性能水平相比于 GB 50189—2015 和 GB 50189—2005 的最低限值要求都可显著降低要求。

表 7-16　被动调控实现支配 B_3 目标的必要条件和充分条件（$0.1<q\leqslant0.2$）

优化选项	单位	案例建筑实际性能	《近零》低标准限值	支配 B_3 的必要条件	支配 B_3 的充分条件
气密性 q	ach	0.70	≤0.1	$0.10<q<0.170$	$0.10<q<0.11$
外窗 SHGC	—	0.819	≤0.15	<0.49	≤0.17
外墙传热系数	W/(m² · K)	2.42	≤0.4	<0.79	≤0.50
外窗传热系数	W/(m² · K)	5.78	≤2.2	<3.84	≤2.34
屋顶传热系数	W/(m² · K)	2.98	≤0.35	<1.49	≤0.34
内墙传热系数	W/(m² · K)	3.93	/	<3.64	≤1.39

$0.1<q\leqslant0.2$ 时被动调控策略支配 B_3 的单项必要条件表明，在案例建筑实际性能的基础上，必须对全部围护结构热工性能进行优化。此外，在该气密性分级下，在其余围护结构热工性能都满足《近零能耗建筑技术标准 GB/T 51350—2019》低标准限值要求的情况下，能够达到支配 B_3 的优化目标。在该气密性水平下，所有单项共同满足充分条件时，案例建筑即可达到支配 B_3 的优化目标，为此，所有其他围护结构的热工性能水平相比于《近零》的最低限值要求都可降低要求。

综上所述，伴随着气密性分级的提升，案例建筑达成优化目标所需要的被动调控策略的要求降低。另外，由于非重要影响因子的优化固定取值在综合作用下对案例建筑的空调节能及室内热环境优化产生了一定程度的贡献，围护结构热工性能在低于《公共建筑节能设计标准 GB 50189—2015》要求的情况下也能够支配参考点 B_1 和 B_2，围护结构热工性能在低于《近零能耗建筑技术标准 GB/T 51350—2019》的情况下也能够支配参考点 B_3。

7.4　行为调控——使用者调节行为优化策略

现行公共建筑节能相关的标准规范主要是在方案设计阶段对的建筑围护结构热工性能的优化进行指导，而室内热环境相关的标准规范则在建筑服务系统及设备优化方面提出建议。当前，适用于建筑运行阶段使用者调节行为指导的建筑节能及室内热环境优化相关的标准规范较为缺乏。

本节从行为策略调控的角度探讨建筑空调节能及室内热环境优化策略，因此仅以调节行为要素相关的决策变量为自变量，建筑设计要素相关的决策变量则设为固定值。由于相关技术规范的不断修订，建筑围护结构热工性能的典型工况较多，因此本节参考案例建筑实际工况、20 世纪 80 年代基准工况、《公共建筑节能设计标准 GB 50189》2005 和 2015 版[141-142]的标准工况、《近零能耗建筑技术标准》[162]的高低标准工况，构建了 6 种典型的工况进行行为策略调控下案例建筑空调节能及室内环境优化潜力的核算，决策变量的取值范围定义如表 7-17所示，6 种典型工况分别对应的设计要素相关决策变量固定取值情况则如表 7-18 所示。

表 7-17　主动调控的决策变量取值范围

变量名称	编号	单位	取值范围
外墙传热系数	IN_01	W/(m²·K)	分工况固定取值
屋顶传热系数	IN_02	W/(m²·K)	分工况固定取值
内墙传热系数	IN_03	W/(m²·K)	分工况固定取值
外窗传热系数	IN_04	W/(m²·K)	分工况固定取值
外窗 SHGC	IN_05	—	分工况固定取值
南向窗墙比	IN_06	—	{0.4}
北向窗墙比	IN_07	—	{0.4}
气密性	IN_08	ach	分工况固定取值
人员密度—多人	IN_09	m²/人	{10}
设备功率密度	IN_10	W/人	{150}
主立面朝向	IN_11	°	{0}
通风模式	IN_12	—	$\{M_0, M_1, M_2, M_3, M_4\}$
空调设定温度	IN_13	℃	供冷：[18,30]
		℃	供热：[18,30]

表 7-18　典型工况下设计要素的固定取值

建筑设计要素	气密性/ach	外窗 SHGC	外墙 K /(W·m⁻²·K⁻¹)	外窗 K /(W·m⁻²·K⁻¹)	屋顶 K /(W·m⁻²·K⁻¹)	内墙 K /(W·m⁻²·K⁻¹)
P01—实际工况	0.7	0.819	2.42	5.78	2.98	3.93
P02—基准工况	0.8	0.8	2.0	6.4	1.5	2.0
P03—GB 50189—2005 工况	0.5	0.5	1.0	3.0	0.7	2.0
P04—GB 50189—2015 工况	0.3	0.4	0.8	2.6	0.5	2.0
P05—《近零》低标准工况	0.1	0.15	0.4	2.2	0.35	2.0
P06—《近零》高标准工况	0.1	0.15	0.15	2.2	0.15	2.0

进行行为优化策略调控时，仅以决策变量中的两项为自变量，分别是自然通风模式和空调设定温度。根据 6.1 节对适应度函数的定义，该 2 项自变量在 6 个不同的空调使用特征阶段内独立取值，因此最终输出的调控策略分特征阶段各自执行，而非在计算周期内通用。通过配置不同的种群大小以及迭代次数，多次执行基于 NSGA-II 算法的建筑空调能耗及室内环境热舒适性多目标优化策略决策模型，获得 6 种典型工况在行为优化策略调控下目标变量的优化潜力，如图 7-16 所示。

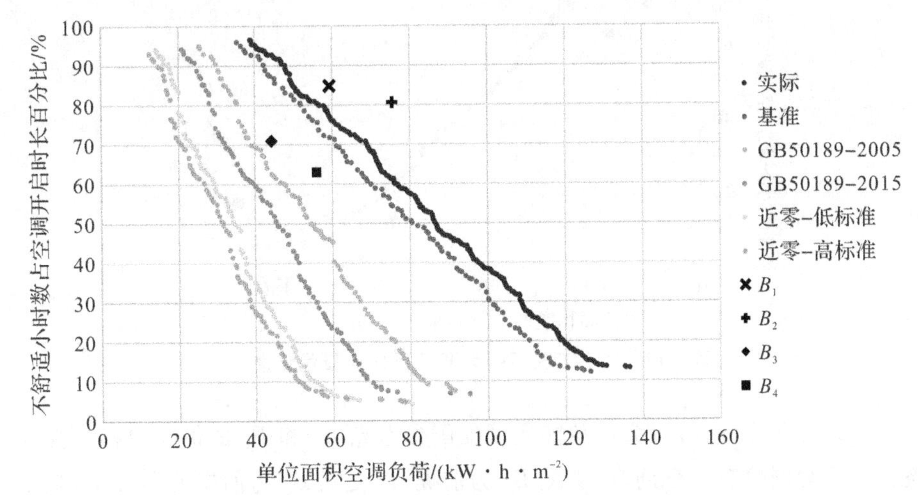

图 7-16　典型工况在行为调控策略下目标变量的优化潜力

设置迭代次数为 300，通过 NSGA-II 算法分别获得 6 种典型工况的 pareto 解集。结果表明，P01～P06 工况下，最有利于空调节能的主动调控策略分别使单位面积空调负荷低至 38.81kWh/m²、35.71kWh/m²、25.35kWh/m²、20.62kWh/m²、14.07kWh/m²、12.46kWh/m²；最有利于室内环境热舒适性的主动调控策略分别使不舒适小时数占比低至 13.27%、14.09%、8.82%、6.64%、6.45%、6.20%。在上述调节行为要素相关决策变量的作用下，相比于被动调控策略的作用效果，行为调控策略对空调节能和室内热环境优化都具有显著的贡献。

7.4.1　典型工况下行为调控的优化潜力分析

根据 6 种典型工况下的行为调控策略节能潜力与表 7-3 所示的 4 个优化目标参考点的关系，P01－案例建筑实际工况与 P02－20 世纪 80 年代基准工况下，行为调控策略能够达到支配参考点 B_1 和 B_2 的优化目标，但无法支配参考点 B_3 和 B_4；P03～P06 所对应的公共建筑节能设计标准工况、近零能耗建筑技术标准工况则能够通过行为调控策略达到支配参考点 B_1、B_2、B_3、B_4 的优化目标。在每种典型工况下，以支配参考点为优化目标探究行为调控优化策略。

7.4.1.1 P01—案例建筑实际工况

案例建筑实际工况下，基于 NSGA-II 多目标遗传算法求解 pareto 边界，目标变量的优化潜力及其与优化参考点之间的关系如图 7-17 所示。

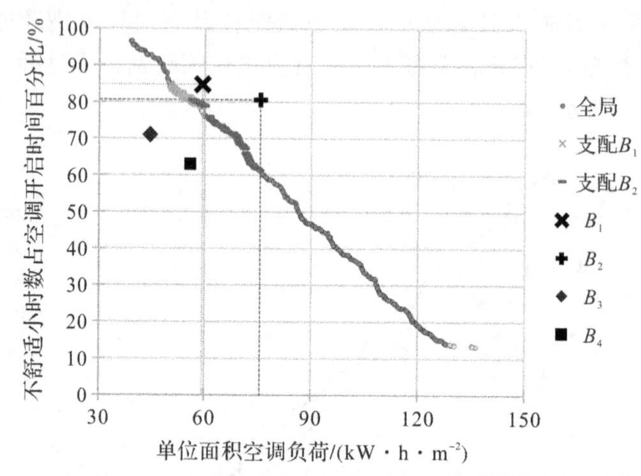

图 7-17 P01 工况下行为调控目标变量优化潜力

在该工况下，通过行为调控能实现支配参考点 B_1 和 B_2 的优化目标。探究该工况下案例建筑在全局、以支配 B_1 为前提、以支配 B_2 为前提的条件下，最节能和最舒适的行为调控策略，如表 7-19 所示。

表 7-19 P01 工况行为调控潜力及策略

空调使用特征阶段		优化策略						单位面积空调负荷/(kW·h·m^{-2})	不舒适百分比/%
		空调设定温度/℃|自然通风模式							
		H1	H2	H3	C1	C2	C3		
全局	最节能	18|M3	18|M0	18|M1	30|M1	30|M2	30|M2	38.81	96.30
	最舒适	25|M2	26|M2	27|M1	25|M1	24|M3	23|M4	136.43	13.27
支配 B_1	最节能	18|M3	18|M0	18|M1	28|M3	25|M4	30|M2	50.14	84.77
	最舒适	18|M1	25|M4	18|M1	27|M0	25|M3	30|M2	59.13	77.49
支配 B_2	最节能	23|M3	18|M0	19|M1	25|M1	25|M4	30|M4	56.00	80.62
	最舒适	25|M1	18|M2	26|M1	25|M1	25|M3	30|M2	75.33	61.31

根据 P01 工况下行为调控策略在全局的潜力分析，供热工况下空调设定温度越低、供冷工况下空调设定温度越高越有利于节能。供热工况下，秋末与春初、初冬与冬末、严冬阶段空调设定温度分别为 25、26、27℃时最有利于室内环境热舒适；供冷工况下，春末与秋初、初夏与夏末、盛夏阶段空调设定温度分别为 25、24、23℃时最有利于室内环境热舒适。严冬阶段，自然通风为 M1 模式同

时有利于空调节能与热舒适;盛夏阶段,自然通风为 M2 模式有利于空调节能、M4 模式有利于热舒适。

7.4.1.2 P02—20 世纪 80 年代基准工况

20 世纪 80 年代基准工况下,基于 NSGA-II 多目标遗传算法求解 pareto 边界,目标变量的优化潜力及其与优化参考点之间的关系如图 7-18 所示。

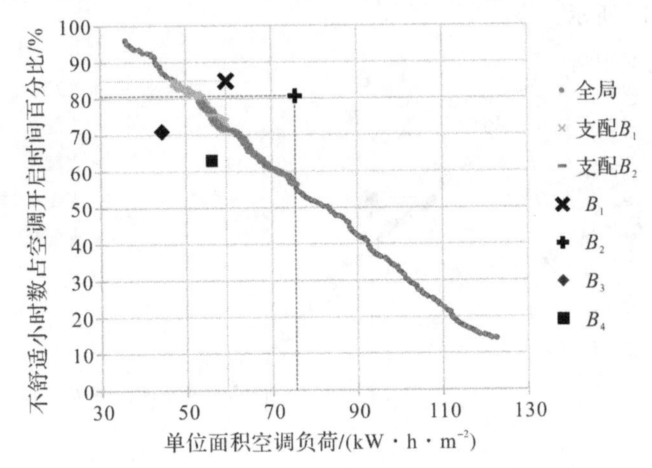

图 7-18 P02 工况下行为调控目标变量优化潜力

在该工况下,通过行为调控能实现支配参考点 B_1 和 B_2 的优化目标。探究该工况下案例建筑在全局、以支配 B_1 为前提、以支配 B_2 为前提的条件下,最节能和最舒适的行为调控策略,如表 7-20 所示。

表 7-20 P02 工况行为调控潜力及策略

空调使用特征阶段		优化策略 空调设定温度/℃ | 自然通风模式						单位面积空调负荷/$(kW \cdot h \cdot m^{-2})$	不舒适百分比/%
		H1	H2	H3	C1	C2	C3		
全局	最节能	18|M1	18|M0	18|M1	30|M1	30|M2	30|M2	35.71	95.80
	最舒适	25|M1	26|M0	27|M1	25|M1	24|M4	23|M4	122.5	14.09
支配 B_1	最节能	18|M3	18|M0	18|M1	26|M3	25|M4	30|M2	47.09	84.62
	最舒适	25|M1	18|M3	26|M1	25|M1	30|M2	30|M2	59.15	71.49
支配 B_2	最节能	24|M3	18|M0	19|M1	25|M1	24|M4	30|M2	52.97	80.55
	最舒适	22|M1	24|M1	26|M3	25|M1	25|M4	30|M2	75.51	56.28

根据 P02 工况下行为调控策略在全局的潜力分析,供热工况下空调设定温度越低、供冷工况下空调设定温度越高越有利于节能。供热工况下,秋末与春初、初冬与冬末、严冬阶段空调设定温度分别为 25、26、27℃时最有利于室内环境热舒适;供冷工况下,春末与秋初、初夏与夏末、盛夏阶段空调设定温度分别为 25、24、23℃时最有利于室内环境热舒适。严冬阶段,自然通风为 M1 模式同

时有利于空调节能与热舒适；盛夏阶段，自然通风为 E 模式有利于空调节能、M4 模式有利于热舒适。

7.4.1.3 P03—GB 50189—2005 标准工况

《公共建筑节能设计标准 GB 50189—2005》标准工况下，基于 NSGA-II 多目标遗传算法求解 pareto 边界，目标变量的优化潜力及其与优化参考点之间的关系如图 7-19 所示。

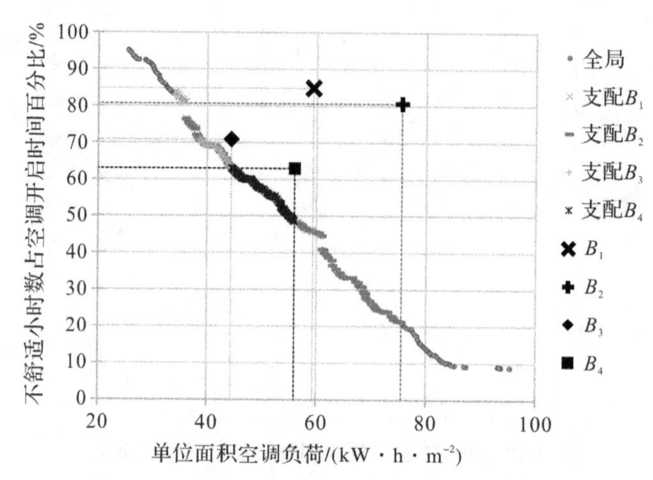

图 7-19 P03 工况下行为调控目标变量优化潜力

在该工况下，通过行为调控能实现支配参考点 B_1、B_2、B_3 和 B_4 的优化目标。探究该工况下案例建筑分别在全局、以支配 B_1 为前提、以支配 B_2 为前提、以支配 B_3 为前提、以支配 B_4 为前提的条件下，最节能和最舒适的行为调控策略，如表 7-21 所示。

表 7-21 P03 工况行为调控潜力及策略

空调使用特征阶段		优化策略						单位面积空调负荷/(kW·h·m⁻²)	不舒适百分比/%
		空调设定温度/℃|自然通风模式							
		H1	H2	H3	C1	C2	C3		
全局	最节能	18|M4	18|M3	18|M1	30|M4	30|M2	30|M2	25.35	94.53
	最舒适	24|M0	26|M2	26|M1	25|M1	24|M1	24|M4	95.43	8.82
支配 B_1	最节能	18|M0	25|M3	18|M1	25|M3	30|M2	30|M2	32.63	84.74
	最舒适	24|M4	25|M3	25|M3	25|M1	24|M1	30|M2	59.26	45.74
支配 B_2	最节能	19|M2	18|M1	24|M3	29|M4	30|M2	30|M2	36.11	76.48
	最舒适	24|M4	18|M1	25|M4	25|M1	24|M2	24|M4	75.52	21.33
支配 B_3	最节能	19|M4	18|M1	25|M3	25|M4	30|M2	30|M2	38.61	70.93
	最舒适	19|M4	24|M3	25|M3	25|M1	30|M2	30|M2	44.36	62.97
支配 B_4	最节能	19|M4	24|M3	25|M3	25|M1	30|M2	30|M2	44.36	62.97
	最舒适	23|M4	25|M3	25|M3	25|M1	25|M4	30|M2	55.78	48.62

根据P03工况下行为调控策略在全局的潜力分析，供热工况下空调设定温度越低、供冷工况下空调设定温度越高越有利于节能。但不同于P01和P02工况的最舒适空调设定温度，供热工况下，秋末与春初、初冬与冬末、严冬阶段空调设定温度分别为24、26、26℃时最有利于室内环境热舒适；供冷工况下，春末与秋初、初夏与夏末、盛夏阶段空调设定温度分别为25、24、24℃时最有利于室内环境热舒适。严冬阶段，自然通风为M1模式同时有利于空调节能与热舒适；盛夏阶段，自然通风为E模式有利于空调节能、M4模式有利于热舒适。

7.4.1.4　P04—GB 50189—2015标准工况

《公共建筑节能设计标准 GB 50189—2015》标准工况下，基于NSGA-II多目标遗传算法求解pareto边界，目标变量的优化潜力及其与优化参考点之间的关系如图7-20所示。

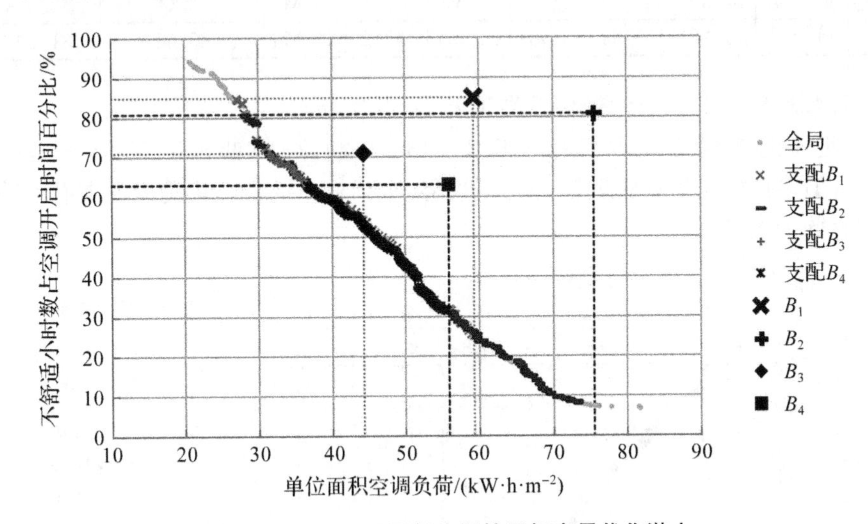

图7-20　P04工况下行为调控目标变量优化潜力

在该工况下，通过行为调控能实现支配参考点B_1、B_2、B_3和B_4的优化目标。探究该工况下案例建筑分别在全局、以支配B_1为前提、以支配B_2为前提、以支配B_3为前提、以支配B_4为前提的条件下，最节能和最舒适的行为调控策略，如表7-22所示。

根据P04工况下行为调控策略在全局的潜力分析，供热工况下空调设定温度越低、供冷工况下空调设定温度越高越有利于节能。但不同于上述其他工况的最舒适空调设定温度，供热工况下，秋末与春初、初冬与冬末、严冬阶段空调设定温度分别为25、25、25℃时最有利于室内环境热舒适；供冷工况下，春末与秋初、初夏与夏末、盛夏阶段空调设定温度分别为25、24、24℃时最有利于室内环境热舒适。严冬阶段，自然通风为M1模式同时有利于空调节能与热舒适；盛夏阶段，自然通风为M2模式有利于空调节能、M1模式有利于热舒适。

表 7-22　P04 工况行为调控潜力及策略

空调使用特征阶段		优化策略						单位面积空调负荷/(kW·h·m^{-2})	不舒适百分比/%
		空调设定温度/℃|自然通风模式							
		H1	H2	H3	C1	C2	C3		
全局	最节能	18|M4	18|M0	18|M1	30|M2	30|M2	30|M2	20.62	93.97
	最舒适	25|M1	25|M2	25|M1	25|M1	24|M1	24|M1	82.04	6.64
支配 B_1	最节能	22|M1	24|M3	18|M1	25|M1	30|M2	30|M2	26.73	84.92
	最舒适	23|M4	24|M3	25|M4	26|M4	30|M2	24|M3	59.31	24.90
支配 B_2	最节能	18|M0	18|M0	23|M3	27|M0	30|M2	30|M2	28.30	80.62
	最舒适	24|M4	25|M1	25|M1	25|M3	24|M1	24|M1	75.46	7.35
支配 B_3	最节能	18|M0	18|M0	25|M4	28|M2	30|M2	30|M2	31.50	70.83
	最舒适	18|M0	24|M3	24|M4	26|M1	25|M3	30|M2	44.36	52.82
支配 B_4	最节能	18|M0	24|M4	25|M4	27|M2	30|M2	30|M2	36.66	62.88
	最舒适	25|M0	18|M4	25|M1	25|M1	30|M2	24|M4	55.91	31.29

7.4.1.5　P05—《近零》低标准工况

《近零能耗建筑技术标准 GB/T 51350—2019》的低标准工况下，基于NSGA-II多目标遗传算法求解 pareto 边界，目标变量的优化潜力及其与优化参考点之间的关系如图 7-21 所示。

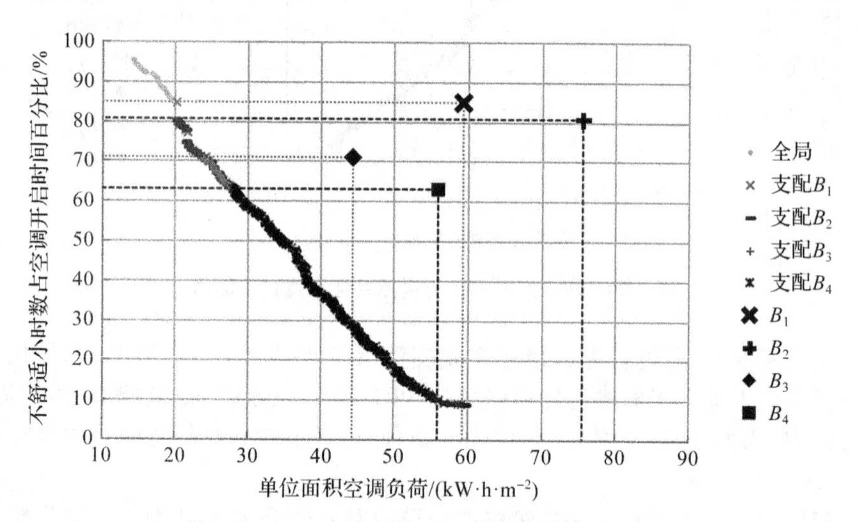

图 7-21　P05 工况下行为调控目标变量优化潜力

在该工况下，通过行为调控能实现支配参考点 B_1、B_2、B_3 和 B_4 的优化目标。探究该工况下案例建筑分别在全局、以支配 B_1 为前提、以支配 B_2 为前提、以支配 B_3 为前提、以支配 B_4 为前提的条件下，最节能和最舒适的行为调控策略，如表 7-23 所示。

表 7-23　P05 工况行为调控潜力及策略

空调使用特征阶段		优化策略 空调设定温度/℃ | 自然通风模式 H1	H2	H3	C1	C2	C3	单位面积空调负荷/(kW·h·m^{-2})	不舒适百分比/%
全局	最节能	18|M0	18|M0	18|M1	30|M3	30|M3	30|M2	14.07	95.22
	最舒适	25|M0	25|M2	25|M2	25|M1	25|M4	24|M1	80.43	6.45
支配 B_1	最节能	23|M0	25|M3	18|M1	28|M2	29|M2	30|M2	20.01	84.61
	最舒适	24|M4	25|M0	25|M1	25|M1	25|M4	24|M1	58.22	8.91
支配 B_2	最节能	20|M2	18|M0	23|M3	28|M2	30|M3	30|M2	20.17	80.09
	最舒适	25|M0	25|M1	25|M1	25|M1	25|M4	24|M1	59.71	8.59
支配 B_3	最节能	23|M4	18|M0	25|M4	25|M2	29|M2	30|M2	23.86	70.51
	最舒适	24|M4	25|M3	24|M4	26|M1	29|M2	25|M3	44.29	28.56
支配 B_4	最节能	24|M4	25|M4	24|M3	25|M1	29|M2	30|M2	27.96	62.89
	最舒适	25|M3	25|M4	25|M3	25|M1	25|M4	24|M2	55.88	10.19

根据 P05 工况下行为调控策略在全局的潜力分析，供热工况下空调设定温度越低、供冷工况下空调设定温度越高越有利于节能。但不同于上述其他工况的最舒适空调设定温度，供热工况下，秋末与春初、初冬与冬末、严冬阶段空调设定温度分别为 25、25、25℃时最有利于室内环境热舒适；供冷工况下，春末与秋初、初夏与夏末、盛夏阶段空调设定温度分别为 25、25、24℃时最有利于室内环境热舒适。严冬阶段，自然通风为 M1 模式时有利于空调节能、M2 模式时有利于热舒适；盛夏阶段，自然通风为 M2 模式有利于空调节能、M1 模式有利于热舒适。

7.4.1.6　P06—《近零》高标准工况

《近零能耗建筑技术标准 GB/T 51350—2019》的高标准工况下，基于 NSGA-II 多目标遗传算法求解 pareto 边界，目标变量的优化潜力及其与优化参考点之间的关系如图 7-22 所示。

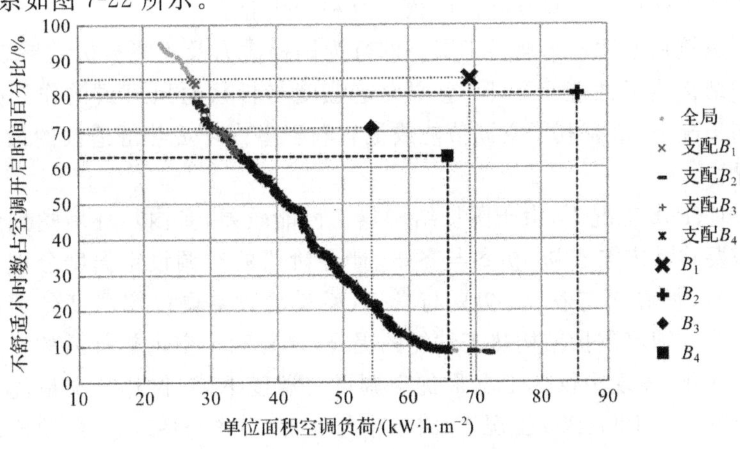

图 7-22　P06 工况下行为调控目标变量优化潜力

在该工况下，通过行为调控能实现支配参考点 B_1、B_2、B_3 和 B_4 的优化目标。探究该工况下案例建筑分别在全局、以支配 B_1 为前提、以支配 B_2 为前提、以支配 B_3 为前提、以支配 B_4 为前提的条件下，最节能和最舒适的行为调控策略，如表7-24 所示。

表 7-24　P06 工况行为调控潜力及策略

空调使用特征阶段		优化策略 空调设定温度/℃|自然通风模式						单位面积空调负荷/(kW·h·m⁻²)	不舒适百分比/%
		H1	H2	H3	C1	C2	C3		
全局	最节能	18|M0	18|M0	18|M1	30|M2	30|M3	30|M2	12.46	94.63
	最舒适	25|M0	25|M2	25|M2	25|M1	25|M4	24|M1	76.74	6.20
支配 B_1	最节能	19|M0	18|M0	22|M4	29|M0	29|M2	30|M2	17.17	84.76
	最舒适	25|M0	25|M0	24|M2	25|M1	25|M4	24|M1	57.14	8.48
支配 B_2	最节能	19|M0	18|M0	23|M4	29|M0	30|M3	30|M2	18.07	78.54
	最舒适	25|M0	25|M2	24|M2	25|M1	25|M4	24|M1	62.44	7.95
支配 B_3	最节能	24|M4	18|M0	24|M4	26|M3	29|M2	30|M2	20.49	70.88
	最舒适	24|M3	18|M0	24|M1	25|M1	25|M4	25|M3	44.36	21.89
支配 B_4	最节能	23|M3	25|M3	24|M4	26|M2	29|M2	30|M2	24.70	62.93
	最舒适	25|M3	25|M4	24|M2	25|M1	25|M4	24|M1	55.93	8.65

根据 P06 工况下行为调控策略在全局的潜力分析，供热工况下空调设定温度越低、供冷工况下空调设定温度越高越有利于节能。与 P05 工况相同，供热工况下，秋末与春初、初冬与冬末、严冬阶段空调设定温度分别为 25、25、25℃时最有利于室内环境热舒适；供冷工况下，春末与秋初、初夏与夏末、盛夏阶段空调设定温度分别为 25、25、24℃时最有利于室内环境热舒适。严冬阶段，自然通风为 M1 模式时有利于空调节能、M2 模式时有利于热舒适；盛夏阶段，自然通风为 M2 模式有利于空调节能、M1 模式有利于热舒适。

案例建筑在上述各个典型工况下的行为调控潜力及策略分析结果表明，不同的围护结构热工性能水平下，空调设定温度与自然通风模式的作用效果不同。不同工况下，最有利于空调节能或最有利于室内环境热舒适性的最优策略存在差异。

在 P01、P02 工况下，由于围护结构热工性能较差，室内热环境达到最舒适的水平需要将秋末与春初、初冬与冬末、严冬阶段的空调设定温度分别设定为 25、26、27℃，将春末与秋初、初夏与夏末、盛夏阶段空调设定温度分别设定为 25、24、23℃。随着围护结构热工性能的提升，最有利于室内热舒适的空调设定温度发生变化，表现为供热工况最优空调设定温度下降、供热工况最优空调设定温度上升。在 P05、P06 工况下，将秋末与春初、初冬与冬末、严冬阶段的空调设定温度分别设定为 25、25、25℃，将春末与秋初、初夏与夏末、盛夏阶段空调设定温度分别设定为25、25、24℃时最有利于室内热舒适水平的提升。

严冬阶段，自然通风为M1模式(8:00—9:00早间固定时段通风)最有利于所有典型工况下的空调节能，以及P01～P04工况下的室内热舒适；P05～P06工况下最有利于室内热舒适的则为M2模式(17:00—8:00夜间固定时段通风)。盛夏阶段，自然通风为M2模式(17:00—8:00夜间固定时段通风)有利于所有工况下的空调节能；P01～P03工况下M4模式(8:00—17:00时段不通风，17:00—8:00夜间非空调开启时段通风)最有利于热舒适，P05～P06工况下M1模式(8:00—9:00早间固定时段通风)最有利于热舒适。

7.4.2　现行公共建筑节能设计标准工况下的行为调控策略分析

在6种典型工况中，P04—GB 50189—2015标准工况是反映了现行《公共建筑节能设计标准》对公共建筑围护结构热工性能方案设计规定的典型工况，在指导当前公共建筑设计方面应用极为广泛。因此本节以P04工况为例，假设以室内环境热舒适性为主要优化目标，通过对pareto边界的分析能够获得不同热舒适水平下的最优化策略，并且能够求得这些最优解与4个优化参考点之间的关系。以10%为单位间隔，讨论不同热舒适水平下，案例建筑处于P04工况时，通过行为调控使空调最节能的最优化策略，如表7-25所示。

表7-25　P04工况不同热舒适水平的行为调控最优化策略

优化目标		最优化策略						参考点支配情况			
		空调设定温度/℃ | 自然通风模式						(√支配/×不支配)			
不舒适小时数百分比/%	单位面积年空调负荷/(kW·h·m^{-2})	H1	H2	H3	C1	C2	C3	B_1	B_2	B_3	B_4
10	69.72	24|M4	25|M3	25|M4	26|M3	25|M4	24|M3	×	×	×	√
20	63.28	19|M1	18|M4	25|M4	26|M3	25|M4	24|M4	×	×	×	√
30	56.76	23|M1	23|M4	24|M4	26|M3	30|M2	24|M3	√	√	×	×
40	51.45	19|M4	18|M4	25|M4	25|M3	30|M2	25|M4	√	√	×	√
50	45.99	19|M4	24|M4	25|M4	27|M2	25|M4	30|M2	√	√	×	√
60	38.62	24|M4	25|M3	25|M4	25|M0	30|M2	30|M2	√	√	√	√
70	31.84	19|M3	18|M0	25|M4	26|M3	30|M2	30|M2	√	√	√	×
80	28.52	19|M4	18|M3	23|M4	26|M3	30|M2	30|M2	√	√	×	×
90	24.38	24|M4	25|M3	25|M4	26|M3	25|M4	24|M3	×	×	×	×

根据表7-25，不同的优化目标下，最优化策略与4个参考点之间的支配关系存在差异，在该工况下，通过行为调控优化能够实现同时支配4个参考点的优化目标，即目标变量满足单位面积空调负荷≤44.37kWh/m^2，不舒适小时数

百分比≤63.00%，满足要求的目标变量所处的函数空间如图 7-23 中标注的区间所示。

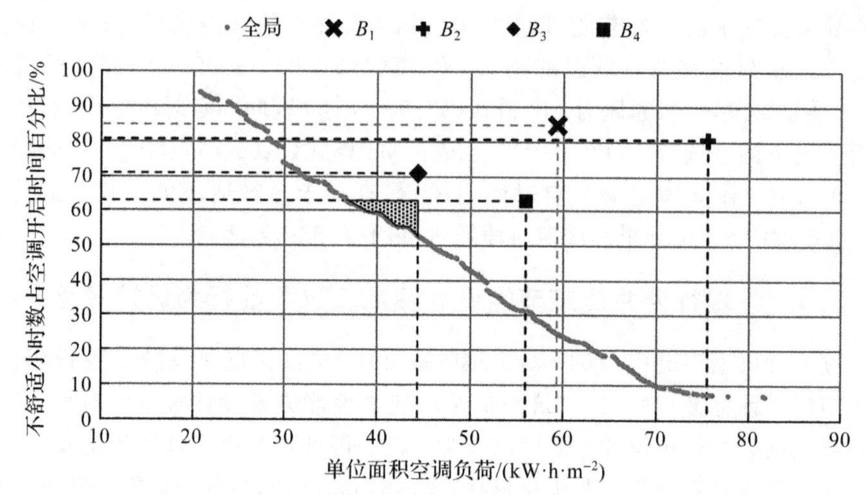

图 7-23 P04 工况下支配所有参考点的目标变量函数空间

执行基于 NSGA-II 算法的建筑空调能耗及室内环境热舒适性多目标优化策略决策模型，通过目标变量的值域控制来定义优化目标，修改种群大小及迭代次数进行多次运算，求解满足同时支配 4 个参考点的行为优化策略的解集，部分满足优化目标的行为调控策略如表 7-26 所示。

表 7-26 P04 工况下满足优化目标的行为调控策略

优化目标		最优化策略 空调设定温度/℃|自然通风模式						参考点支配情况 (√支配/×不支配)			
不舒适小时数百分比/%	单位面积年空调负荷/(kW·h·m^{-2})	H1	H2	H3	C1	C2	C3	B_1	B_2	B_3	B_4
53.00	44.32	19|M1	24|M3	24|M4	27|M0	25|M4	30|M2	√	√	√	√
55.00	44.23	20|M1	22|M3	25|M3	26|M0	25|M3	30|M2	√	√	√	√
57.00	43.48	21|M2	18|M0	18|M0	27|M1	30|M2	24|M3	√	√	√	√
60.00	44.05	20|M0	18|M0	18|M3	29|M1	30|M4	24|M2	√	√	√	√
62.00	40.70	22|M1	20|M3	25|M4	29|M2	26|M4	30|M2	√	√	√	√

通过决策模型的运用，本书通过多次迭代，在图 7-23 所示优化目标区间内共计求得 481 个相互之间不重合的目标变量解，每个解对应了不同的行为调控策略。从满足优化目标要求的行为调控策略中，分析各个特征阶段的空调设定温度以及自然通风模式，分别如图 7-24 和图 7-25 所示。

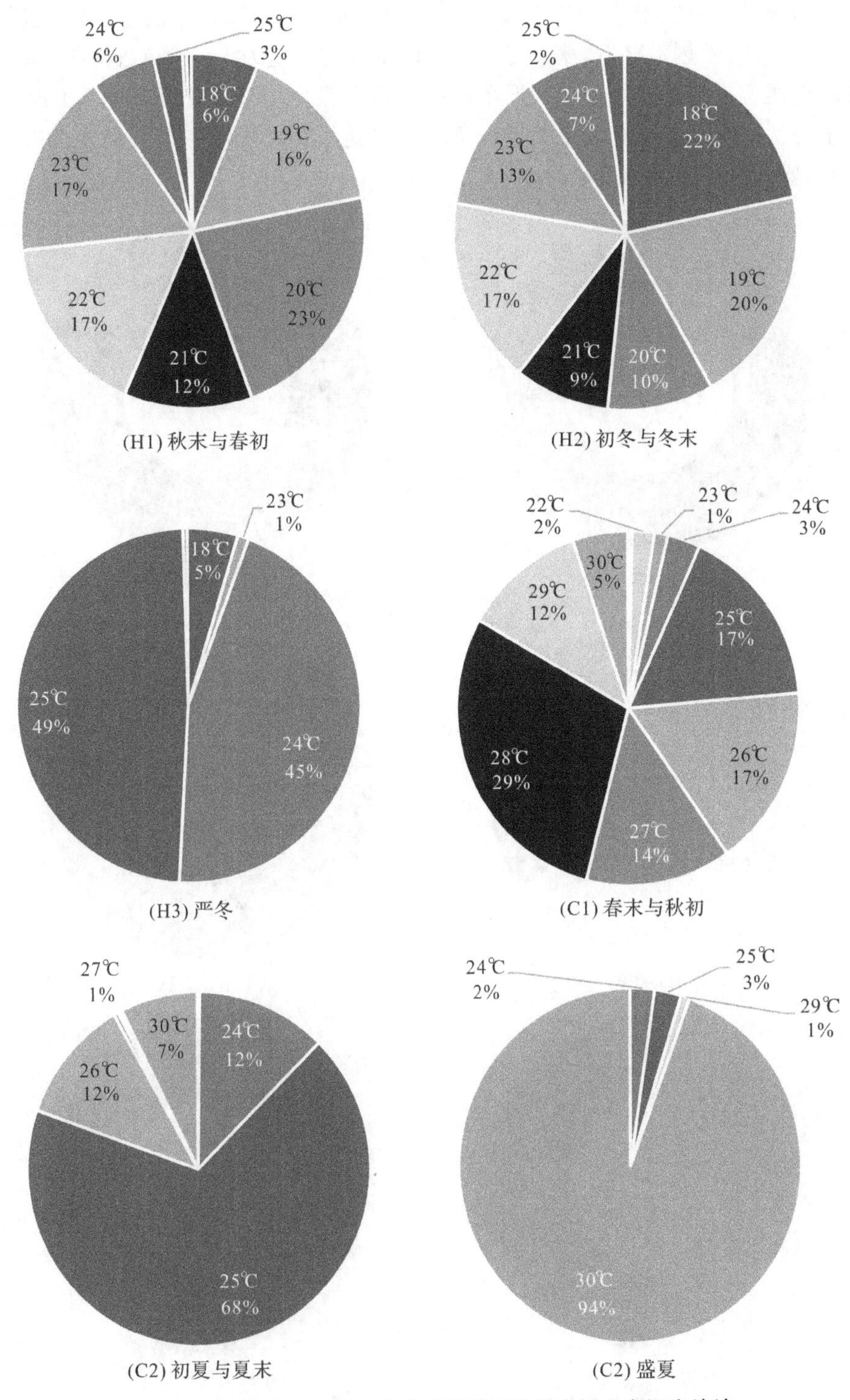

图 7-24　满足优化目标条件下不同特征阶段空调设定温度统计

为满足同时支配 4 个参考点的优化目标，不同特征阶段下的空调设定温度存在局限性：供热工况下，秋末与春初阶段空调宜设定为 19～23℃、初冬与冬末阶段空调宜设定为 18～24℃、严冬阶段空调宜设定为 24～25℃；供冷工况下，春末与秋初阶段空调宜设定为 25～29℃、初夏与夏末阶段空调宜设定为 24～26℃、盛夏阶段空调宜设定为 30℃。

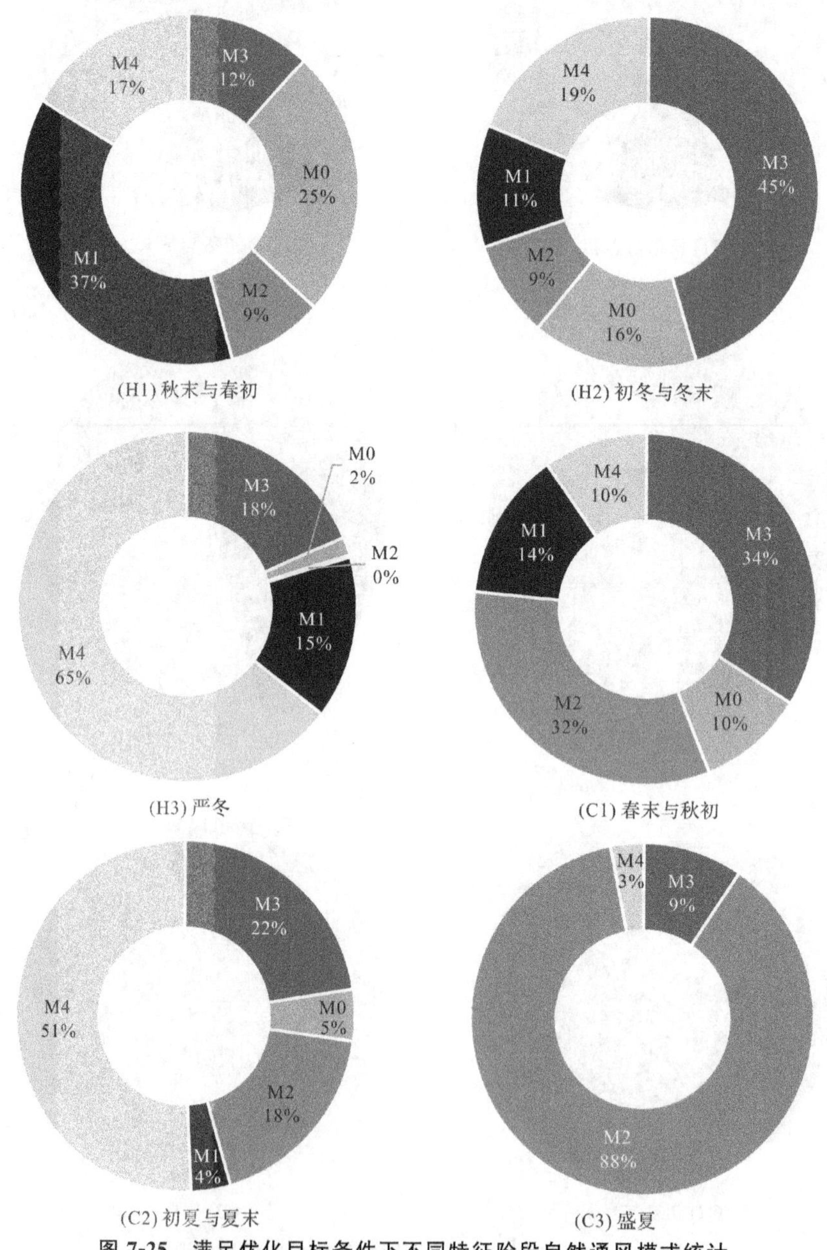

图 7-25　满足优化目标条件下不同特征阶段自然通风模式统计

为满足同时支配 4 个参考点的优化目标，不同特征阶段下不同的自然通风模式适宜性存在差异：供热工况下，秋末与春初阶段宜优先采用 M1 模式、初冬与冬末阶段宜优先采用 M3 模式、严冬阶段宜优先采用 M4 模式；供冷工况下，春末与秋初阶段宜优先采用 M3 或 M2 模式、初夏与夏末阶段宜优先采用 M4 模式、盛夏阶段宜优先采用 M2 模式。

7.5　整合调控——综合优化策略

7.3 和 7.4 节所研究的调控策略的探究仅从单一角度出发对案例建筑进行优化：被动调控即在调节行为固定的条件下探究围护结构的优化组合，侧重于案例建筑方案的节能设计与优化改造；行为调控即在围护结构热工性能固定的条件下探究调节行为的优化组合，侧重于案例建筑运行阶段的行为管理。当存在某一特定的优化目标时，实际上可从建筑方案设计及建筑运行管理的角度同时出发，探究围护结构热工性能设计和调节行为管理的优化组合。

通过执行基于 NSGA-II 算法的建筑空调能耗及室内环境热舒适性多目标优化策略决策模型，将建筑设计要素和调节行为要素相关的决策变量都作为自变量，从整合调控的角度探究建筑方案设计及建筑运行阶段的综合优化策略，决策变量的取值范围定义如表 7-27 所示。在决策模型用于实际方案决策的过程中，可结合各个优化单项的实际优化潜力及经济成本，自行调节决策变量取值范围的上下限值。

表 7-27　整合调控的决策变量取值范围

变量名称	编号	单位	取值范围
外墙传热系数	IN_01	$W/(m^2 \cdot K)$	[0.15,2.50]
屋顶传热系数	IN_02	$W/(m^2 \cdot K)$	[0.15,3.00]
内墙传热系数	IN_03	$W/(m^2 \cdot K)$	[1.00,5.00]
外窗传热系数	IN_04	$W/(m^2 \cdot K)$	[2.20,6.40]
外窗 SHGC	IN_05	—	[0.15,1.00]
南向窗墙比	IN_06	—	{0.4}
北向窗墙比	IN_07	—	{0.4}
气密性	IN_08	ach	[0.1,0.8]
人员密度—多人	IN_09	m^2/人	{10}
设备功率密度	IN_10	W/人	{150}
主立面朝向	IN_11	°	{0}
通风模式	IN_12	—	{M0,M1,M2,M3,M4}
空调设定温度	IN_13	℃	供冷：[18,30]
		℃	供热：[18,30]

进行整合优化策略调控时，以决策变量中的 8 项为自变量，分别是建筑设计要素相关的外墙传热系数、屋顶传热系数、内墙传热系数、外窗传热系数、外窗 SHGC 以及气密性，调节行为要素相关的自然通风模式和空调设定温度。

探究整合优化调控策略首先需要确立特定的优化目标。例如定义参考点 C 的坐标为(y_{C1}，y_{C2})，基于参考点 C 自定义优化目标，如下列优化目标案例所示：

例 1 支配参考点 C。将图 7-4 中所示的目标变量值域上下限值控制更改为 max_OP1＜－y_{C1}，min_OP1＜－0，max_OP2＜－y_{C2}，min_OP2＜－0。

例 2 以参考点 C 对应的全年单位面积空调负荷为空调节能目标，探究该空调能耗水平下的室内环境热舒适优化策略。即对目标变量 OP_01 进行值域控制、OP_02 则不限制值域，将图 7-4 中所示的目标变量值域控制上下限值更改为 max_OP1＜－($y_{C1}+k_1$)，min_OP1＜－($y_{C1}-k_1$)，max_OP2＜－2000，min_OP2＜－0。由于目标变量值域的上限值和下限值不宜设定为相同值，而是将两者设定为相近的不同取值，因此根据求解的需要自定义 k_1 的取值。

例 3 以参考点 C 对应的全年综合不舒适小时数为室内热环境优化目标，探究该热舒适水平下的空调节能策略。即对目标变量 OP_02 进行值域控制、OP_01 则不限制值域，将图 7-4 中所示的目标变量值域控制上下限值更改为 max_OP1＜－3000，min_OP1＜－0，max_OP2＜－($y_{C2}+k_2$)，min_OP2＜－($y_{C2}-k_2$)，根据求解的需要自定义 k_2 的取值。

例 4 以参考点 C 对应的全年单位面积空调负荷及全年综合不舒适小时数为优化目标，探究同时满足空调节能目标和室内环境热舒适水平的优化策略。即对目标变量 OP_01 和 OP_02 同时进行值域控制，将图 7-4 中所示的目标变量值域控制上下限值更改为 max_OP1＜－($y_{C1}+k_1$)，min_OP1＜－($y_{C1}-k_1$)，max_OP2＜－($y_{C2}+k_2$)，min_OP2＜－($y_{C2}-k_2$)，根据求解的需要自定义 k_1 和 k_2 的取值。

在目标变量值域的不同控制范围之下，配置不同的种群大小以及迭代次数，多次执行基于 NSGA-II 算法的建筑空调能耗及室内环境热舒适性多目标优化策略决策模型，即可获得达成优化目标的整合优化调控策略。

根据上述优化目标下的整合优化调控策略探究方法，本节参考上述优化目标案例中的例 2 进行应用案例研究。基于参考点 B_1 和 B_3 分别定义优化目标，以 B_1 和 B_3 分别对应的全年单位面积空调负荷为空调节能目标，探究相应空调能耗水平下的室内环境热舒适优化策略。

参考点 B_1 所对应的全年单位面积空调负荷为 59.33kWh/m^2。定义 $k_1=0.5$，将图 7-4 中所示的目标变量值域控制上下限值更改为 max_OP1＜－59.83，min_OP1＜－58.83，max_OP2＜－2000，min_OP2＜－0。该优化目标下，能够

支配参考点 B_1 的整合优化调控策略优化潜力如图 7-26 所示。

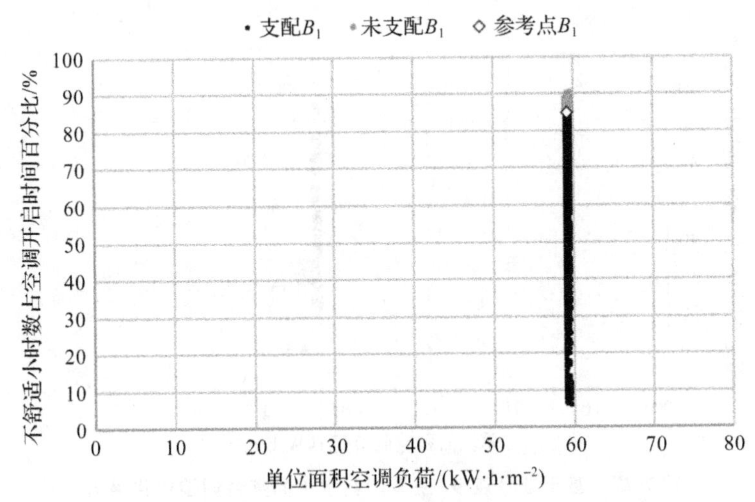

图 7-26　基于参考点 B_1 空调能耗水平的整合调控优化潜力

该优化目标下，通过整合调控策略，能够实现最佳的室内环境热舒适水平为不舒适百分比 6.23%。以 10%为间隔定义不同的热舒适优化目标，筛选获得整合调控下不同热舒适水平的优化策略，如表 7-28 所示。

表 7-28　不同热舒适水平的整合调控优化策略(基于 B_1 空调能耗水平)

不舒适百分比/%	传热系数/(W·m⁻²·K⁻¹)				外窗SHGC	气密性/ach	空调设定温度/℃|通风模式					
	外墙	屋顶	内墙	外窗			H1	H2	H3	C1	C2	C3
6.23	0.15	0.15	1.06	2.20	0.33	0.10	24|M0	24|M4	24|M2	25|M0	24|M1	24|M1
10.00	0.15	0.31	2.81	2.85	0.29	0.12	26|M3	25|M1	24|M0	26|M3	25|M4	24|M1
20.00	0.36	0.31	3.37	2.77	0.29	0.11	27|M2	22|M2	24|M0	27|M0	25|M2	24|M1
30.00	0.41	0.51	4.24	2.40	0.22	0.18	27|M3	21|M1	24|M4	20|M3	25|M0	24|M1
40.00	0.72	0.48	3.88	3.94	0.53	0.10	29|M0	22|M4	19|M0	27|M4	24|M0	24|M2
50.00	1.60	0.49	1.06	3.34	0.59	0.29	29|M1	25|M4	18|M0	26|M1	29|M4	24|M4
60.00	1.69	0.67	3.27	3.11	0.93	0.26	20|M0	23|M1	18|M0	27|M0	29|M2	24|M2
70.00	0.42	1.11	1.20	3.68	0.25	0.59	28|M0	19|M2	22|M1	23|M3	29|M2	25|M2
80.00	0.91	0.69	1.28	3.78	0.62	0.53	24|M4	18|M1	21|M3	25|M4	26|M3	26|M3
84.82	1.38	1.61	4.45	3.10	0.47	0.15	28|M1	20|M2	29|M4	25|M4	28|M4	30|M1

参考点 B_3 所对应的全年单位面积空调负荷为 44.37kWh/m²。定义 $k_1=0.5$，将图 7-4 中所示的目标变量值域控制上下限值更改为 max_OP1<－44.87，min_OP1<－43.87，max_OP2<－2000，min_OP2<－0。该优化目标下，能够支配参考点 B_3 的整合优化调控策略优化潜力如图 7-27 所示。

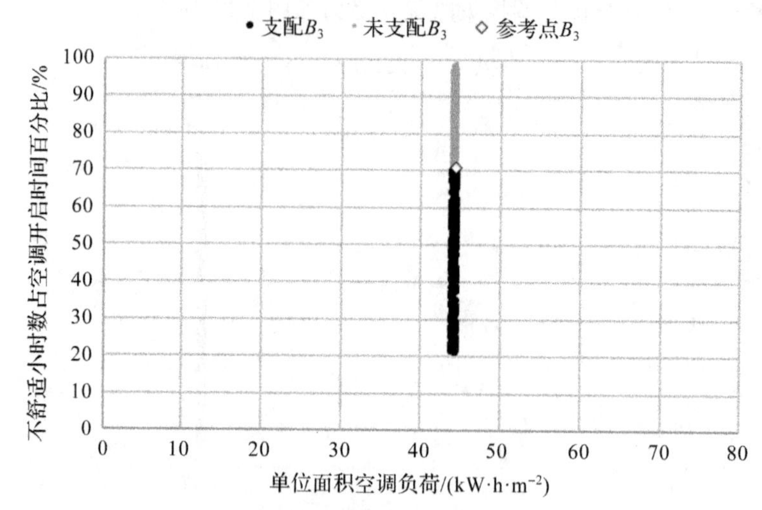

图 7-27　基于参考点 B_3 空调能耗水平的整合调控优化潜力

该优化目标下，通过整合调控策略，能够实现最佳的室内环境热舒适水平为不舒适百分比 21.22%。以 10%为间隔定义不同的热舒适优化目标，筛选获得整合调控下不同热舒适水平的优化策略，如表 7-29 所示。

表 7-29　不同热舒适水平的整合调控优化策略(基于 B_3 空调能耗水平)

不舒适百分比/%	传热系数/(W·m^{-2}·K^{-1})				外窗SHGC	气密性/ach	空调设定温度/℃|通风模式					
	外墙	屋顶	内墙	外窗			H1	H2	H3	C1	C2	C3
21.22	0.16	0.15	1.07	2.20	0.21	0.10	23|M0	18|M0	24|M4	25|M3	25|M4	25|M3
30.00	0.15	0.25	2.67	2.74	0.16	0.11	21|M0	24|M4	24|M3	28|M4	30|M3	24|M3
40.00	0.23	0.46	2.27	2.68	0.15	0.15	21|M1	22|M3	23|M4	27|M0	29|M2	24|M2
50.00	0.31	0.33	2.48	2.29	0.25	0.13	30|M3	23|M3	25|M0	25|M3	25|M1	30|M4
60.00	0.30	1.62	2.61	2.39	0.44	0.16	24|M3	18|M2	26|M3	20|M4	24|M2	30|M2
70.00	0.27	0.92	2.55	2.39	0.32	0.15	30|M1	23|M0	21|M3	26|M4	24|M1	29|M4
70.93	1.17	0.39	4.86	3.75	0.82	0.19	27|M0	19|M0	25|M4	28|M3	30|M0	30|M4

7.6　本章小结

本章的主要研究内容为基于 NSGA-II 多目标遗传算法的建筑空调能耗及室内环境热舒适性多目标优化策略决策模型的开发及案例应用。

在第 6 章研究获得的空调能耗及室内环境热舒适性快速预测模型的基础

上，本章首先构建了应用于NSGA-II多目标遗传算法的适应度函数，用于目标变量的评价。随后，以Java为平台，开发了基于NSGA-II算法的建筑空调能耗及室内环境热舒适性多目标优化策略决策模型，用于探究适用于案例建筑的空调节能及室内热环境优化策略。

基于该决策模型，本章分别从建筑方案设计阶段的被动优化策略、建筑运行阶段的行为优化策略以及兼顾两个阶段的整合优化策略三个方面，展开对空调节能及热环境优化策略的求解。

被动调控策略的案例研究结果表明，非重要影响因子的优化固定取值在综合作用下对案例建筑的空调节能及室内热环境优化产生了一定程度的贡献，围护结构热工性能在低于标准限值的情况下也能够实现支配参考点的优化目标。

行为调控策略的案例研究结果表明，围护结构热工性能不佳时，需要在供冷工况下设定更低的空调温度，供热工况下设定更高的空调温度来实现室内环境热舒适水平的提升。此外，严冬阶段M1模式的自然通风更有利于空调节能，M1、M2模式有利于室内热舒适；盛夏阶段M2模式的自然通风更有利于空调节能，M1、M4模式有利于室内热舒适。

通过设立明确的优化目标，执行基于NSGA-II算法的建筑空调能耗及室内环境热舒适性多目标优化策略决策模型，可以求解符合优化目标的整合调控策略，同时指导建筑方案设计阶段的围护结构热工性能设计和建筑运行阶段的使用者调节行为管理。

第 8 章　结论与展望

8.1　主要工作与结论

论文旨在基于实际建筑运行特征和使用者需求，为公共建筑舒适热环境的低能耗营造策略探究，提供具体的分析方法和实用工具。本书以夏热冬冷地区的办公建筑为研究案例，基于办公建筑中不同行为主体所主导的通风空调系统随机调节行为，构建多情景工况下的案例建筑空调能耗及室内环境热舒适性快速预测模型，并建立多目标优化策略决策方法，为夏热冬冷地区办公建筑空调节能及室内热环境优化策略的探究提供具体的分析方法与实用工具。本论文的主要工作与结论包括：

(1)基于循证设计的理论，以夏热冬冷地区典型办公建筑为例，通过对样本建筑“使用后评估”的实测调研，分析获得使用者调节行为特征。在此基础上，通过 k-means 聚类分析法提炼典型调节行为运行时间表作为决策单元，通过蒙特卡罗方法构建决策过程，构建了调节行为随机预测模型，并通过 Python 程序语言的辅助，将该模型作为输入条件反馈到建筑动态能耗模拟的过程中。

执行调节行为随机预测模型生成随机序列，计算不同空调使用特征阶段的运行时长统计指标及逐时开启概率，并与实测的统计结果进行的对比。对比结果表明调节行为随机预测模型所生成的调节行为随机序列大幅度还原了实际调节行为阶段性、多样性和随机性的特征，且误差水平低，证明了调节行为随机预测模型的准确性与合理性。

在调节行为随机预测模型的前提下，利用建筑动态能耗模拟软件 EnergyPlus 对案例建筑实际工况下的空调能耗进行模拟，结果表明供热和供冷工况下模拟与实测结果分别的误差率为 5.2% 和 2.6%，误差水平远低于通过传统固定作息法模拟获得的结果，证明了调节行为随机预测模型有助于准确预测建筑能耗水平，对合理评估建筑节能优化策略具有重要的价值。

(2)在调节行为随机预测模型的指导下，本书根据文献调研及实测调研的结果，从建筑设计要素、建筑内扰要素、调节行为要素三个方面提取了共计 32

项初始影响因子，研究其与空调能耗及室内环境热舒适性的相关性，根据相关性分析结果，选择其中的与目标变量显著相关的28项，基于随机森林回归与残差均方法进行重要性评分的计算。

重要性评分的结果与排序表明，空调供冷设定温度、气密性、空调供热设定温度、(多人办公室)人员密度、自然通风模式、外窗太阳得热系数、设备功率密度、外墙传热系数、外窗传热系数、屋顶传热系数、南向窗墙比、北向窗墙比、内墙传热系数与建筑朝向对空调能耗及室内环境热舒适性都具有较为显著的影响。因此，该14项为重要影响因子，作为案例建筑空调能耗及室内环境热舒适性快速预测模型的决策变量，能达到简化模型、提高预测精度的目的；其余14项非重要影响因子则根据相关分析结果进行优化固定取值，作为预测模型的常量。

(3)在调节行为随机预测模型的指导下，本书基于Java平台，结合NSGA-II多目标遗传算法，开发了可交互的案例建筑目标变量快速预测模型以及建筑多目标优化决策模型，以降低空调供冷供热负荷和减少室内不舒适小时数为目标，探究建筑优化策略。基于该方法，本书分别从建筑方案设计阶段的被动优化策略、建筑运行阶段的行为优化策略以及兼顾两个阶段的整合优化策略三个方面，展开对案例建筑空调节能及热环境优化策略的求解。

被动调控策略的案例研究结果表明，在随机调节行为下，非重要影响因子的固定优化取值的集成作用对案例建筑的空调节能及室内热环境优化产生了一定程度的贡献，围护结构热工性能在低于标准限值要求的情况下也能够实现现行《公共建筑节能设计标准》和《近零能耗建筑技术标准》的优化目标。行为调控策略的案例研究结果表明，在随机调节行为下，围护结构热工性能处于不同水平时，最有利于节能的空调设定温度与自然通风模式具有一致性，但最有利于热舒适的空调设定温度与自然通风模式则根据被动工况的不同存在明显差异。通过设立明确的优化目标，根据目标的要求与决策模型进行交互，可以求解符合优化目标的整合调控策略，同时指导建筑方案设计阶段的围护结构热工性能设计和建筑运行阶段的使用者调节行为管理。

8.2　不足与展望

8.2.1　从“专用”到“通用”

本研究所构建的建筑空调能耗及室内环境热舒适性多目标优化策略决策模型是在夏热冬冷地区典型办公建筑中某一案例建筑的基础上开发的。该建筑仅代表 HVAC 系统形式为自然通风与分体式空调的单一板式中小型办公建筑，不能通用于其他相同功能类型的办公建筑。再者，本研究调研的行为主体具有一定的局限性，对办公室以外的其他功能空间类型、不同工作性质的使用者的行为模式缺乏充分研究。此外，本研究进行的杭州地区人员热感觉调研缺乏对干扰因素(例如调研人员对热环境的干预、实测环境参数误差等)的控制，对不同地区适应性热舒适的研究不够全面。

因此，需要进一步扩展决策模型的应用范围，通过扩展样本量，对不同地区、不同规模、不同平面形式、不同冷热源与通风形式的办公建筑进行实测调研，并研究不同功能类型空间、不同工作性质的使用者的行为特征，以及不同地区适应性热舒适的区间，在原有决策模型的基础上进行覆盖范围的扩展，使之具有更高的通用价值。

8.2.2 从“单一调节行为预测”到“使用者移动与行为预测”

本研究中的调节行为随机预测模型仅是在空调使用状态与外窗开启状态的实测基础上构建的，缺乏与使用者在室情况、工作状态和动态衣着调节情况的耦合。由于人员密度、设备功率密度以及照明功率密度都与空调能耗及室内环境热舒适性显著相关，动态衣着调节影响人员对室内环境热舒适性的实时评价进而反馈到空调使用行为，人员在室、照明使用、设备使用、动态衣着调节的时间表都对本书的优化目标存在影响。

因此，需要进一步增加实测的范围与仪器数量，对使用者空间移动规律、照明与设备使用特征、人员衣着动态调节行为进行细化的调研与分析，进一步完善使用者随机行为预测模型。

8.2.3 从“理论分析”到“实用价值评估”

本书的优化目标包括降低空调供热供冷负荷与减少不舒适小时数，通过建筑空调能耗及室内环境热舒适性多目标优化策略决策模型，在特定的优化目标下输出满足要求的两个目标变量及其对应策略的同时，并不涉及不同策略的执行成本，从而无法对其实用价值进行评估。

因此，需要在既有决策模型的基础上，通过调研获得不同决策变量对应的成本清单，将成本核算与优化策略评估相结合，从实用价值出发评估不同空调节能与室内环境热舒适性优化策略的适宜性。

参考文献

[1]清华大学建筑节能研究中心,2022.中国建筑节能年度发展研究报告2022(公共建筑专题)[M].北京:建筑工业出版社.

[2]国务院,2017.国务院关于印发"十三五"节能减排综合工作方案的通知[EB/OL].(2017-01-05)[2023-11-01].中华人民共和国中央人民政府网,https://www.gov.cn/zhengce/content/2017-01/05/content_5156789.htm.

[3]国家发展改革委,环境保护部,2017.《"十三五"节能减排综合工作方案》解读[J].中国资源综合利用,35(1):16-18.

[4]潘毅群,吴刚,Volker Hartkopf,2004.建筑全能耗分析软件EnergyPlus及其应用[J].暖通空调,(9):2-7.

[5]Crawley D B, Lawrie L K, Winkelmann F C, 2001. EnergyPlus: creating a new-generation building energy simulation program[J]. Energy and Buildings, 33(4):p.319-331.

[6]Ulrich R S, Zimring C, Zhu X, et al., 2008. A Review of the Research Literature on Evidence-Based Healthcare Design[J]. HERD Health Environments Research & Design Journal 1(3):61-125.

[7]晁军,谢辉,2008.英国医院建筑的循证设计初探[J].城市建筑,(7):31-32.

[8]李兆坚,谢德强,江红斌,等,2014.北京市住宅空调开机行为和能耗的实测研究[J].暖通空调,44(2):15-20.

[9]刘念雄,莫丹,王牧洲,等,2015.城市住宅热环境调节行为的图形化分析[J].住区,(6):123-132.

[10]李兆坚,江亿,魏庆芃,2007.环境参数与空调行为对住宅空调能耗影响调查分析[J].暖通空调,(8):67-71+45.

[11]付博,2019.英国空调条件下温度对建筑能耗和舒适度的影响[J].上海建设科技,(5):24-27.

[12]Ge F, Guo X, Liu H, et al., 2013. Energy performance of air cooling systems considering indoor temperature and relative humidity in different climate zones in China[J]. Energy and Buildings, 64(5):145-153.

[13]刘猛,薛凯,衷逸群,等,2015.典型城市居住建筑室内设置温度对供暖供冷

能耗的影响[J]. 土木建筑与环境工程,37(S2):204-210.
[14]Kempton W, Feuermann D, Mcgarity A E, 1992. "I always turn it on super": user decisions about when and how to operate room air conditioners[J]. Energy & Buildings, 18(3/4):177-191.
[15]刘念雄,莫丹,王牧洲,2016. 使用者行为与住宅热环境节能研究[J]. 建筑学报,(2):33-37.
[16]Wang Z, Zhang L, Zhao J, et al., 2010. Thermal comfort for naturally ventilated residential buildings in Harbin[J]. Energy & Buildings, 42(12):2406-2415.
[17]王昭俊,李爱雪,何亚男,等,2012. 哈尔滨地区人体热舒适与热适应现场研究[J]. 哈尔滨工业大学学报,44(8):48-52.
[18]谢子令,孙林柱,杨芳,2013. 住宅自然通风节能率及其开窗行为相关性分析[J]. 建筑热能通风空调,32(1):20-23.
[19]Santamouris M, Sfakianaki A, Pavlou K, 2010. On the efficiency of night ventilation techniques applied to residential buildings[J]. Energy & Buildings, 42(8):1309-1313.
[20]刘猛,刘学丽,詹翔,等,2014. 典型夏热城市住宅自然通风模式对空调能耗影响分析[J]. 中南大学学报(自然科学版),45(10):3664-3670.
[21]Kubota T, Chyee D T H, Ahmad S, 2009. The effects of night ventilation technique on indoor thermal environment for residential buildings in hot-humid climate of Malaysia[J]. Energy & Buildings, 41(8):829-839.
[22]陈东,2007. 学生公寓节能设计中自然通风的研究与实践[J]. 福建建设科技,(3):64-67.
[23]Menezes A C, Cripps A, Bouchlaghem D, et al., 2012. Predicted vs actual energy performance of non-domestic buildings: Using post-occupancy elvaluation date to reduce the performance gap[J]. Applied Energy, 97: 355-364.
[24]Buswell R A, Cripps A, Bouchlaghem D, 2011. Analysis of electricity consumption for lighting and small power in office buildings[C]//CIBSE Technical Symposium. Leicester UK:DeMontfort University.
[25]潘阳阳,2017. 居住建筑人员用能随机行为模型研究[D]. 杭州:浙江大学.
[26]Morrow W, Rutledge B, Maniccia D, et al., 1998. High Performance Lighting Controls in Private Offices: A Field Study Of User Behavior And Preference[J].
[27]简毅文,高萌,田园泉,2019. 空调行为描述中驱动数据分组方式探讨[J].

建筑科学,35(02):78-85.
[28]任晓欣,2015.建筑中人行为动作模型研究与分析[D].北京:清华大学.
[29]简毅文,江亿,2005.住宅房间空调器运行状况的调查分析[J].中国建设信息(供热制冷专刊),(6):66-68.
[30]Indraganti M, 2010. Behavioural adaptation and the use of environmental controls in summer for thermal comfort in apartments in India[J]. Energy & Buildings,42(7):1019-1025.
[31]Schweiker M, Shukuya M, 2009. Comparison of theoretical and statistical models of air-conditioning-unit usage behaviour in a residential setting under Japanese climatic conditions[J]. Building & Environment, 44(10):2137-2149.
[32]Nicol J F, Humphreys M, Olesen B, 2004. A Stochastic Approach to Thermal Comfort -- Occupant Behavior and Energy Use in Buildings. ASHRAE Trans, 110:554-568.
[33]Tanimoto J, Hagishima A, 2004. State transition probability for the Markov Model dealing with on/off cooling schedule in dwellings[J]. Energy & Buildings, 37(3):181-187.
[34]Haldi F, Robinson D, 2009. Interactions with window openings by office occupants[J]. Building & Environment, 44(12):2378-2395.
[35]王闯,2014.有关建筑用能的人行为模拟研究[D].北京:清华大学
[36]Ren X, Yan D, Wang C, 2014. Air-conditioning usage conditional probability model for residential buildings[J]. Building & Environment, 81:172-182.
[37]Wang C, Yan D, Sun H, et al., 2016. A generalized probabilistic formula relating occupant behavior to environmental conditions[J]. Building and Environment, 95:53-62.
[38]王闯,燕达,孙红三,等,2015.室内环境控制相关的人员动作描述方法[J].建筑科学,31(10):199-211.
[39]Gilani S, Ouf M, 2019. Advancing Occupant Modeling for Building Design & Code Compliance: Part 1[J]. ASHRAE Journal, 61(2).
[40]Ouf M, Gilani S, 2019. Advancing Occupant Modeling for Building Design & Code Compliance: Part 2[J]. ASHRAE Journal, 61(3):22-29.
[41]Gilani S, O'Brien W, Ouf M, 2019. Advancing Occupant Modeling for Building Design and Code Compliance: Part 3[J]. ASHRAE Journal, 61(4):32-42.

[42]吴泽玲,龙惟定,2008.上海公共建筑围护结构节能改造与空调运行模式的优化分析[J].暖通空调,(3):42-45,79.

[43]钱晓倩,朱耀台,2012.夏热冬冷地区建筑节能存在的问题与研究方向[J].施工技术,41(3):27-29,54.

[44]钱晓倩,阮方,钱匡亮,等,2017.实际用能状况下夏热冬冷地区居住建筑外保温节能效果[J].暖通空调,47(7):46-50.

[45]钱晓倩,朱耀台,2010.基于间歇式、分室用能特点下建筑耗能的基础研究[J].土木工程学报,43(S2):392-399.

[46]阮方,钱晓倩,朱耀台,等,2016.分室间歇用能对墙体内外保温节能效果的影响[J].浙江大学学报(工学版),50(1):1-7.

[47]王索,孟曦,梁伟杰,等,2015.间歇采暖空调工况下建筑内墙蓄热特性数值研究[J].制冷与空调(四川),29(5):588-592.

[48]赵丹青,赵康,葛坚,2019.分时分室用能模式下内墙保温对住宅能耗的影响[J].建筑与文化,(8):154-155.

[49]王莉娜,2018.夏热冬冷地区居住建筑基于人行为模块的围护结构设计研究[D].杭州:浙江大学,2018.

[50]何莉莎,2015.夏热冬冷地区内外综合保温体系节能效果分析[D].杭州:浙江大学.

[51]何莉莎,葛坚,刘华存,等,2016.夏热冬冷地区内外联合保温层厚度配比优化[J].建筑技术,47(1):75-78.

[52]Kossecka E, Kosny J, 2002. Influence of insulation configuration on heating and cooling loads in a continuously used building[J]. Energy and Buildings, 34(4):321-331.

[53]阮方,钱晓倩,钱匡亮,等,2017.人行为模式对外墙内外保温节能效果的影响[J].哈尔滨工业大学学报,49(2):109-115.

[54]牟林森,2016.夏热冬冷地区居住建筑外墙内外组合保温效果分析[D].杭州:浙江大学

[55]牟林森,2016.夏热冬冷地区居住建筑内外组合保温节能效果分析[J].建筑与文化,(4):158-159.

[56]Tammu P, Chirarattananon S, Hien V D, et al., 2013. Thermal performance of insulated walls enclosing residential spaces in Thailand. Energy and Buildings, 61(3):323-332.

[57]Masoso O T, Grobler L J, 2008. A new and innovative look at anti-insulation behaviour in building energy consumption[J]. Energy & Buildings, 40(10):1889-1894.

[58]Pan D, Chan M, Deng S, et al., 2012. The effects of external wall insulation thickness on annual cooling and heating energy uses under different climates[J]. Applied energy, 97(9):313-318.

[59]Echenagucia T M, Capozzoli A, Cascone Y, et al., 2015. The early design stage of a building envelope: Multi-objective search through heating, cooling and lighting energy performance analysis[J]. Applied Energy, 154:577-591.

[60]田志超,陈文强,石邢,等,2016. 集成 EnergyPlus 和 Dakota 优化建筑能耗的方法及案例分析[J]. 建筑技术开发,43(6):73-76.

[61]Znouda E, Ghrab-Morcos N, Hadj-Alouane A, 2007. Optimization of Mediterranean building design using genetic algorithms[J]. Energy & Buildings, 39(2):148-153.

[62]王迪,2017. 目标导向的居住建筑室内热环境低能耗设计方法研究[D]. 重庆:重庆大学

[63]喻伟,王迪,李百战,2016. 居住建筑室内热环境低能耗营造的多目标设计方法[J]. 土木建筑与环境工程,38(4):13-19.

[64]Shi X, 2011. Design optimization of insulation usage and space conditioning load using energy simulation and genetic algorithm[J]. Energy, 36(3):1659-1667.

[65]Delgarm N, Sajadi B, Delgarm S, et al., 2016. A novel approach for the simulation - based optimization of the buildings energy consumption using NSGA-II: Case study in Iran[J]. Energy and Buildings, 127(9):552-560

[66]喻伟,2011. 住宅建筑保障室内(热)环境质量的低能耗策略研究[D]. 重庆:重庆大学

[67]Yu W, Li B, Jia H, et al., 2015. Application of multi-objective genetic algorithm to optimize energy efficiency and thermal comfort in building design[J]. Energy and Buildings, 88(2):135-143.

[68]Magnier L, Haghighat F, 2009. Multiobjective optimization of building design using TRNSYS simulations, genetic algorithm, and Artificial Neural Network[J]. Building and Environment, 45(3):739-746.

[69]Abuimara T, O'Brien W, Gunay H B, et al., 2018. Assessing the Impact of Changes in Occupants on Design Decision Making[C]//eSim 2018-building Simulation to Support Building Sustainability. Montréal, QC, Canada.

[70]MarquesdeSa J P[美],2002. 模式识别[M]. 北京:清华大学出版社.

[71]孙吉贵,刘杰,赵连宇,2008. 聚类算法研究[J]. 软件学报,(1):48-61.

[72]张建中,1974. 蒙特卡洛方法(I)[J]. 数学的实践与认识,(1):28-40.

[73]Rubinstein R Y, Kroese D P, 2016. Hammersley J M, 2005. Simulation and the Monte Carlo Method[M]. Hoboken:John Wiley & Sons, Inc.

[74]方再根,1988. 计算机模拟和蒙特卡洛方法[M]. 北京:北京工业学院出版社.

[75]朱本仁,1987. 蒙特卡罗方法引论[M]. 济南:山东大学出版社.

[76]雷桂媛,2003. 关于蒙特卡罗及拟蒙特卡罗方法的若干研究[D]. 杭州:浙江大学.

[77]Lei G, 2002. Adaptive random search in Quasi-Monte Carlo methods for global optimization[J]. Computers & Mathematics with Applications, 43(6-7):747-754.

[78]杨自强,魏公毅,2001. 综述:产生伪随机数的若干新方法[J]. 数值计算与计算机应用,(3):201-216.

[79]杨自强,魏公毅,2001. 常见随机数发生器的缺陷及组合随机数发生器的理论与实践[J]. 数理统计与管理,(1):45-51+66.

[80]National Renewable Energy Laboratory (NREL), 1996. EnergyPlus: Official Website[EB/OL]. (2023-09-30)[2023-11-09]. https://www.energyplus.net/

[81]Crawley D B, Pedersen C O, Lawrie L K, et al., 2000. EnergyPlus: Energy Simulation Program[J]. Ashrae Journal, 42(4):49-56.

[82]刘鑫, 张鸿雁,2007. EnergyPlus 用户图形界面软件 DesignBuilder 及其应用[J]. 西安航空学院学报,25(5):34-37.

[83]DESIGNBUILDER SOFTWARE LIMITED, 2002. DesignBuilder: Official Website[EB/OL]. (2023-09-30)[2023-11-09]. https://designbuilder.co.uk/

[84]Zhang Y, 2007. jeplus.org: jEPlus, jEPlus+EA, ENSIMS APIs, research and publication[DB/OL]. (2023-09-30)[2023-11-09]. http://www.jeplus.org/wiki/doku.php

[85]Zhang Y, 2009. "Parallel" energyplus and the development of a parametric analysis tool[C]//IBPSA 2009-International Building Performance Simulation Association. Glasgow, Scotland.

[86]Zhang Y, Korolija I, 2010. Performing complex parametric simulations with jEPlus[C]//SET 2010: International Conference on Sustainable Energy Technologies. Shanghai, China: Tongji University.

[87]Zhang Y, 2012. Use jEPlus as an efficient building design optimisation tool[C]//CIBSE ASHRAE Technical Symposium. London UK: Imperial College.

[88]Stuart G，Korolija I，Marjanovic-Halburd L，2012. Navigating multi-dimensional results from large parametric building simulation studies[C]//CIBSE Ashrae Technical Symposium. London UK：Imperial College.

[89]Sanner M F，1999. Python：A Programming Language for Software Integration and Development[J]. Journal of Molecular Graphics and Modelling，17(1)：57-61.

[90]罗霄，任勇，山秀明，2004. 基于 Python 的混合语言编程及其实现[J]. 计算机应用与软件，(12)：17-18+112.

[91]Severance C R，2016. PY4E：Python For Everybody[DB/OL]. (2023-09-30)[2023-11-09]. https://www.py4e.com/.

[92]Severance C R，2013. Python for Informatics Version 2.7.3[DB/OL]. (2023-09-30)[2023-11-09]. https://do1.dr-chuck.com/py4inf/EN-us/book.pdf.

[93]Breiman L，2001. Random forests [J]. Machine Learning，45(1)：5-32

[94]Liaw A，Wiener M，2001. Classification and Regression by randomForest [J]. R News，2(11)18-22.

[95]方匡南，吴见彬，朱建平，等，2011. 随机森林方法研究综述[J]. 统计与信息论坛，26(3)：32-38.

[96]曹正凤，2014. 随机森林算法优化研究[D]. 北京：首都经济贸易大学.

[97]李欣海，2013. 随机森林模型在分类与回归分析中的应用[J]. 应用昆虫学报(昆虫知识)，50(4)：001190-1197.

[98]李贞子，张涛，武晓岩，等，2012. 随机森林回归分析及在代谢调控关系研究中的应用[J]. 中国卫生统计，29(2)：158-160，163.

[99]崔东文，金波，2014. 基于随机森林回归算法的水生态文明综合评价[J]. 水利水电科技进展，34(5)：56-60，79.

[100]Niederreiter H，1992. Random number generation and quasi-Monte Carlo methods[J]. Applications of Mathematics，63.

[101]Caflisch R E，1998. Monte Carlo and quasi-Monte Carlo methods[J]. Acta Numerica，7：1-49.

[102]Niederreiter H，1978. Quasi-Monte Carlo methods and pseudo-random numbers[J]. Bulletin of the American Mathematical Society，84(6)：957-1042.

[103]Halton J H，1960. On the efficiency of certain quasi-random sequences of points in evaluating multi-dimensional integrals [J]. Numerische Mathematik，2(1)：84-90.

[104]Faure H，1982. Discrépance de suites associées *à* un système de numération (en dimension s)[J]. Acta Arithmetica，109(2)：143-182.

[105]Sobol I M，1967. On the distribution of points in a cube and the approximate evaluation of integrals[J]. Ussr Computational Mathematics & Mathematical Physics，7(4)：86-112.

[106]Niederreiter H，1987. Point sets and sequences with small discrepancy [J]. Monatshefte für Mathematik，104(4)：273-337.

[107]Kocis L，Whiten W J，1997. Computational investigations of low-discrepancy sequences[J]. ACM Transactions on Mathematical Software，23(2)：266-294.

[108]Rainville F D，Gagné C，Teytaud O，et al.，2012. Evolutionary optimization of low-discrepancy sequences[J]. ACM Transactions on Modeling and Computer Simulation，22(2)：1-25.

[109]衡德正，陈伟，胡铁敏，等，2016. 基于 Sobol 序列的装配公差分析[J]. 机械设计与制造，(12)：227-230.

[110]屈力刚，刘洪侠，李铭，等，2019. 基于 Sobol 序列采样点分布策略的研究与应用[J]. 锻压装备与制造技术，54(6)：101-105.

[111]Yao X，1999. Evolving artificial neural networks[J]. Proceedings of the IEEE，87(9)：1423-1447.

[112]Hagan M T，Demuth H B，Beale M H，2017. 神经网络设计[M]. 2 版. 北京：机械工业出版社.

[113]蒋宗礼，2001. 人工神经网络导论[M]. 北京：高等教育出版社.

[114]黄丽，2008. BP 神经网络算法改进及应用研究[D]. 重庆：重庆师范大学.

[115]孙娓娓，2009. BP 神经网络的算法改进及应用研究[D]. 重庆：重庆大学.

[116]Yu X，Chen G，1997. Efficient Backpropagation Learning Using Optimal Learning Rate and Momentum[J]. Neural Networks，10(3)：517-527.

[117]段侯峰，2008. 基于遗传算法优化 BP 神经网络的变压器故障诊断[D]. 北京：北京交通大学.

[118]Montana D J，1989. Training Feedforward Neural Networks Using Genetic Algorithms[C]//Proc. of International Joint Conference on Artificial Intelligence (IJCAI-89). Detroit USA

[119]刘春艳，凌建春，寇林元，等，2013. GA-BP 神经网络与 BP 神经网络性

能比较[J]. 中国卫生统计，30(2)：173-176+181.

[120]俞阿龙，诸飞，2018. 一种 GA 优化 BP 神经网络[P]. 江苏：CN109002878A.

[121]李璐，于军琪，杨益，2014. 基于 GA-BP 神经网络的大型公共建筑能耗预测研究[J]. 中外建筑，(3)：112-114.

[122]谢涛，陈火旺，2002. 多目标优化与决策问题的演化算法[J]. 中国工程科学，(2)：61-70.

[123]谢涛，陈火旺，康立山，2003. 多目标优化的演化算法[J]. 计算机学报，(8)：997-1003.

[124]Gong M，Jiao L，Du H，et al.，2008. Multiobjective immune algorithm with nondominated neighbor-based selection[J]. Evolutionary Computation，16(2)：225-255.

[125]公茂果，焦李成，杨咚咚，等，2009. 进化多目标优化算法研究[J]. 软件学报，20(2)：271-289.

[126]Knowles J D，Corne D W，2000. Approximating the Nondominated Front Using the Pareto Archived Evolution Strategy[J]. Evolutionary Computation，8(2)：149-172.

[127]陈小庆，侯中喜，郭良民，等，2006. 基于 NSGA-II 的改进多目标遗传算法[J]. 计算机应用，(10)：2453-2456.

[128]徐磊，2007. 基于遗传算法的多目标优化问题的研究与应用[D]. 长沙：中南大学.

[129]Deb K，2001. Multiobjective optimization using evolutionary algorithms [M]. Hoboken：John Wiley & Sons，Inc.

[130]唐焕文，秦学志，2004. 实用最优化方法[M]. 大连：大连理工大学出版社.

[131]玄光男，程润伟，2004. 遗传算法与工程优化[M]. 北京：清华大学出版社.

[132]Rosenberg R S，1967. Simulation of genetic population with biochemical properties[D]. Michigan：University of Michigan，Ann Harbor.

[133]Holland J H，1975. Adaptation in natural and artificial systems[J]. University of Michigan Press，6(2)：126-137.

[134]Schaffer J D，1985. Multiple Objective Optimization with Vector Evaluated Genetic Algorithms[C]//Proceedings of the 1st International Conference on Genetic Algorithms，Pittsburgh. Hillsdale USA：Lawrence Erlbaum Associates Publishers，93-100.

[135]Fonseca C M，Fleming P J，1993. Genetic Algorithms for Multiobjective

Optimization: FormulationDiscussion and Generalization[C]//Proceedings of the 5th International Conference on Genetic Algorithms. San Francisco USA:Morgan Kaufmann Publishers Inc. , 416-423

[136]Horn J, Nafpliotis N, Goldberg D E, 1994. Multiobjective Optimization Using the Niched Pareto Genetic Algorithm[C]//IEEE World Congress on Computational Intelligence. Piscataway, NJ: IEEE Service Center, 82-87.

[137]Srinivas N, Deb K, 1995. Multi objective optimization using nondominated sorting in genetic algorithms[J]. Evolutionary Computation, 2(3):221-248.

[138]Deb K , Pratap A, Agarwal S, et al. , 2002. A fast and elitist multiobjective genetic algorithm: NSGA-II[J]. IEEE Transactions on Evolutionary Computation, 6(2):182-197.

[139]马一腾，2017. 基于建筑类型学的杭州居住建筑空调能耗研究与设计优化[D]. 杭州:浙江大学.

[140]中华人民共和国交通部公路科学研究所，1993. 中华人民共和国行业标准:旅游旅馆建筑热工与空气调节节能设计标准(GB 50189—93)[S]. 北京:中国标准出版社.

[141]中国建筑科学研究院，中国建筑业协会建筑节能专业委员会，2005. 公共建筑节能设计标准(GB 50189—2005)[S]. 北京:中国建筑工业出版社.

[142]中国建筑科学研究院，中国建筑业协会建筑节能专业委员会，2015. 公共建筑节能设计标准(GB 50189—2015)[S]. 北京:中国建筑工业出版社.

[143]中华人民共和国公安部，2014. 建筑设计防火规范(GB 50016—2014)[S]. 北京:中国计划出版社

[144]Fanger P O, 1972. Thermal comfort: analysis and applications in environmental engineering[J]. Thermal Comfort Analysis & Applications in Environmental Engineering.

[145]茅艳，2007. 人体热舒适气候适应性研究[D]. 西安:西安建筑科技大学.

[146]Tartarini F, Schiavon S, Cheung T, et al. , 2020. CBE Thermal Comfort Tool : online tool for thermal comfort calculations and visualizations[DB/OL]. (2023-09-30)[2023-11-09]. http://comfort. cbe. berkeley. edu/

[147]American Society of Heating, Refrigerating and Air-Conditioning Engineers, 2017. ASHRAE Standard 55-2017: Thermal Environmental Conditions for Human Occupancy[S]. Atlanta: ASHRAE.

[148]全国人类工效学标准化技术委员会,2017.热环境的人类工效学 通过计算

PMV 和 PPD 指数与局部热舒适准则对热舒适进行分析测定(GB/T 18049—2017/ISO 7720:2005)[S].北京:中国标准出版社.

[149]国家气象信息中心,2015.国家气象科学数据中心[DB/OL].(2023-09-30)[2023-11-09].中国气象数据网,http://data.cma.cn/.

[150]潘嵩,许传奇,魏绅,等,2015.北京某高校办公建筑人员开窗行为研究[J].建筑科学,31(10):212-217.

[151]范瑞娟,2013.基于蒙特卡罗方法的重庆地区过渡季节办公建筑人员开窗行为研究[D].重庆:重庆大学.

[152]Herkel S, Knapp U, Pfafferott J, 2006. Towards a model of user behaviour regarding the manual control of windows in office buildings[J]. Building and Environment, 43(4):588-600.

[153]浙江省标准设计站,2005.浙江省建筑标准图集——围护结构保温构造详图(一)(2005 浙 J45)[S].北京:中国建筑工业出版社.

[154]浙江省标准设计站,2009.浙江省建筑标准图集——外墙外保温构造详图(一)(2009 浙 J54)[S].北京:中国计划出版社.

[155]中国建筑标准设计研究院,2014.国家建筑标准设计图集(14J105)——烧结页岩砖、砌块墙体建筑构造[S].北京:中国计划出版社.

[156]山西省住房和城乡建设厅,2012.中华人民共和国国家标准.屋面工程技术规范(GB 50345—2012)[S].北京:中国建筑工业出版社.

[157]浙江省标准设计站,2010.浙江省建筑标准图集——铝合金门窗(2010 浙 J7)[S].北京:中国计划出版社.

[158]中国建筑科学研究院,2019.中华人民共和国国家标准.建筑外门窗气密、水密、抗风压性能分级及检测方法(GB/T 7106—2019)[S].(2019-12-10)[2024-05-01].https://std.samr.gov.cn/.

[159]沈花玉,王兆霞,高成耀,等,2008.BP 神经网络隐含层单元数的确定[J].天津理工大学学报,(05):13-15.

[160]冯宇旭,李裕梅,2018.深度学习优化器方法及学习率衰减方式综述[J].数据挖掘,8(4):186-200.

[161]Kingma D P, Ba J, 2015. Adam: A Method for Stochastic Optimization [C]//ICLR 2015 - The 3rd International Conference for Learning Representations. San Diego, USA.

[162]中华人民共和国住房和城乡建设部,2019.中华人民共和国国家标准.近零能耗建筑技术标准(GB/T 51350—2019)[S].北京:中国建筑工业出版社.

附录一　jEPlus 在多情景工况下的参数组织方式

jEPlus 针对不同类型的参数有不同的管理组织方式：对连续变化的直接变量，取值范围（Values）中的输入内容为表示参数取值的数字；对非连续变化的间接变量，取值范围（Values）中的输入内容则为需要进一步调用的文本名称。建立文件夹“include”用于存储所有可能填充到基本框架中的 idf 扩展名文本书件，在基本框架文本中，以“##fileprefix”语句建立基本框架与文件夹“include”的连接，以“##include”语句调用该文件夹中的文本书件。对表 2-1 所示的动态参数，jEPlus 具体的组织方式如下所示。

一、建筑朝向

建筑朝向为直接变量，其设置是通过路径“Class List→Building→North Axis {deg}”进行的，将索引标签设定为@@ORT@@，作为上述路径的输入内容，取值范围即为建筑北向的偏转角度。

二、外墙热工性能

建筑内外围护结构的传热系数、热惰性指标等热工性能参数为间接变量，受到构造方式、材料选择等多项因素的影响，需要在基本框架中使用“##include”语句调用描述不同围护结构信息的 idf 文本，文本中包含的类列表（Class List）为 Construction 和 Material，分别记录了围护结构从外到内的构造方式和各个构造层次采用的建筑材料性能参数。

定义外墙保温构造形式的索引标签为@@EW@@，其取值范围指向不同的外墙保温形式，在基本框架中写入语句“##include MACW@@EW@@.idf”，表示调用外墙保温构造形式为@@EW@@的 idf 文本，不同保温构造形式在 Construction 目录下的内容不同。MACW@@EW@@.idf 的 Construction 目录下，外墙主体层使用了类型为@@EWT@@、厚度为@@EWW@@的材料 EW_@@EWT@@_@@EWW@@；外墙保温层使用了类型@@WIT@@、厚度为@@WIW@@的材料 EWI_@@WIT@@_@@WIW@@。@@EWT@@和@@WIT@@为间接变量，其取值范围指向所需要调用的 Material

目录下的材料名称；@@EWI@@和@@WIW@@为直接变量，其取值范围即为厚度的取值数值。

三、屋顶热工性能

相比于外墙，屋顶的构造形式较为单一，因此在基本框架中写入语句“##include MACR. idf”，调用屋顶信息文本。Construction 目录下的构造形式适用于本书研究的所有热工性能的屋顶。构造形式固定的情况下，决定屋顶热工性能的参数为找坡层材料类型、保温层材料类型及其厚度。MACR. idf 的 Construction 目录下，找坡层使用了类型为@@RST@@的材料 ROOFSLOPE_@@RST@@；屋顶保温层使用了类型为@@RIT@@、厚度为@@RIW@@的材料 ROOFINSU_@@RIT@@_@@RIW@@。@@RST@@和@@RIT@@为间接变量，其取值范围指向所需要调用的 Material 目录下的材料名称；@@RIW@@指为直接变量，其取值范围即为厚度的取值数值。

四、内墙热工性能

与屋顶同理，建筑内墙的构造形式较为单一，在基本框架中写入语句“##include MACP. idf”，调用内墙信息文本。构造形式固定的情况下，决定内墙热工性能的参数为内墙主体材料类型及其厚度。MACP. idf 的 Construction 目录下，内墙主体使用了类型为@@BT@@、厚度为@@BW@@的材料 B_@@BT@@_@@BW@@。@@BT@@的取值范围指向所需要调用的 Material 目录下的材料名称，@@BW@@的取值范围即为厚度的取值数值。

五、楼板热工性能

由于国家及地方标准图集中仅对架空楼板的做法提出要求，本书参考架空楼板的做法对室内普通楼板进行研究，其构造存在有找平层和无找平层两种做法。决定其热工性能的参数为楼板找平层的有无、楼板保温材料类型及其厚度。在基本框架中写入语句“##include MACS. idf”，调用楼板信息文本。MACS. idf 的 Construction 目录下，楼板找平层使用了材料 MORTAR_L，其厚度@@SL@@取值为 0.000001 或者常规厚度（EnergyPlus 中材料层厚度不可直接等于 0，因此取值 0.000001 表示无找平层）；楼板保温层使用了类型为@@ST@@、厚度为@@SW@@的材料为 S_@@ST@@_@@SW@@。@@ST@@的取值范围指向所需要调用的 Material 目录下的材料名称，@@SW@@的取值范围即为厚度的取值数值。

六、外窗热工性能

影响外窗热工性能的参数为层次构造方式及主体材料性能。本书研究的外窗层次构造包括单层玻璃外窗和中空玻璃外窗，中空玻璃的构造形式、空气间层厚度及玻璃厚度根据《2010 浙 J7 铝合金门窗》[157]确定。此外，记录外窗信息的 idf 文本所包含的类列表(Class List)与其他内外围护结构不同，除了表示构造的 Construction 以外，主要包含 WindowMaterial:Glazing 用于表示外窗使用的玻璃材料性能、WindowMaterial:Gas 用于表示中空玻璃空气间层的信息。

定义外窗构造形式的索引标签为@@GT@@，其取值范围指向单层玻璃外窗和空气间层厚度不同的中空玻璃外窗的构造形式，在基本框架中写入语句"##include GT_@@GT@@.idf"，表示调用外窗构造形式为@@GT@@的 idf 文本，不同构造形式的文本中包含的目录内容不同：构造为单层玻璃外窗的文本 GT_@@GT@@.idf 中，Construction 仅有 1 个层次，玻璃使用的材料为@@GW@@；构造为中空玻璃外窗的文本中，Construction 有 3 个层次，内外玻璃使用的材料为@@GW@@，空气间层的属性为 GAP_AIR。@@GW@@的取值范围指向所需要调用的 WindowMaterial:Glazing 目录下的材料名称；GAP_AIR 指向 WindowMaterial:Gas 目录下对应的空气间层信息。

七、窗墙比

窗墙比为间接变量，受到立面面积和外窗面积的影响。EnergyPlus 存储建筑各构件的空间位置是通过记录各个构件的坐标点来完成的。本书通过在 DesignBuilder 中修改各个立面的窗墙比并依次导出相应 idf 文本的方式来完成对窗墙比的动态参数设定，文本中所包含的类列表(Class List)为 Fenestration-Surface:Detailed。

定义东、南、西、北立面窗墙比的索引标签分别为@@GRE@@、@@GRS@@、@@GRW@@、@@GRN@@，其取值范围指向相应立面在窗墙比值下需要调用的外窗空间位置信息。例如，东立面窗墙比为@@GRE@@时，需要在基本框架中写入"##include"语句，调用 GRE_V@@GRE@@.idf 文本中存储的东立面外窗空间位置信息，其他立面的文本调用方式同理。

八、遮阳构件

遮阳构件的性能受到遮阳构造的类型以及遮阳板长度的影响，且外窗空间位置信息发生改变会导致遮阳构件空间位置信息随之发生改变。因此本书通过在 DesignBuilder 中修改不同窗墙比对应的遮阳改造类型及遮阳板长度，并依次导出相应的 idf 文本来完成对遮阳构件相关动态参数的设定，文本中包含的类列表(Class List)为 Shading:Building:Detailed。

定义东、南、西、北立面的遮阳构造类型的索引标签分别为@@SDTE@@、@@SDTS@@、@@SDTW@@、@@SDTN@@，其取值范围指向各立面采用的不同遮阳构造类型;定义东、南、西、北立面的遮阳板长度的索引标签分别为@@SDLE@@、@@SDLS@@、@@SDLW@@、@@SDLN@@,其取值范围指向各立面遮阳板在相应长度下需要调用的遮阳构件空间位置信息。例如,东立面窗墙比为@@GRE@@、采用遮阳构造类型为@@SDTE@@、遮阳板长度为@@SDLE@@时,需要在基本框架中写入"##include"语句,调用名为SD_@@SDTE@@_@@SDLE@@_GRE_V@@GRE@@.idf的文本中存储的东立面所有遮阳构件的空间位置信息,其他立面的文本调用方式同理。

九、气密性

气密性为直接变量,其设置是通过路径"Class List→ZoneInfiltration:DesignFlowRate→Air Changes per Hour 1/hr"进行,将索引标签设定为@@ACH@@,首先在ZoneInfiltration:DesignFlowRate目录下将计数方法选项(Design Flow Rate Calculation Method)选定为按每小时换气次数(AirChanges/Hour)计算,随后将@@ACH@@作为上述路径的输入内容,其取值范围即每小时的换气次数。

十、人员密度

人员密度为直接变量,其设置是通过路径"Class List→People→Zone Floor Area per Person"进行的。对人员密度不尽相同的不同类型房间,则需要分别设定索引标签。本书主要研究了单/双人办公室和多人办公室两类房间,分别将索引标签设定为@@DANOCC@@和@@DUOOCC@@,首先在People目录下将计数方法选项(Number of People Calculation Method)选定为按人均占用面积(Zone Floor Area per Person)计算,随后将索引标签作为上述路径的输入内容,其取值范围即目标房间的人均占用面积。

十一、照明功率密度

照明功率密度为直接变量,其设置是通过路径"Class List→Lights→Watts per Zone Floor Area"进行的。将索引标签设定为@@LD@@,首先在Lights目录下将计数方法选项(Design Level Calculation Method)选定为按单位面积功率(Watts/Area)计算,随后将@@LD@@作为上述路径的输入内容,其取值范围即目标房间的单位面积照明功率。

十二、设备功率密度

设备功率密度为直接变量,其设置是通过路径"Class List→OtherEquipment→Power per Person"进行的。将索引标签设定为@@ED@@,首先在

OtherEquipment 目录下将计数方法选项(Design Level Calculation Method)选定为按人均功率(Power per Person)计算,随后将@@ED@@作为上述路径的输入内容,其取值范围即目标房间的人均设备使用功率。

十三、空调设定温度

EnergyPlus 对空调供热和供冷工况下分别的运行方案的控制主要通过调用 Schedule:Compact 目录下的两类时间表来实现:其一是本书 2.2.2 节所描述的空调运行状态控制时间表(Heating/Cooling Availability Schedule),其二则是与状态控制时间表相呼应的空调设定温度时间表(Heating/Cooling Set-point Temperature Schedule),两类时间表在结构上具有一致性。将空调供热和供冷设定温度的索引标签分别设定为@@HSP@@和@@CSP@@,将标签作为空调设定温度时间表中空调状态为开启时的输入内容,其取值范围即空调供热/供冷工况下的设定温度。

十四、外窗控制方案

定义外窗控制方案的索引标签为@@NV@@,其取值范围指向外窗控制和空调使用行为的不同耦合方式。例如在基本框架中写入语句"DUO_HEAT_NV@@NV@@.idf",表示调用多人办公室在供热工况下的外窗控制和空调使用行为耦合方式@@NV@@的 idf 文本,包含的目录为 Schedule:Compact,记录在相应耦合方式下该类办公室各个房间的外窗开启时间表。

附录二　不同季节办公建筑主观热感觉调研问卷

不同季节办公建筑室内热环境问卷调查

本次调查是国家“十三五”重点研发计划重点专项“长江流域建筑供暖空调解决方案和相应系统”的研究内容，旨在为国家制定长江流域的建筑节能政策和技术路径提供基础数据支撑，项目成果将有利于改善长江流域居民室内环境热舒适性和采暖空调通风行为习惯，促进国家节能减排政策落地和该地区民生改善。请您完成以下问卷，我们承诺仅将本数据用于科学研究，对您填写的所有资料严格保密，项目组对您的支持表示衷心的感谢！

“长江流域建筑供暖空调解决方案和相应系统”项目组

1. 性别：________；年龄：________。
2. 请勾出您当前的整体温度感受：
   A. 冷　B. 凉　C. 较凉　D. 适中　E. 较暖
   F. 暖　G. 热
3. 请勾出您当前的湿度感受：
   A. 很干燥　B. 较干燥　C. 略微干燥　D. 适中　E. 略微潮湿
   F 较潮湿　G. 很潮湿
4. 请勾出您当前的整体吹风感：
   A. 无风　B. 风速小　C. 微风　D. 有风　E. 风速大
5. 请勾出您当前的整体热舒适感受：
   A. 舒适　B. 稍不舒适　C. 不舒适　D. 很不舒适　E. 不可忍受
6. 您对当前温度的期望：
   A. 稍微凉些　B. 保持现状　C. 稍微暖些
7. 您对当前空气的感受：
   A. 清新　B. 稍微有些闷　C. 比较闷　D. 很闷　E. 难以忍受

8. 您现在的活动状态是：

A. 斜倚　B. 坐姿(放松)　C. 坐姿(办公)
D. 站姿(放松)　E. 站姿(轻度活动)　F. 站姿(中度活动)
G. 站姿(重度活动)

以下内容由调研人员填写：

◇当前房间的楼层及门牌号是：________________。

◇问卷填写时间：______年_____日_____时_____分。

◇填写人当前的衣着情况(多选)：

附表 1　冬季衣着情况调查

上衣			下装			鞋	袜
内	中	外	内	中	外		
A. T 恤 B. 衬衫 C. 秋衣 D. 保暖内衣 E. 其他 ________ F. 无	A. 薄毛衣 B. 厚毛衣 C. 毛线背心 D. 针织衫 E. 卫衣 F. 其他 ________ G. 无	A. 西装外套 B. 棉外套—薄 C. 棉外套—厚 D. 呢外套 E. 羽绒服 F. 连衣裙 G. 其他 ________ H. 无	A. 秋裤 B. 薄打底裤 C. 厚打底裤 D. 其他 ________ E. 无	A. 薄毛裤 B. 厚毛裤 C. 保暖裤 D. 其他 ________ E. 无	A. 牛仔裤 B. 西裤 C. 运动裤 D. 休闲裤 E. 半身短裙 F. 半身长裙 G. 其他 ________ H. 无	A. 运动鞋 B. 皮鞋 C. 休闲鞋 D. 短靴 E. 棉鞋 F. 其他 ________ G. 无	A. 厚棉袜 B. 薄棉袜 C. 短丝袜 D. 连裤袜 E. 其他 ________ G. 无

附表 2　春/秋季衣着情况调查

上衣			下装		鞋	袜
内	中	外	内	外		
AT 恤 B. 衬衫 C. 秋衣 D. 其他 ________ F. 无	A 薄毛衣 B. 厚毛衣 C. 毛线背心 D. 针织衫 E. 卫衣 F 其他 ________ G. 无	A. 风衣 B. 休闲外套 C. 运动外套 D. 西装 E. 呢外套 F. 连衣裙 G. 其他 ________ H. 无	A. 秋裤 B. 薄打底裤 C. 厚打底裤 D. 其他 ________ E. 无	A 牛仔裤 B. 西裤 C. 运动裤 D. 休闲裤 E. 半身短裙 F. 半身长裙 G. 其他 ________ H. 无	A. 运动鞋 B. 皮鞋 C. 休闲鞋 D. 短靴 E. 棉鞋 F. 其他 ________ G. 无	A 厚棉袜 B. 薄棉袜 C. 短丝袜 D. 连裤袜 E. 其他 ________ G. 无

附表 3 夏季衣着情况调查

上衣		下装		鞋	袜
A. 无袖	A 衬衣	A. 短裤	A 牛仔裤	A. 运动鞋	A. 厚棉袜
B. 短袖	B. T 恤	B. 中裤	B. 西裤	B. 皮鞋	B. 薄棉袜
C. 中袖	C. 背心	C. 七分裤	C. 运动裤	C. 休闲鞋	C. 短丝袜
D. 长袖	D. 连衣裙	D. 九分裤	D. 休闲裤	D. 凉鞋	D. 连裤袜
	E. 其他 ________	E. 长裤	E. 裙子	E. 拖鞋	E. 其他 ________
	F. 无		F. 其他 ________	F. 其他 ________	F. 无
			G. 无	G. 无	

附录三 调研记录表

调研记录表

日期	____年____月____日					调研人员			备注：						
地点															
时间	房间号	室内人数	空调设定温度	风扇开启情况	门/窗开启情况	测点	风速	二氧化碳浓度	室内气温	相对湿度	壁面温度				
											项面	底面	内墙面	前面	后面
8:00—10:00						A									
						B									
						C									
						D									
10:00—12:00						A									
						B									
						C									
						D									
13:00—15:00						A									
						B									
						C									
						D									
15:00—17:00						A									
						B									
						C									
						D									
18:00—20:00						A									
						B									
						C									
						D									

附录四　服装热阻全年变化时间表

```
Schedule:Compact,
CLO_sched,
Any Number,
Through:1/10,
For:AllDays,
Until:24:00,
1.362,
Through:1/20,
For:AllDays,
Until:24:00,
1.404,
Through:1/31,
For:AllDays,
Until:24:00,
1.396,
Through:2/10,
For:AllDays,
Until:24:00,
1.325,
Through:2/20,
For:AllDays,
Until:24:00,
1.228,
Through:2/28,
For:AllDays,
Until:24:00,
1.145,
Through:3/10,
For:AllDays,
Until:24:00,
1.077,
Through:3/20,
For:AllDays,
Until:24:00,
0.996,
Through:3/31,
For:AllDays,
Until:24:00,
0.892,
Through:4/10,
For:AllDays,
Until:24:00,
0.776,
Through:4/20,
For:AllDays,
Until:24:00,
0.669,
Through:4/30,
For:AllDays,
Until:24:00,
0.584,
Through:5/10,
For:AllDays,
Until:24:00,
0.523,
Through:5/20,
```

```
For:AllDays,
Until:24:00,
0.483,
Through:5/31,
For:AllDays,
Until:24:00,
0.457,
Through:6/10,
For:AllDays,
Until:24:00,
0.436,
Through:6/20,
For:AllDays,
Until:24:00,
0.413,
Through:6/30,
For:AllDays,
Until:24:00,
0.387,
Through:7/10,
For:AllDays,
Until:24:00,
0.369,
Through:7/20,
For:AllDays,
Until:24:00,
0.360,
Through:7/31,
For:AllDays,
Until:24:00,
0.358,
Through:8/10,
For:AllDays,
Until:24:00,
0.360,
Through:8/20,
For:AllDays,
Until:24:00,
0.365,
Through:8/31,
For:AllDays,
Until:24:00,
0.377,
Through:9/10,
For:AllDays,
Until:24:00,
0.397,
Through:9/20,
For:AllDays,
Until:24:00,
0.426,
Through:9/30,
For:AllDays,
Until:24:00,
0.468,
Through:10/10,
For:AllDays,
Until:24:00,
0.518,
Through:10/20,
For:AllDays,
Until:24:00,
0.573,
Through:10/31,
For:AllDays,
Until:24:00,
0.641,
Through:11/10,
For:AllDays,
Until:24:00,
```

0.733,
Through:11/20,
For:AllDays,
Until:24:00,
0.852,
Through:11/30,
For:AllDays,
Until:24:00,
0.991,
Through:12/10,
For:AllDays,
Until:24:00,
1.121,
Through:12/20,
For:AllDays,
Until:24:00,
1.221,
Through:12/31,
For:AllDays,
Until:24:00,
1.296。